미분기하학 입문

원대연 · 이난이 지음

KM 경문사

머리말

이 책은 저자들이 오래동안 학부 3·4 학년 학생들을 대상으로 미분기하학을 강의한 경험을 책으로 옮긴 것입니다. 그동안 강의를 수강하는 학생들의 편의를 위해 일부 중요한 주제들에 대해서는 요약한 노트나 문제 모음을 만들어 수업에 사용하였는데 이 책은 이것들이 바탕이 되었습니다. 책으로 만드는 과정에서 처음에 의도하였던 바와는 완전히 다른 결과물을 얻게 되었는데 공부하는 학생들에게 도움이 되기를 바랍니다.

미분기하학은 기본적으로 미분적분학과 선형대수의 지식을 바탕으로 합니다. 증명을 강조하는 엄밀한 수학이 아닌 계산 위주의 학부 저학년 수준의 미분적분학과 선형대수 수업에서 배운 내용을 자기 것으로 만든 학생들이 별 어려움 없이 쉽게 이해할 수 있도록 쓰려고 노력하였습다. 학생들은 이 책을 공부하기 전에 미분적분학에서는 다변수 미분적분학의 스톡스 정리까지, 선형대수에서는 행렬의 대각화까지 이미 배워서 알고 있어야 합니다. 내용의 전개에 따라 필요한 다변수 미분적분학과 선형대수의 지식은 각자 사용하였던 교재를 찾아 복습하여 배울 당시에는 놓치고 지나쳤을 사실들을 공고히 하는 기회로 삼을 수도 있습니다. 이런 의지나 선수 학습이 안된 학생은 특히 4장 이후의 내용을 이해하는데 어려움을 느낄 수도 있습니다.

저자들은 학부 3학년때 오닐이 쓴 책 [17]을 교재로 하여 미분기하학을 배웠습니다. 이 책은 매우 잘 씌어진 교재임에도 불구하고 기하학적인 내용을 배우기 전에 계산 도구로 형식을 계산하는 방법을 마스터하는데 많은 시간을 투자해야하는 어려움이 있습니다. 이런 이유로 여러 번 강의하는 가운데 단 한 번만 이 책을 교재로 사용하였고 강의 효과도 기대에 미치지 못 하였습니다. 도까르모의 책 [8]은 미국에 유학하던 시절 처음 접하게 되었습니다. 당시 버클리에는 도까르모와 직접 관련 있는 교수들이 많아서인지 학부 수업 교재로 이 책을 사용하고 있었는데 오닐 책을 공부하듯이 처음부터 끝까지 이 잡듯이 공부하지는 않았지만 도까르모의 책이 실제로 문제를 해결해야 할 때 많은 아이디어와 기하학적 영감을 제공하였습니다.

기하학은 해석학이나 대수학과 달리 엄밀한 증명보다는 기하학적인 직관력이 많이 필요한 과목이고 당연히 수업에서도 학생들의 기하학적 직관을 계발해 주는 것을 목표로 하고 있습니다. 따라서 수업에서 거의 매해 도까르모의 책을 교재로 사용하였고 이런 현실적인 상황이 이 책에 많이 반영되었습니다. 보통 오닐의 책이 도까르모의 책보다 어렵다고 평가되고 있는데 저자들의 입장에서는 오히려 도까르모의 책이 특히 혼자 공부하기에는 더 어렵다고 생각됩니다. 따라서 저자들에게는 학부에서 이 책을 교재로 강의하기에는 만족스럽지 못한 부분이 많이 있었고 어떻게 쉽게 설명해야할 지에 대해서 항상 고민하게 만들었는데 이 문제는 현재진행형입니다.

이 책을 쓸 준비를 하며 가장 고민하였던 것은 서구의 용어를 어떻게 우리말로 표현할 것인가였습니다. 수학 용어도 가능하면 순우리말로 표현하는 것이 가장 바람직하겠지만 이미 오랫동안 사용해 왔던 한자어 용어도 무시할 수 없었습니다. 현실을 고려하고 대한수학회의 수학용어집을 사용하되 가능하면 쉬운 용어를 사용하려고 노력하였습니다.

마지막 단계에서 이 책의 문장을 다듬고 손 그림을 컴퓨터 파일로 만드는데 경문사 편집부원들의 노고가 있었습니다. 이분들에게 여기에 감사의 말을 기록합니다.

2014년 2월

저자들 씀

차 례

제 1 장

공간 곡선과 국소적 이론

지금으로부터 2300여 년 전 고대 그리스 시대의 수학을 집대성한 유클리드가 그의 《원론》 제1권에 선은 "폭이 없이 길이만 있는 것"이라고 정의한 이래 많은 사람이 곡선이 무엇인가를 수학의 용어를 이용하여 정의하려고 노력해 왔다. 곡선은 두 전봇대 사이를 잇는 전선, 목걸이, 개를 묶고 다니는 끈 등 우리 주위에서 쉽게 찾아 볼 수 있을 뿐 아니라 지도에 표시된 길, 놀이공원의 롤러코스터, 컴퓨터를 잇는 인터넷 망 등도 곡선이라고 생각할 수 있다. 어떤 의미에서 보면 곡선이라는 것은 누구에게 배워서 알 수 있는 것이라기보다는 선험적으로 알고 있는 것이라는 칸트의 주장이 더 타당해 보이기도 한다. 17세기 뉴튼이나 라이프니츠에 의해서 미분과 적분의 개념이 정립될 때를 전후하여 한 질점이 시간이 지남에 따라 나타내는 자취를 물리적으로 '곡선'이라고 정의하기 시작하였다.

직관적으로 '곡선'이라고 함은 눈으로 볼 수 있는 어떤 커다란 집합(평면, 공간 또는 임의의 위상공간)의 부분집합을 말하는데 이 부분집합을 미분을 이용하여 연구하기 위해서는 '곡선'을 함수를 이용하여 나타낼 수 있는 방법을 만들어야 한다. 따라서 가장 간단한 방법은 함수의 그래프로 나타내는 방법인데 이럴 경우 자기 자신과 만나는 곡선들을 제외해야 하는 불편함이 생긴다. 곡선을 동적인 대상으로 본다면 매개변수를 이용하여 나타내는 방법이 가장 타당하다. 이 책에서 우리의 연구 대상이 되는 곡선은 미분이 가능하고 곡선의 각 점에서 접선이 존재하여 각 질점의 미래에 대해 예측이 가능한 것들이다.

1.1 정칙곡선

§1.1.1에서 매개곡선을 매개변수가 하나인 벡터함수로 정의한다. 함수의 그래프나 음함수의 해집합으로 곡선을 표현할 수도 있지만 곡선을 사상으로 표현하면 미분적분 이론을 쓸 수 있는 이점이 있다. 그러므로 매개곡선의 미분가능성이 필요하다.

§1.1.2에서는 미분가능한 매개곡선이라도 뾰족점이 존재할 수 있는데 이런 점 주위에서는 곡선 모양을 예측할 수가 없으므로 앞으로는 뾰족점이 없는 곡선만 다룬다. 곡선을 질점이 운동한 자취로 간주할 때, 뾰족점이 생기려면 질점이 멈추고 나서 방향을 바꾸어야 한다. 그러므로 정지 상태가 없이 움직이는 곡선을 정칙곡선이라고 정의한다. 그리고 잘 알려진 곡선의 예를 들고 이들 곡선이 어떤 기하학적 의미를 갖고 있는지 생각해 본다.

§1.1.3에서 정칙곡선에 대하여 호의 길이를 정의하고 이것을 매개변수로 사용하여 곡선을 표현할 수 있음을 보인다. 호의 길이로 재매개화된 곡선은 단위 속력을 갖고, 곡선 이론에서 호의 길이로 미분할 때 복잡한 계산을 쉽게 할 수 있게 해준다.

1.1.1 매개곡선

곡선은 1차원인 기하학적 연구 대상으로 공간 (또는 평면) 위에서 움직이는 점이 지나간 자취로 생각할 수 있다. 이런 곡선을 가장 쉽게 정의하는 방법은 함수를 이용하는 것이다. $\mathbb{R}$의 부분집합 I를 정의역으로 하는 일변수 함수 $f : I \to \mathbb{R}$을 생각해 보자. 함수 f의 그래프

$$\{(x, y) \in \mathbb{R}^2 \,:\, y = f(x)\}$$

는 $\mathbb{R}^2$의 부분집합으로 곡선을 나타낸다. 이 경우 f'과 f''의 값이 이 곡선의 모양을 결정한다.

그러나 원을 하나의 (양)함수로 나타낼 수 없다. 이런 경우 좀 더 일반적인 음함수를 이용하여 표현할 수 있다. 예를 들어, $x^2 + y^2 = 1$은 반지름이 1인 원을 나타낸다. 일반적으로, $F(x, y) = 0$로 표현된 경우 음함수의 정리를 이용하면 $\frac{\partial F}{\partial y}(x_0, y_0) \neq 0$인 점 (x_0, y_0) 근방에서 국소적으로 함수 $y = f(x)$로 표현할 수 있다. 그러나 매개변수를 이용하면 전체적으로 $\alpha(\theta) = (\cos\theta, \sin\theta), 0 \leq \theta \leq 2\pi$로 나타낼 수 있다. 음함수 $F(x, y) = xy = 0$인 경우, x 축과 y 축의 합집합은 원점 주위에서 우리가 원하는 1차원인 곡선으로 보기가 어려우므로 음함수로 곡선을 정의하는 것도 타당하지 않다.

곡선의 기하학적인 성질을 연구하기 위해서 곡선을 동적인 대상으로 보고 매개변수를 이용하여 다음과 같이 정의하면 편리하다.

정의 1.1.1 (매개곡선). 벡터값을 갖는 사상 $\alpha : (a,b) \to \mathbb{R}^3$(또는 $\mathbb{R}^2$)를 매개곡선(parametrized curve)이라고 한다.

정의 1.1.2 (평면곡선). $\mathbb{R}^3$의 매개곡선 α의 자취가 한 평면에 포함될 때 이 곡선을 평면곡선(plane curve)이라고 한다.

이때 좌표축을 조정하여 이 평면을 R^3의 x, y 평면이라고 할 수 있고 매개곡선 α를 $\alpha : (a,b) \to \mathbb{R}^2$로 볼 수 있다.

함수 $y = f(x)$로 나타낸 곡선은 매개곡선 $\alpha(t) = (t, f(t))$로 표현할 수 있다.

보기 1.1.1 (단위 원). 중심이 원점이고 반지름이 1인 원 $x^2 + y^2 = 1$을 생각해 보자. 우선 $x = t$로 놓고 $y = \sqrt{1-t^2}$라고 하면

$$\alpha(t) = (t, \sqrt{1-t^2}), \quad -1 < t < 1$$

은 위 반원을 나타낸다.

$$\beta(t) = (t, -\sqrt{1-t^2}), \quad -1 < t < 1$$

은 아래 반원을 나타낸다. 단위 원을 매개변수를 이용하여 이렇게 나타내려면 두 개의 사상이 더 필요하다.

한편 $x = \cos t, y = \sin t$라고 하면

$$\gamma(t) = (\cos t, \sin t), \quad t \in \mathbb{R}$$

의 상이 단위 원이 된다. 이때

$$\gamma(t) = \gamma(t + 2\pi n), \quad n = 0, \pm 1, \pm 2, \cdots$$

이므로 γ는 주기가 2π인 사상이다.

다른 한편

$$\delta(t) = (\cos e^t, \sin e^t), \quad t \in \mathbb{R}$$

도 단위 원의 매개변수 표현이다.

여기서 보는 것처럼 하나의 자취에 대한 곡선의 매개변수 표현은 유일하지 않다.

보기 1.1.2. $x^{2/3} + y^{2/3} = 1$을 $\alpha(t) = (\cos^3 t, \sin^3 t)$으로 매개화할 수 있다.

매개곡선 $\alpha : (a,b) \to \mathbb{R}^3$을 $\alpha(t) = (x(t), y(t), z(t))$로 표현할 때 각 성분함수 $x(t), y(t), z(t)$가 무한 번 미분가능할 때 이 곡선이 무한 번 미분가능하다(infinitely many differentiable)라고 하고 $\alpha \in \mathcal{C}^\infty$로 표기한다.

각 성분함수 $x(t)$, $y(t)$, $z(t)$가 k계 도함수가 존재하고 연속일 때 이 매개곡선을 k 번 연속적으로 미분가능하다(continuously differentiable)라고 하고 $\alpha \in \mathcal{C}^k$로 표기한다. $k = 0$인 경우는 성분함수 $x(t)$, $y(t)$, $z(t)$가 연속인 것으로 약속한다.

각 성분함수 $x(t), y(t), z(t)$를 급수로 표현할 수 있을 때 이 매개곡선을 해석적이다(analytic)라고 하고 $\alpha \in \mathcal{C}^\omega$로 표기한다.

이 집합들의 포함 관계는 다음과 같다.

$$\mathcal{C}^\omega \subsetneq \mathcal{C}^\infty \subsetneq \cdots \subsetneq \mathcal{C}^{k+1} \subsetneq \mathcal{C}^k \subsetneq \cdots \subsetneq \mathcal{C}^1 \subsetneq \mathcal{C}^0$$

여기서 각 집합의 포함관계는 진부분집합 관계이다.

보기 1.1.3 (꼬인 3차곡선(twisted cubic))**.** $\alpha(t) = (t, t^2, t^3)$으로 정의된 곡선을 꼬인 3차곡선(twisted cubic)이라고 한다. $\alpha \in \mathcal{C}^\omega$이며 곡면 $y = x^2$와 $z = x^3$의 공통부분이다[1].

보기 1.1.4. $\alpha(t) = (t, |t|)$, $\forall t \in \mathbb{R}$의 두 번째 성분함수 $y(t) = |t|$는 $t = 0$에서 미분가능하지 않으므로 $\alpha \in \mathcal{C}^0$이지만 $\alpha \notin \mathcal{C}^1$이다.

보기 1.1.5. $\alpha(t) = (t^3, t^2)$, $\forall t \in \mathbb{R}$은 무한 번 미분가능한 매개곡선이지만 자취는 $t = 0$에서 뾰족하다.

모든 t에 대하여 $\alpha'(t) \neq \mathbf{0}$이라면 곡선 α의 자취가 매끈함을 보일 수 있다. 만약 $\alpha'(t_0) = \mathbf{0}$이라면 t_0 다음 순간의 방향이 자유롭게 변할 수 있으므로 뾰족점이 생길 수 있다. 그러나 모든 t에 대하여 $\alpha'(t) \neq \mathbf{0}$이고 $\alpha \in \mathcal{C}^1$이라면 곡선 α의 접선이 존재하고 이 접선들의 방향이 연속적으로 변하므로 매끄러운 자취가 생긴다.

---

[1] 이와 같이 두 곡면의 공통부분인 곡선을 교차곡선이라고 한다.

무한 번 미분가능한 함수 $y = f(x)$의 그래프를 매개곡선 $\alpha(t) = (t, f(x))$라고 하면, 모든 t에 대하여 $\alpha'(t) \neq \mathbf{0}$이므로 그래프는 매끄러운 곡선이 된다. 이런 이유로 $f \in \mathcal{C}^\infty$를 매끄러운 함수라고 하기도 한다.

보기 1.1.6. 쌍곡선 $x^2 - y^2 = 1$을

$$\alpha(t) = (\cosh t, \sinh t), \quad \beta(t) = (-\cosh t, \sinh t)$$

를 이용하여 매개곡선으로 나타낼 수 있다. 쌍곡선은 연결된 집합이 아니다.

보기 1.1.7 (무한 번 미분가능하지만 해석적이 아닌 함수의 예)**.** 실수 위에서 정의된 함수

$$f(t) = \begin{cases} e^{-1/t^2}, & t \neq 0 \\ 0, & t = 0 \end{cases} \tag{1.1}$$

의 $t = 0$에서의 미분은

$$f'(0) = 0, f''(0) = 0, \cdots$$

이므로 f를 급수로 나타낼 수 없다.

$$\alpha(t) = \begin{cases} (t, e^{-1/t^2}), & t \neq 0 \\ (0, 0) & t = 0 \end{cases}$$

라고 정의하면 $\alpha \in \mathcal{C}^\infty$이지만 $\alpha \notin \mathcal{C}^\omega$이다.

문제 1.1.1. (1.1)로 정의된 함수는

$$f'(0) = 0, f''(0) = 0, \cdots$$

임을 보이시오. (도움말: $f'(0)$의 정의가 무엇인지 써 보시오. 이 값을 계산하기 위하여 로피탈 정리를 이용할 수 있다. $t \neq 0$일 때 $f'(t)$는 무엇인가? $f''(0)$도 같은 방법으로 구할 수 있는데 로피탈 정리를 더 정교하게 이용해야 한다. 엄밀한 증명에는 수학적 귀납법이 필요하다.)

정의 1.1.3 (속도, 속력, 가속도)**.** [2] 매개곡선 α의 $t = t_0$에서의 미분 $\alpha'(t_0)$를 $t = t_0$ (또는 $\alpha(t_0)$)에서의 속도(velocity)라고 한다. 속도의 크기 $|\alpha'(t_0)|$를 $t = t_0$ (또는 $\alpha(t_0)$)에서의 속력(speed)이라고 한다. 속도의 미분 $\alpha''(t_0)$를 $t = t_0$ (또는 $\alpha(t_0)$) 에서의 가속도(acceleration)라고 한다.

1.1.2 정칙곡선

§1.1.1에서 무한 번 미분가능한 매개곡선 중에서 속도벡터가 영벡터인 경우 뾰족점이 생길 수 있다는 것을 알았다. 뾰족점 근방에서 곡선의 모양을 통제할 수 없으므로 이런 점을 배제할 필요가 있다.

정의 1.1.4 (정칙곡선)**.** 무한 번 미분가능한 매개곡선 $\alpha : (a, b) \to \mathbb{R}^3$가 모든 $t \in (a, b)$에 대하여

$$\alpha'(t) \neq \mathbf{0}$$

을 만족할 때 α를 정칙곡선(regular curve)이라고 한다.

$\alpha'(t) = \mathbf{0}$인 t (또는 $\alpha(t)$)를 α의 특이점(singular point)이라고 한다. t가 α의 특이점이 아닌 경우 점 $\alpha(t)$를 지나고 $\alpha'(t)$ 방향의 직선인 접선이 존재한다. 따라서 정칙곡선인 경우 곡선의 모든 점에서 접선이 존재한다. 접선의 방향인 $\frac{\alpha'(t)}{|\alpha'(t)|}$가 곡선을 연구하는데 중요한 역할을 한다.

정의 1.1.5 (접벡터)**.** 정칙곡선 α의 점 $\alpha(t)$에서의 (단위)접벡터(tangent vector)를

$$T(t) = \frac{\alpha'(t)}{|\alpha'(t)|}$$

로 정의한다.

경우에 따라서는 곡선이 무한 번 미분가능할 필요없이 적당한 k 값(보통은 $k = 1, 2, 3$)에 대하여 $\alpha \in \mathcal{C}^k$이라는 가정만으로도 이론의 전개가 충분할 경우가 있다. 보통 어느 정도의 미분가능성이 필요한지는 이론의 전개에 따라 명확하므로 얼마나 미분가능한지에 관한 가정을 명시하지 않는 경우가 많다.

[2]속도와 가속도는 벡터이므로 속도벡터, 가속도벡터라고도 한다.

정리 1.1.1. 정칙곡선은 국소적으로 일대일이다.

증명 $\alpha'(t_0) \neq \mathbf{0}$이라고 하면 $\alpha'(t_0)$의 성분 중 적어도 하나는 영이 아니다. 예를 들어 $x'(t_0) \neq \mathbf{0}$이라고 하면 t_0 근방에서 $x(t)$는 일대일이다. 따라서 α도 t_0 근방에서 일대일이다. □

$\mathbb{R}$에서 정의된 두 곡선 $\alpha(t) = (\cos t, \sin t)$와 $\beta(t) = (\cos 2t, \sin 2t)$의 자취는 단위 원으로 같지만 β가 α보다 두 배 빨리 움직인다. 이와 같이 매개변수를 적당히 조절하여 속력을 빠르거나 느리게 할 수 있다.

정의 1.1.6 (재매개화). 매끈한 일대일 위로의 함수 $g : (c,d) \to (a,b)$의 역함수 $h \equiv g^{-1} : (a,b) \to (c,d)$가 매끈할 때 g를 재매개화(reparametrization)라고 한다. 매개곡선 $\alpha : (a,b) \to \mathbb{R}^3$를 재매개화 $g : (c,d) \to (a,b)$를 이용하여 매개곡선 $\beta = \alpha \circ g : (c,d) \to \mathbb{R}^3$를 정의할 수 있다. 이때 곡선 β를 곡선 α의 재매개화 곡선이라고 한다. 이때 α와 β의 자취는 같다.

명제 1.1.2. 정칙곡선 $\alpha : (a,b) \to \mathbb{R}^3$를 재매개화 $g : (c,d) \to (a,b)$를 이용하여 재매개화한 매개곡선 $\beta = \alpha \circ g : (c,d) \to \mathbb{R}^3$도 정칙곡선이다.

증명 재매개화 함수 g의 역함수가 존재하므로 $g'(r) \neq 0$이다.

$$\beta'(r) = \alpha'(g(r)) \cdot g'(r)$$

이고 $\alpha'(g(r)) \neq \mathbf{0}$이므로 $\beta'(r) \neq \mathbf{0}$이다. □

보기 1.1.8. 포물선 $y = x^2$를 $\alpha(t) = (t, t^2)$으로 매개화하면 α는 정칙곡선이 되고 $\beta(t) = (t^3, t^6)$으로 매개화하면 정칙곡선이 아니다. 여기서 $t \mapsto t^3$은 재매개화가 아니다.

$g : (a,b) \to (a,b)$, $g(t) = a + b - t$로 곡선을 재매개화하면 곡선의 운동 방향을 바꿀 수 있다. 즉

$$\beta(t) = \alpha(a + b - t)$$

로 정의된 곡선은 원래 곡선과 자취는 같지만 운동 방향이 반대이다.

문제 1.1.2. (a,b)에서 정의된 곡선 $\alpha : (a,b) \to \mathbb{R}^3$을 $(0,1)$에서 정의된 곡선으로 재매개화하여라.

문제 1.1.3. $(-\pi/2, \pi/2)$에서 정의된 곡선 $\alpha : (-\pi/2, \pi/2) \to \mathbb{R}^3$을 $\mathbb{R}$에서 정의된 곡선으로 재매개화하여라.

보기 1.1.9 (견인곡선, 추적선)**.** 물체를 줄에 묶어서 줄이 팽팽한 상태로 잡고 줄에 수직인 방향으로 계속 움직일 때 바닥과의 마찰에 의해 질질 끌려오는 물체의 자취를 견인곡선(tractrix)[3] 또는 추적선(curve of pursuit)이라고 한다.

길이가 1인 줄에 물체를 묶어 점 $(0,1)$에 두고 사람이 원점에서 시작하여 양의 x 축을 따라 움직인다고 하자. 이때 줄을 팽팽하게 유지하여 줄의 방향이 그 곡선의 속도 방향과 일치하게 한다. 즉 줄이 접선 방향이다. 사람이 $C_t = (t, 0)$에 있을 때 물체의 위치를 $P_t = (x(t), y(t))$라고 하고 줄이 양의 x 축과 이루는 각을 $\theta(t)$라고 하면

$$\overrightarrow{C_t P_t} = P_t - C_t = (\cos\theta(t), \sin\theta(t))$$

이므로

$$\begin{aligned} x(t) &= t + \cos\theta(t)\,, \\ y(t) &= \sin\theta(t) \end{aligned}$$

이다. 이때 $P_t = (x(t), y(t))$의 접선의 기울기는 $\tan\theta(t)$이므로

$$\tan\theta(t) = \frac{dy}{dx} = \frac{dy}{dt}\Big/\frac{dx}{dt} = \frac{\cos\theta(t)\frac{d\theta}{dt}}{1 - \sin\theta(t)\frac{d\theta}{dt}}$$

이다. 따라서

$$\frac{d\theta}{dt} = \sin\theta$$

이므로

$$t = \ln(\csc\theta - \cot\theta) + C$$

이다. $t = 0$일 때 $\theta = \pi/2$이므로 $C = 0$이고

$$\csc\theta - \cot\theta = \frac{1 - \cos\theta}{\sin\theta} = \frac{2\sin^2\frac{\theta}{2}}{2\sin\frac{\theta}{2}\cos\frac{\theta}{2}} = \tan\frac{\theta}{2}$$

---

[3] tractrix는 라틴어로 'tractus' 또는 'trahere'에서 온 단어로 영어로 'pull' 즉 '끌다'의 의미이다.

이므로

$$t = \ln \tan \frac{\theta}{2}$$

이다.

따라서 이 곡선의 변수 $t(t \geq 0)$를 θ로 재매개화하면

$$\alpha(\theta) = (\ln \tan \frac{\theta}{2} + \cos\theta, \sin\theta)\,, \quad \pi/2 \leq \theta < \pi$$

이다.

이때 $\tan \frac{\theta}{2} = e^u$로 놓으면

$$\begin{aligned} \sin\theta &= 2\sin\frac{\theta}{2}\cos\frac{\theta}{2} = \frac{2e^u}{1+e^{2u}} = \frac{2}{e^u + e^{-u}} = \operatorname{sech} u\,, \\ \cos\theta &= \cos^2\tfrac{\theta}{2} - \sin^2\tfrac{\theta}{2} = \frac{1-e^{2u}}{1+e^{2u}} = \frac{e^{-u}-e^u}{e^u+e^{-u}} = -\tanh u\,. \end{aligned}$$

이므로 이 곡선을

$$\beta(u) = (u - \tanh u, \operatorname{sech} u)\,, \quad u \geq 0$$

로 재매개화할 수 있다.

보기 1.1.10 (현수선). 마음대로 구부릴 수 있는 사슬이 두 말뚝에 걸쳐져 있을 때 이 사슬의 무게는 전체에 고르게 나누어진다. 이 사슬이 만드는 곡선을 현수선 (catenary)[4]이라고 한다. 현수선은

$$f(x) = C\cosh(x/C)\,, \quad C > 0\text{인 상수}$$

의 그래프로 나타난다.

보기 1.1.11 (비비안니 곡선). 반지름이 $\frac{1}{2}$인 원주면 $x^2 + y^2 = \left(\frac{1}{2}\right)^2$과 중심이 $(-\frac{1}{2}, 0, 0)$이고 반지름이 1인 구면이 만나서 만드는 곡선

$$\alpha(t) = (\cos^2 t - \tfrac{1}{2}, \sin t\cos t, \sin t)$$

를 비비안니 곡선(Viviani curve)이라고 한다. 이 곡선을 y, z 평면으로 사영시키면

[4] 라틴어 'catena'는 영어로 'chain'을 의미한다.

8자 모양 곡선(lemniscate of Huygens)이 된다.

보기 1.1.12 (로그 와선).

$$\alpha(t) = (e^t \cos t, e^t \sin t)$$

를 로그 와선(logarithmic spiral)이라고 한다. $\alpha(t)$와 접벡터 $\alpha'(t)$가 만드는 각이 일정하여 등각 와선(equiangular spiral)이라고도 한다.

1.1.3 호의 길이

연속인 매개곡선 $\alpha : [a, b] \to \mathbb{R}^3$의 길이를 정의하는 방법을 생각해 보자. 구간 $[a, b]$를 n 개의 부분구간으로 분할하면

$$a = t_0 < t_1 < \cdots < t_{n-1} < t_n = b$$

인 $(n-1)$ 개의 점 $t_1 < t_2 < \cdots < t_{n-1}$을 생각하여야 한다. 이때

$$P = \{t_0, t_1, \cdots, t_{n-1}, t_n\}$$

로 표기하고 구간 $[a, b]$의 분할(partition)이라고 한다. 이때 분할의 크기 $|P|$를 n 개의 부분구간의 크기의 최대값, 즉

$$|P| = \max\{t_i - t_{i-1} \ : \ i = 1, \cdots, n\}$$

로 정의한다. 이제 $\{\alpha(t_0), \alpha(t_1), \cdots, \alpha(t_{n-1}), \alpha(t_n)\}$를 지나는 다각곡선의 길이

그림 1.1: 곡선과 다각곡선($n = 8$인 경우)

$$s(P) = \sum_{i=1}^{n} |\alpha(t_i) - \alpha(t_{i-1})|$$

을 생각하고, 분할 P의 크기를 0으로 보낼 때의 극한 $\lim_{|P|\to 0} s(P)$이 존재할 때 곡선 α가 길이를 갖는다(rectifiable)라고 하고 곡선 α를 길이를 갖는 곡선(rectifiable curve)이라고 한다. 이때 곡선 α 의 길이 $L(\alpha)$를

$$L(\alpha) = \lim_{|P|\to 0} s(P)$$

로 정의한다.

보기 1.1.13. [길이를 갖는 곡선] $\alpha(t) = (t, t^2), 0 \le t \le 1$로 정의된 곡선이 길이를 갖음을 보이자. 구간 $[0,1]$을 n 등분한 분할을 P_n이라고 하자. 이 P_n에 의한 다각곡선의 길이는

$$(1.2) \qquad s(P_n) = \sum_{i=1}^{n} \sqrt{\left(\frac{1}{n}\right)^2 + \left(\frac{2i-1}{n^2}\right)^2} = \sum_{i=1}^{n} \frac{1}{n}\sqrt{1 + \frac{(2i-1)^2}{n^2}}$$

이다. 이때 $\lim_{n\to\infty} s(P_n)$이 존재하므로 α가 길이를 갖는 곡선이다.

문제 1.1.4. 보기 1.1.13에서 $\lim_{n\to\infty} s(P_n)$이 존재함을 보이시오. 리만 적분의 정의를 이용하여 (1.2)을 적분으로 표현하고 적당한 치환을 이용하여 곡선의 길이 $L(\alpha)$를 구하시오.

보기 1.1.14. 곡선

$$\alpha(t) = \begin{cases} (t, t\sin\pi/t), & 0 < t \le 1 \\ (0,0), & t = 0 \end{cases}$$

는 길이를 갖는 곡선이 아니다.

증명 $t\sin\pi/t = 0$인 $t \in (0,1]$를 구해보자. $t \ne 0$이므로 $\sin\pi/t = 0$이어서 $\pi/t = i\pi$. 즉 $t = 1/i$일 때 $\alpha(t)$의 y 좌표가 0이 된다.

이제 $\alpha(t)$의 y 좌표가 $\pm t$인 t를 구해보자. $t\sin\pi/t = \pm t$이므로 $\sin\pi/t = \pm 1$. 즉 $\pi/t = \pi/2 + i\pi$. 따라서 $t = \frac{2}{1+2i} = \frac{1}{1/2+i}$이다.

이제 $2n$ 개의 부분구간으로 이루어진 $[0,1]$의 분할

$$P_n : 0 < \frac{1}{1/2+n} < \frac{1}{n} < \cdots < \frac{1}{1/2+3} < \frac{1}{3} < \frac{1}{1/2+2} < \frac{1}{2} < \frac{1}{1/2+1} < 1$$

을 만들고 분할 P_n이 만드는 다각곡선의 길이를 $s(P_n)$이라고 하면

$$\frac{1}{1+i} < \frac{1}{1/2+i} < \frac{1}{i}$$

이어서

$$s(P_n) > \sum_{i=1}^{n} \frac{2}{1/2+i} > \sum_{i=1}^{n} \frac{2}{1+i}$$

이다.

$\sum\limits_{i=1}^{\infty} \frac{1}{i}$이 발산하므로 이 곡선은 길이를 갖지 않는다. □

이제 $[a,b]$에서 미분가능한 곡선을 정의하고 곡선의 길이를 정의하자. 지금까지 어느 한 점 p에서의 미분가능성은 p를 포함하는 열린구간에서 정의되는 곡선이어야 했다. 그러므로 $[a,b]$를 포함하는 열린구간을 생각한다.

정의 1.1.7 (정칙곡선조각)**.** $\alpha : [a,b] \to \mathbb{R}^3$가 $[a,b]$를 포함하는 열린구간 (c,d)에서 정의되는 매끈한 정칙곡선 $\tilde{\alpha} : (c,d) \to \mathbb{R}^3$가 존재하여

$$\tilde{\alpha}|_{[a,b]} = \alpha$$

일 때 α를 정칙곡선조각(regular curve segment)이라고 한다.

정칙곡선조각 $\alpha : [a,b] \to \mathbb{R}^3$가 $\mathcal{C}^1$ 급이면 평균값 정리에 의해

$$\begin{aligned} s(P) &= \sum_{i=1}^{n} |\alpha(t_i) - \alpha(t_{i-1})| \\ &= \sum_{i=1}^{n} \sqrt{(x(t_i) - x(t_{i-1}))^2 + (y(t_i) - y(t_{i-1}))^2 + (z(t_i) - z(t_{i-1}))^2} \\ &= \sum_{i=1}^{n} \sqrt{(x'(t_i^1))^2 + (y'(t_i^2))^2 + (z'(t_i^3))^2}\,\Delta t_i \end{aligned}$$

인 t_i^1, t_i^2, t_i^3이 t_{i-1}과 t_i 사이에 존재한다.

이때 분할 P를 세분하면 $\alpha'(t)$가 연속함수이므로

$$\sqrt{(x'(t_i^1))^2+(y'(t_i^2))^2+(z'(t_i^3))^2}$$

는 $|\alpha'(t_i)|$에 가까이 가게 된다. 즉,

$$\begin{aligned}L(\alpha) &= \lim_{|P|\to 0} s(P)\\ &= \lim_{|P|\to 0}\sum_{i=1}^{n}|\alpha'(t_i)||t_i-t_{i-1}|\\ &= \int_a^b |\alpha'(t)|dt\end{aligned}$$

이다.

따라서 정칙곡선조각의 길이를 다음과 같이 정의할 수 있다.

정의 1.1.8 (정칙곡선조각의 길이)**.** $\alpha:[a,b]\to\mathbb{R}^3$가 정칙곡선조각일 때 곡선 α의 길이(length of a curve)를

$$L(\alpha)=\int_a^b |\alpha'(t)|\,dt$$

로 정의한다.

이렇게 정의된 곡선의 길이는 다음 보조정리에 의해 곡선의 재매개화에 대하여 불변이다. 즉 우리의 직관에 의해 당연하듯이 곡선의 자취가 같으면 곡선의 매개변수에 상관없이 같은 길이를 갖게 된다.

보조정리 1.1.3. 재매개화 $g:[c,d]\to[a,b]$를 이용하여 곡선 $\alpha:[a,b]\to\mathbb{R}^3$를 재매개화하여 $\beta=\alpha\circ g$라고 하면 $L(\beta)=L(\alpha)$이다.

증명 곡선 β의 길이는

$$L(\beta)=\int_c^d\left|\frac{d\beta}{dr}\right|dr$$

이고 연쇄 법칙에 의해

$$\frac{d\beta}{dr} = \frac{d\alpha}{dt}\frac{dg}{dr}$$

이다. 따라서

$$L(\beta) = \int_c^d \left|\frac{d\alpha(g(r))}{dt}\frac{dg(r)}{dr}\right| dr$$

이다. 이제 다음의 두 경우로 나누어 생각해 보자.

모든 r에 대하여 $\frac{dg}{dr} > 0$라면, $\left|\frac{dg}{dr}\right| = \frac{dg}{dr}$ 이므로 β의 길이는

$$L(\beta) = \int_c^d \left|\frac{d\alpha(g(r))}{dt}\right| \frac{dg(r)}{dr} dr$$

이고 $t = g(r)$로 변수를 변환하면 $dt = \frac{dg}{dr}dr$이다. 이 변수 변환에 의해서 곡선 β의 길이는

$$L(\beta) = \int_a^b \left|\frac{d\alpha}{dt}\right| dt$$

이므로 이 값은 정의에 의해 곡선 α의 길이 $L(\alpha)$와 같다.

반대로 모든 r에 대하여 $\frac{dg}{dr} < 0$이라면, $\left|\frac{dg}{dr}\right| = -\frac{dg}{dr}$이다. 따라서

$$L(\beta) = -\int_c^d \left|\frac{d\alpha(g(r))}{dt}\right| \frac{dg(r)}{dr} dr$$

이다. $t = g(r)$로 변수를 변환하면, $g(c) = b$이고 $g(d) = a$이므로

$$L(\beta) = -\int_b^a \left|\frac{d\alpha}{dt}\right| dt = \int_a^b \left|\frac{d\alpha}{dt}\right| dt = L(\alpha)$$

이다.

그러므로 두 경우 모두 $L(\beta) = L(\alpha)$이다. □

정의 1.1.9 (호의 길이). $t_0 \in (a, b)$를 고정했을 때 곡선 $\alpha(t)$의 t_0로부터 호의 길이

(arc length)를

$$s = \int_{t_0}^{t} \left| \frac{d\alpha}{du} \right| du \tag{1.3}$$

로 정의하고 $s = s(t)$로 표기한다.

보조정리 1.1.4. 매개곡선 α가 C^1급이면 (1.3)으로 정의된 호의 길이도 C^1급으로 미분가능하다.

증명 피적분함수가 α가 C^1급이면 미적분학의 기본정리에 의해 $s = s(t)$는 미분가능하고

$$\frac{ds}{dt}(t) = \left| \frac{d\alpha}{dt} \right|$$

이다. 특히 $\frac{d\alpha}{dt}$가 연속이므로 $\frac{ds}{dt}$도 연속이다. □

주. 보조정리 1.1.4의 증명에는 곡선 α가 정칙일 필요는 없지만 호의 길이가 C^2급 이상임을 보이는데는 α가 정칙임이 필요하다.

보조정리 1.1.5. 정칙곡선 α가 C^∞급이면 (1.3)로 정의된 호의 길이도 C^∞급이다.

증명 $f(u) = \langle \alpha'(u), \alpha'(u) \rangle > 0$와 $g(v) = \sqrt{v}, v > 0$는 C^∞급 함수이므로 이 두 함수의 합성함수 $h(u) = g \circ f(u)$도 C^∞급이고 $s(t) = \int_{t_0}^{t} h(u)du$이다. 미적분학의 기본정리에 의해 $s'(t) = h(t)$이므로 $s(t)$도 C^∞급 함수이다. □

이제 다음 보조정리는 모든 정칙곡선에서 호의 길이를 매개변수로 사용할 수 있음을 보여준다.

보조정리 1.1.6. C^∞급 정칙곡선 α의 호의 길이 $s : (a, b) \to \mathbb{R}$는 역함수 $t = t(s) : (c, d) \to (a, b)$가 존재하고 매끈하다. 여기서 $s(a, b) = (c, d)$이다.

증명 모든 $t \in (a, b)$에 대하여

$$\frac{ds}{dt}(t) = \left| \frac{d\alpha}{dt} \right| > 0$$

이고 $s(t)$는 단조증가 함수이므로 $s(t)$의 역함수 $t(s)$가 존재한다. 그리고 역함수 정리에 의해서 $t(s)$도 매끈한 함수이다. □

정리 1.1.7. 정칙곡선을 호의 길이로 재매개화하면 단위 속력 곡선이 된다. 즉 s가 α의 호의 길이라고 하면 $\left|\frac{d\alpha}{ds}\right| = 1$이다.

증명 연쇄법칙에 의해

$$\frac{d\alpha}{ds} = \frac{d\alpha}{dt} \cdot \frac{dt}{ds} = \frac{d\alpha}{dt} \Big/ \left|\frac{d\alpha}{dt}\right|$$

이다. 따라서 $\left|\frac{d\alpha}{ds}\right| = 1$. □

이 정리의 역으로 호의 길이로 매개화하는 것이 (상수를 더하는 것을 제외하고는) 단위 속력 곡선으로 매개화하는 유일한 방법이다.

문제 1.1.5. 단위 속력 곡선의 매개변수는 호의 길이에 상수를 더하는 것이다.

이제 곡선을 호의 길이로 재매개화하여 보자.

보기 1.1.15. 반지름이 r인 원 $\alpha(t) = (r\cos t, r\sin t)$, $\forall t \in \mathbb{R}$을 단위 속력을 갖는 곡선으로 재매개화하여 보자.

$\alpha'(t) = (-r\sin t, r\cos t)$이므로

$$s(t) = \int_0^t |\alpha'(u)|du = \int_0^t r du = rt$$

이다. $s = s(t)$의 역함수는 $t = t(s) = s/r$이므로

$$\beta(s) = \alpha(t(s)) = (r\cos s/r, r\sin s/r)$$

이다.

보기 1.1.16. 원나선(circular helix) $\alpha(t) = (a\cos t, a\sin t, bt)$, $\forall t \in \mathbb{R}$을 단위 속력을 갖는 곡선으로 재매개화하여 보자.

$\alpha'(t) = (-a\sin t, a\cos t, b)$이므로

$$s(t) = \int_0^t |\alpha'(u)|du = \int_0^t \sqrt{a^2+b^2}du = \sqrt{a^2+b^2}t$$

이다. $s = s(t)$의 역함수는 $t = t(s) = s/\sqrt{a^2+b^2}$이므로 호의 길이로 재매개화하면

$$\beta(s) = \alpha(t(s)) = (a\cos s/\sqrt{a^2+b^2}, a\sin s/\sqrt{a^2+b^2}, bs/\sqrt{a^2+b^2})$$

이다.

명제 1.1.8. $\alpha(t)$가 단위 속력 곡선이면 $\alpha''(t)$는 $\alpha'(t)$에 수직이거나 $\alpha''(t) = \mathbf{0}$이다.

증명 $\langle \alpha'(t), \alpha'(t) \rangle = 1$이므로 양변을 t로 미분하면

$$2\langle \alpha'(t), \alpha''(t) \rangle = 0$$

이다. 그러므로 $\alpha''(t) \neq \mathbf{0}$인 경우 $\alpha''(t)$는 $\alpha'(t)$에 수직이다. □

주. 가속도벡터 $\alpha''(t)$의 $\alpha'(t)$ 방향의 성분을 α''_T라고하자. $\alpha''(t)$은 $\alpha'(t)$의 변화율이므로, α''_T가 $\alpha'(t)$와 같은 방향이면 t 근방에서 α는 가속이 되고 $\alpha'(t)$와 반대 방향이면 감속이 되어야 한다. 그러나 $|\alpha'(t)| = 1$인 등속운동을 하므로 $\alpha''_T = \mathbf{0}$이어야 한다.

명제 1.1.8에서 보는 것처럼 곡선이 단위 속력 곡선인 경우 계산이 간단해진다.

보기 1.1.17. 보기 1.1.3에서 정의한 꼬인 3차곡선(twisted cubic)의 $t = 0$에서부터의 호의 길이

$$s = \int_0^t \sqrt{1 + 4u^2 + 9u^4}\, du$$

는 우리가 알고 있는 함수로 나타낼 수 없다.

보기 1.1.18. $\alpha(t) = (a\cos t, b\sin t, 0)$으로 정의되는 타원은

$$|\alpha'(t)| = \sqrt{a^2 \sin^2 t + b^2 \cos^2 t} = \sqrt{a^2 + (b^2 - a^2)\cos^2 t}$$

이고

$$s(t) = \int_0^t |\alpha'(u)|\, du = \int_0^t \sqrt{a^2 + (b^2 - a^2)\cos^2 u}\, du$$

이다. 이 적분을 타원적분이라고 하는데 타원의 호의 길이와 관계가 있다.

다음 보기에서 보는 것처럼 $\int_0^t |\alpha'(u)|\, du$를 함수로 표현할 수 있더라도 $s = s(t)$의 역함수를 구하기가 어려운 경우가 대부분이다.

보기 1.1.19. 포물선 $y = x^2/2$를 $\alpha(t) = (t, t^2/2, 0)$로 매개화하면 $\alpha'(t) = (1, t, 0)$이고 $|\alpha'(t)| = \sqrt{1+t^2}$이다. 따라서 호의 길이는

$$s = \int_0^t |\alpha'(u)|\, du = \int_0^t \sqrt{1+u^2}\, du = \frac{1}{2}(t\sqrt{1+t^2} + \ln|\sqrt{1+t^2}+t|)$$

이다.

1.2 프레네 정리

이 절에서는 곡선이 휜 정도와 평면에서 벗어나는 정도를 측정하는 두 가지 불변량인 곡률과 꼬임률을 정의한다. 이 두 불변량은 공간의 등장변환에 대하여 불변이어야 하고, 곡선의 매개변수의 선택에 대해서도 불변이어야 한다. 직관에 의하면 직선은 전혀 휘어져 있지 않고, 원은 모든 점에서 일정하게 휘어져 있으며, 반지름이 작은 원이 반지름이 큰 원보다 더 많이 휘어져 있다. 꼬임률은 곡선이 3차원 공간의 한 평면에 들어 있는 정도를 측정한다.

직선이 아닌 곡선에 대하여 곡선의 각 점에서 접선을 정의할 수 있다면 이 접선의 방향의 변화로 곡선의 휜 정도를 측정할 수 있다. §1.2.1에서 호의 길이에 대한 접선의 방향의 변화율을 곡률이라고 정의하는데 곡률은 곡선의 휜 정도를 계량화한다. §1.1.3에서 정칙곡선을 호의 길이로 재매개화하면 단위 속력을 갖는 곡선이 됨을 보였는데 여기에서는 우선 호의 길이가 매개변수인 곡선의 각 점에서 접벡터 T, 주법벡터 N, 이중법벡터 B로 이루어진 3차원 공간의 기저인 틀 $\{T, N, B\}$을 정의한다. 이 틀 중에서 단위접벡터와 이중법벡터를 미분하여 곡률과 또 다른 불변량인 꼬임률을 얻는다.

§1.2.2에서 프레네 틀을 미분하여 다시 프레네 틀의 일차결합으로 표현하는 정리 1.2.4은 프레네가 최초로 발견하였는데 곡선의 국소적인 성질을 연구하는데 가장 중요한 식이다. 특히 이 식은 주어진 두 함수가 곡률과 꼬임률이 되는 곡선을 찾는 문제를 다룰 때 필요한 미분방정식을 제공한다(§1.3 참조).

단위 속력인 곡선을 이용하면 정리 1.1.8에서 보는 것처럼 속도벡터와 가속도벡터가 수직이 되어 여러 가지 계산이 간단해지지만 보기 1.1.17에서 볼 수 있는 것처럼 단위 속력 곡선이 되도록 재매개화하는 계산이 현실적으로 불가능한 경우도 있다. 이런 단점을 극복하기 위해서 임의의 매개변수를 갖는 곡선의 움직이는 틀을 구하고, 곡률과 꼬임률을 계산하는 방법을 알아본다.

1.2.1 프레네의 움직이는 틀

모든 정칙곡선은 항상 호의 길이로 매개화하여 단위 속력 곡선이 되도록 할 수 있다. 앞으로 다른 언급이 없으면 s를 매개변수로 사용하는 경우 s는 정칙곡선 α의 호의 길이이다. 이때 $\alpha(s)$에서의 속도벡터 $\alpha'(s)$를 접벡터라고 하고 $T(s)$로 표기한다. $T'(s) = \alpha''(s)$는 가속도벡터이다.

정의 1.2.1 (곡률). $\alpha(s)$가 단위 속력인 곡선일 때 가속도벡터 $\alpha''(s)$의 길이를 $\kappa(s)$로 표기하고, $\alpha(s)$에서의 곡률(curvature)이라고 한다. 즉

$$\kappa(s) = |T'(s)| = |\alpha''(s)|$$

이다.

곡선 $\alpha(s)$가 시간이 s일 때 움직이는 질점의 위치를 나타낸다고 하자. 점 $\alpha(s)$에서 아무런 힘이 작용하지 않으면 관성의 법칙에 따라 이 질점은 속도벡터 $T(s)$ 방향으로 직선운동을 한다. 뉴튼의 운동 제2법칙 $F = m\alpha''$에 의하면 질점에 작용하는 힘은 가속도에 비례한다. 따라서 운동하는 질점에 힘이 작용하면 직선운동을 하지 못하고 힘의 방향, 즉 가속도 방향으로 휘게 된다. 종합하면 정칙곡선인 경우 $\alpha'(s) = T(s) \neq \mathbf{0}$이므로 $\alpha(s)$에서의 운동 방향을 예측할 수 있는데 $\alpha''(s) = \mathbf{0}$인 경우 $T(s)$ 방향으로 직선운동을 하게 되지만 $\alpha''(s) \neq \mathbf{0}$인 경우 $\alpha(s)$에서 힘이 가속도 방향으로 작용하게 되어 질점의 운동을 휘게 한다.

보기 1.2.1. 점 p를 지나고 $v, (|v| = 1)$ 방향을 가지는 직선의 식은 $\alpha(s) = p + sv$로 표시할 수 있다. $\alpha'(s) = v$이므로 α는 단위 속력 곡선이다. $\alpha''(s) = \mathbf{0}$이므로 $\kappa(s) = 0$ 이다.

역으로 다음 정리에 의하면 곡선 $\alpha(s)$가 모든 s에 대하여 $\kappa(s) = 0$인 경우는 직선뿐이다.

정리 1.2.1. 곡선 $\alpha(s)$의 곡률 κ가 구간 (a, b)에서 $\kappa(s) = 0$이면 곡선 α는 (a, b)에서 직선(의 일부)이다.

증명 곡선을 성분함수로 표현하여 $\alpha(s) = (x(s), y(s), z(s))$라고 하자. 이때 $\alpha''(s) = (x''(s), y''(s), z''(s)) = \mathbf{0}$이므로 $\alpha'(s) = (a, b, c),\ a^2+b^2+c^2 = 1$인 상수벡터이다. 그러므로 곡선 α는 $\alpha(s) = (as+x_0, bs+y_0, cs+z_0)$로 (x_0, y_0, z_0)를 지나고 방향이 (a, b, c)인 직선을 나타낸다. □

곡률 $\kappa(s) \neq 0$인 경우 $F = m \cdot \alpha'' \neq \mathbf{0}$이므로 질점은 α'' 방향으로 힘을 받는다. 그러나 F가 α' 방향의 성분을 가진다면 속도의 변화가 생겨야 한다. 그러나 α는 단위 속력이므로 F는 α'에 수직한 방향이어야 한다.

가속도벡터 $\alpha''(s)$ 방향의 단위벡터를 주법벡터(principal normal vector)라고 하고 $N(s)$로 표기한다. 즉

$$\alpha''(s) = T'(s) = \kappa(s)N(s)$$

이다. 여기서 곡률 $\kappa(s) = 0$인 경우 주법벡터 $N(s)$가 정의되지 않음에 유의해야 한다.

명제 1.1.8의 특별한 경우로 다음 명제가 성립한다.

명제 1.2.2. 곡선 $\alpha(s)$가 단위 속력 곡선일 경우 $T(s)$와 $N(s)$는 수직이다.

증명 $|T(s)|^2 = 1$이므로 양변을 s로 미분하면

$$2\langle T'(s), T(s)\rangle = 2\langle \kappa(s)N(s), T(s)\rangle = 0$$

이 되어 $T(s)$와 $N(s)$는 수직이다. □

$\kappa(s) \neq 0$인 경우 곡선 위의 점 $\alpha(s)$에서 3차원 벡터공간의 좌표축을 구성해 보자. 두 벡터 $T(s)$와 $N(s)$를 이용하여 벡터 $B(s)$를

$$B(s) = T(s) \times N(s)$$

로 정의하고 이중법벡터(binormal vector)라고 한다. 외적의 성질에 의하여 $B(s)$는 길이가 1이고 $T(s)$와 $N(s)$에 수직이다.[5]

곡선 위의 점 $\alpha(s)$를 원점으로 하고 3차원 벡터공간의 축의 역할을 하는 단위벡터 $\{T(s), N(s), B(s)\}$를 $\alpha(s)$에서의 프레네 틀(Frenet frame)이라고 한다. 모든 s

[5]두 벡터 $\boldsymbol{a} = (a_1, a_2, a_3)$와 $\boldsymbol{b} = (b_1, b_2, b_3)$의 외적 $\boldsymbol{a} \times \boldsymbol{b}$는

$$\boldsymbol{a} \times \boldsymbol{b} = (a_2b_3 - a_3b_2, -(a_1b_3 - a_3b_1), a_1b_2 - a_2b_1)$$

로 정의한다. $\boldsymbol{a} \times \boldsymbol{b}$의 크기와 방향에 대한 기하학적 의미는 연습문제 1.4.21, 1.4.22, 1.4.25에서 다룬다.

에 대하여 $\kappa(s) \neq 0$인 경우 이 틀이 곡선 α 위의 모든 점에서 정의되므로 움직이는 틀(moving frame)이라고도 한다.

보조정리 1.2.3에 의해서 $\{T(s), N(s), B(s)\}$가 $\alpha(s)$를 원점으로 보는 벡터공간의 정규직교기저가 된다.

보조정리 1.2.3. $\{T(s), N(s), B(s)\}$의 벡터는 길이가 1이고 서로 수직이다. 즉 $|T(s)| = |N(s)| = |B(s)| = 1$이고 $\langle T(s), B(s)\rangle = \langle T(s), N(s)\rangle = \langle N(s), B(s)\rangle = 0$이다.

증명 정의를 이용하면 $|T(s)| = \left|\frac{d\alpha}{ds}(s)\right| = 1$이다. 또 $N(s) = T'(s)/\kappa(s)$이고 $\kappa(s) = |T'(s)|$이므로 $|N(s)| = 1$이다.

정리 1.2.2에 의하여 $\langle T(s), N(s)\rangle = 0$이다.

이제 $T(s)$와 $N(s)$이 수직이므로, $B(s)$의 크기는

$$|B(s)| = |T(s)||N(s)| \sin \tfrac{\pi}{2} = 1$$

이다. 따라서 $T(s)$, $N(s)$와 $B(s)$는 모두 단위벡터이다.

또 정의에 의해 $N(s)$와 $T(s)$는 $B(s)$에 수직이다. □

더 나아가 정규직교기저 $\{T(s), N(s), B(s)\}$는 양의 방향을 갖음을 문제 1.4.25에 의하여 알 수 있다.[6]

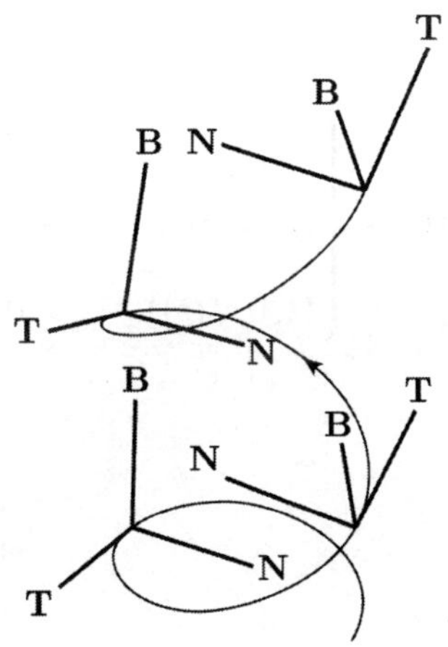

그림 1.2: 곡선의 각 점에서 정의되는 프레네 틀

[6] $\mathbb{R}^3$의 순서가 있는 기저 $\{\boldsymbol{a}, \boldsymbol{b}, \boldsymbol{c}\}$가 $[\boldsymbol{a}, \boldsymbol{b}, \boldsymbol{c}] > 0$일 때 양의 방향을 갖는다(또는 오른손 법칙에 따라 결정된다)라고 한다.

정의 1.2.2 (접촉평면, 교정평면,법평면). 곡선 α의 움직이는 틀을

$$\{T(s), N(s), B(s)\}$$

라고 할 때 $\alpha(s)$에서

$T(s)$를 포함하는 직선을 접선(tangent line),
$N(s)$를 포함하는 직선을 주법선(normal line),
$\{T(s), N(s)\}$으로 생성되는 평면을 접촉평면(osculating plane),
$\{T(s), B(s)\}$으로 생성되는 평면을 교정평면(rectifying plane),
$\{N(s), B(s)\}$으로 생성되는 평면을 법평면(normal plane)

이라고 한다.

정의 1.2.3 (접촉원). 중심이 $\alpha(s) + \frac{1}{\kappa(s)}N(s)$이고 $\alpha(s)$를 지나는 접촉평면 위의 원을 접촉원(osculating circle)이라고 한다.

문제 1.2.1.

$$f(t) = \begin{cases} e^{-1/t^2}, & t \neq 0 \\ 0, & t = 0 \end{cases}$$

이라고 하고 공간 곡선 α를

$$\alpha(t) = \begin{cases} (t, f(t), 0), & t < 0 \\ (0, 0, 0), & t = 0 \\ (t, 0, f(t)), & t > 0 \end{cases}$$

로 정의하자.

(1) $\alpha \in \mathcal{C}^\infty$임을 보이시오.

(2) α가 정칙곡선임을 보이시오.

(3) $\kappa(0) = 0$임을 보이시오.

(4) $t \neq 0$인 모든 t에 대하여, $\tau(t) = 0$이지만 α가 평면곡선이 아님을 보이시오.

1.2.2 프레네 정리

§1.2.1에서는 $\{T(s), N(s), B(s)\}$가 정규직교기저임을 보였다(보조정리 1.2.3). 이 절에서는 이 움직이는 틀의 미분이 어떻게 다시 자기 자신들로 표현될 수 있는지(정리 1.2.4)를 보인다. 이 과정에서 곡선이 평면에서 얼마나 벗어나는가를 측정하는 불변량인 꼬임률을 정의하게 된다.

프레네[7] 공식은 세레[8]의 1851년 논문[18]으로 널리 알려지게 되었으나 프레네가 이미 1847년 툴루스 대학의 학위 논문으로 얻은 결과[9]이었고 세레의 논문 발표 후인 1852년 같은 논문집에 학위 논문의 축약본[10]을 게재하였다.

접촉평면의 변화율은 곡선이 한 평면에서 벗어나는 정도를 나타내는데 접촉평면은 이 평면에 수직인 벡터인 이중법벡터와 일대일 대응 관계가 있으므로 접촉평면의 변화율은 이중법벡터의 변화율로 측정할 수 있다. 이중법벡터의 변화율을 꼬임률이라고 하고 이 꼬임률이 곡선이 평면곡선이 아닌 정도를 나타낸다.

정의 1.2.4 (꼬임률). 곡선 α의 꼬임률(torsion)을

$$\tau(s) = -\langle B'(s), N(s) \rangle$$

로 정의한다.

주. 정의 1.2.4에서와 달리 꼬임률을

$$\tau(s) = \langle B'(s), N(s) \rangle$$

로 정의할 수도 있다. 이 경우 정리 1.2.4의 프레네 공식에서 두 곳의 부호가 바뀐다. 우리가 정의한 꼬임률의 정의에 음의 부호를 붙인 이유는 꼬임률의 기하학적 의미를 다루는 §2.2에서 설명한다.

정리 1.2.4 (프레네 정리). $\kappa > 0$인 정칙곡선의 프레네 틀 $\{T(s), N(s), B(s)\}$의

[7] J. F. Frenet, 1816 –1900, 프랑스 수학자
[8] J. A. Serret, 1819 –1885, 프랑스 수학자

미분이

$$\begin{aligned} T'(s) &= \qquad\qquad \kappa(s)N(s) \\ N'(s) &= -\kappa(s)T(s) \qquad\qquad\qquad + \tau(s)B(s) \\ B'(s) &= \qquad\qquad -\tau(s)N(s) \end{aligned}$$

을 만족한다. 이 식을 프레네 공식(Frenet formula)이라고 한다.

증명 곡률의 정의에 의해 $T'(s) = \kappa(s)N(s)$가 성립한다.

정규직교기저 $\{T, N, B\}$을 이용하여 N'을 나타내면

$$N' = \langle N', T\rangle T + \langle N', N\rangle N + \langle N', B\rangle B$$

이다. 이제 내적으로 표현된 계수들을 계산해 보자. 여기서 정리 1.2.3을 이용한다.

$\langle T, N\rangle = 0$이므로

$$0 = \frac{d}{ds}\langle T, N\rangle = \langle T', N\rangle + \langle T, N'\rangle$$

이고

$$\langle N', T\rangle = -\langle T', N\rangle = -\langle \kappa N, N\rangle = -\kappa$$

이다.

$|N(s)|^2 = 1$이므로

$$0 = \frac{d}{ds}|N(s)|^2 = 2\langle N'(s), N(s)\rangle$$

이다. 따라서 $\langle N'(s), N(s)\rangle = 0$.

$\langle N, B\rangle = 0$이므로

$$0 = \frac{d}{ds}\langle N, B\rangle = \langle N', B\rangle + \langle N, B'\rangle$$

이다. 따라서 $\langle N', B\rangle = -\langle B', N\rangle = -\tau$ 이다. 그러므로

$$N' = -\kappa T + \tau B$$

이다.

이제 $B' = \langle B', T\rangle T + \langle B', N\rangle N + \langle B', B\rangle B$의 계수들을 계산해 보자.

$\langle B, T\rangle = 0$이므로 양변을 미분하면

$$0 = \frac{d}{ds}\langle B, T\rangle = \langle B', T\rangle + \langle B, T'\rangle$$

이고 $T' = \kappa N$이므로

$$\langle B', T\rangle = -\langle B, T'\rangle = -\langle B, \kappa N\rangle = -\kappa\langle B, N\rangle = 0$$

이다. 꼬임률의 정의에 의하여 $\langle B', N\rangle = -\tau$이다. $|B| = 1$이므로 정리 1.2.3에 의해 $\langle B, B'\rangle = 0$이다. 따라서 $B' = -\tau N$이다. □

$\kappa > 0$인 정칙곡선의 프레네 틀을 미분하여 얻은 곡률과 꼬임률은 곡선의 기하학적 성질을 결정하는데 중요한 역할을 한다.

정의 1.2.5 (프레네 장치)**.** $\{T, N, B, \kappa, \tau\}$를 곡선 α의 프레네 장치(Frenet apparatus)라고 한다.

문제 1.2.2. 원나선 $\alpha(s) = (3\cos(s/5), 3\sin(s/5), (4/5)s)$의 프레네 장치를 구하시오.

정칙곡선이 단위 속력 곡선이 되도록 호의 길이로 재매개화하는 것이 가능하지만 호의 길이의 역함수를 구하는 것이 쉽지 않다. 따라서 프레네 공식을 이용하여 곡률이나 꼬임률을 구하는 것이 현실적이지 않을 때도 있다. 이제 정칙곡선을 호의 길이로 매개화하지 않고 임의의 매개변수 t를 사용하였을 때 곡률이나 꼬임률을 구하는 방법을 알아보자.

정칙곡선 $\alpha(t)$의 호의 길이 s의 역함수 $t = t(s)$를 이용하여 단위 속력 곡선 $\beta(s) = \alpha(t(s))$의 프레네 장치 $\{T(s(t)), N(s(t)), B(s(t)), \kappa(s(t)), \tau(s(t))\}$를 $\alpha(t)$의 프레네 장치라고 한다.

문제 1.2.3. $\kappa > 0$인 정칙곡선 $\alpha(t)$에 대하여

$$\begin{aligned}
T'(t) &= \qquad\qquad \kappa(t)v(t)N(t) \\
N'(t) &= -\kappa(t)v(t)T(t) \qquad\qquad +\tau(t)v(t)B(t) \\
B'(t) &= \qquad\qquad -\tau(t)v(t)N(t)
\end{aligned}$$

임을 보이시오. 여기서 $v(t) = |\alpha'(t)|$이다.

정칙곡선 $\alpha(t)$의 접벡터 $T(t)$는 $T(t) = \frac{\alpha'(t)}{|\alpha'(t)|}$이고 속력 $v(t) = |\alpha'(t)|$이므로

$$\alpha'(t) = v(t)T(t)$$

이다.

문제 1.2.3에서 구한 $T'(t) = \kappa(t)v(t)N(t)$을 이용하면 $\alpha''(t) = v'(t)T(t) + \kappa(t)v(t)^2N(t)$이고

$$\alpha' \times \alpha'' = \kappa v^3 T \times N = \kappa v^3 B$$

이다. 따라서

$$\kappa = \frac{|\alpha' \times \alpha''|}{|\alpha'|^3}, \quad B = \frac{\alpha' \times \alpha''}{\kappa |\alpha'|^3}$$

이다.

한편

$$\begin{aligned}\alpha''' &= v''T + v'\kappa vN + (\kappa v^2)'N + \kappa v^2(-\kappa vT + \tau vB) \\ &= (v'' - \kappa v^3)T + (vv'\kappa + (\kappa v^2)')N + \kappa v^3 \tau B\end{aligned}$$

이므로 $\langle \alpha' \times \alpha'', \alpha''' \rangle = (\kappa v^3)^2 \tau$이다. 따라서

$$\tau = \frac{\langle \alpha' \times \alpha'', \alpha''' \rangle}{|\alpha' \times \alpha''|^2}$$

이다.

이상을 종합하면 임의의 매개변수로 표현된 정칙곡선 $\alpha(t)$의 프레네 장치는

$$\left\{ T = \frac{\alpha'}{|\alpha'|}, N = B \times T, B = \frac{\alpha' \times \alpha''}{|\alpha' \times \alpha''|}, \kappa = \frac{|\alpha' \times \alpha''|}{|\alpha'|^3}, \tau = \frac{\langle \alpha' \times \alpha'', \alpha''' \rangle}{|\alpha' \times \alpha''|^2} \right\}$$

이다.

문제 1.2.4. 정칙곡선 $\alpha(t) = (t, \frac{1}{t} + 1, \frac{1}{t} - t)$의 곡률과 꼬임률을 구하시오.

1.3 국소적 곡선 이론

서울과 제주에서 곡선을 각각 만든 다음 이 두 곡선이 합동인지 알아보기 위해서는 제주에서 만든 곡선을 서울로 가지고 와서 두 곡선이 일치하는지 보면 된다. 그러나 이런 시간과 공간의 제약을 극복하기 위하여 §1.2에서 정의한 곡선에 관한 두 불변량인 곡률과 꼬임률을 두 곡선 위에서 각각 계산하여 대응하는 점에서 일치하는지 봄으로써 두 곡선이 같은 것인지 알 수 있는 방법을 연구해 보자. 곡선의 곡률과 꼬임률이 곡선을 결정한다고 말할 수 있는데 주어진 곡률과 꼬임률을 가지는 곡선이 존재하고(존재성) 또 두 곡선의 대응하는 점에서의 곡률과 꼬임률이 같으면 두 곡선은 유클리드 공간 $\mathbb{R}^3$의 등장사상에 의하여 일치한다(유일성).

§1.3.1에서는 우리가 다루는 곡선이 존재하는 공간인 $\mathbb{R}^3$의 거리를 보존하는 등장사상을 모두 구해본다. 두 집합이 어떤 등장사상에 의해 일치하면 합동이라고 하고 기하학적으로 같은 것으로 본다. 그리고 이때 합동인 두 곡선의 곡률과 꼬임률의 크기는 보존됨을 보인다.

§1.3.2에서는 주어진 곡률과 꼬임률을 갖는 곡선의 존재성과 유일성은 상미분방정식의 해의 존재성과 유일성에 관한 정리에 의해 해결될 수 있음을 보인다. 그리고 두 곡선의 곡률과 꼬임률이 같으면 두 곡선이 합동임을 보인다.

1.3.1 등장사상

유클리드 공간 $\mathbb{R}^3$의 두 부분집합 S_1과 S_2가 합동이라는 것은 S_1을 옮겼을 때 S_2와 일치함을 말한다. 이때 옮기는 작업을 등장사상이라고 한다. 이 절에서 우리는 $\mathbb{R}^3$의 거리를 보존하는 등장사상을 정의하고 모든 등장사상이 평행이동과 직교변환에 의하여 결정됨을 보인다. 그리고 이를 활용하여 곡선의 프레네 장치가 꼬임률의 부호를 무시하면 등장사상에 의하여 보존되는 것을 살펴본다.

벡터공간 $\mathbb{R}^3$에 내적 $\langle , \rangle$이 주어졌을 때 함수 $d : \mathbb{R}^3 \times \mathbb{R}^3 \to \mathbb{R}$을 $d(p,q) = |p-q|$로 정의하면 (여기서 $|p-q|^2 = \langle p-q, p-q \rangle$이다.) 이 함수 d는 다음 조건을 만족한다.

(i) $d(p,q) \geq 0\,,\ d(p,q) = 0 \Leftrightarrow p = q$

(ii) $d(p,q) = d(q,p)$

(iii) $d(p,q) \leq d(p,r) + d(r,q)$

일반적으로 (i)–(iii)을 만족하는 함수 $d : \mathbb{R}^3 \times \mathbb{R}^3 \to \mathbb{R}$를 $\mathbb{R}^3$의 거리(distance)라고 한다.

$\mathbb{R}^3$를 $\mathbb{R}^3$로 보내는 사상 중 거리 d를 보존하는 사상을 등장사상이라고 한다.

정의 1.3.1 (등장사상). 사상 $F : \mathbb{R}^3 \to \mathbb{R}^3$가 모든 $p, q \in \mathbb{R}^3$에 대해서

$$d(F(p), F(q)) = d(p, q)$$

을 만족할 때 F를 $\mathbb{R}^3$의 등장사상(isometry)이라고 한다.

보기 1.3.1. $a \in \mathbb{R}^3$를 고정했을 때 $T(p) = p + a$으로 정의되는 사상 $T : \mathbb{R}^3 \to \mathbb{R}^3$는 등장사상이다. 이 사상을 a만큼의 평행이동(parallel translation)이라고 한다.

증명 평행이동 T의 정의에 의해

$$d(T(p), T(q)) = d(a + p, a + q) = |(a + p) - (a + q)| = |p - q| = d(p, q)$$

이므로 T는 등장사상이다. □

특별히 $a = \mathbf{0}$인 경우 $T(p) = p$이다. 이 사상을 항등사상이라고 하고 $T = I$로 표기한다. 일반적으로 평행이동 T는 $T(\mathbf{0})$에 의해 유일하게 결정되고 $T(p) = p+T(\mathbf{0})$로 쓸 수 있다.

보조정리 1.3.1. F와 G가 $\mathbb{R}^3$의 등장사상이면 $G \circ F$도 등장사상이다.

증명 등장사상의 정의에 의해

$$d(GF(p), GF(q)) = d(F(p), F(q)) = d(p, q)$$

이다. □

보기 1.3.2. $\mathbb{R}^3$의 z 축을 중심으로 반시계방향으로 θ만큼 회전시키는 사상 $R_\theta : \mathbb{R}^3 \to \mathbb{R}^3$는 행렬을 이용하여

$$R_\theta \begin{pmatrix} x \\ y \\ z \end{pmatrix} = \begin{pmatrix} \cos\theta & -\sin\theta & 0 \\ \sin\theta & \cos\theta & 0 \\ 0 & 0 & 1 \end{pmatrix} \begin{pmatrix} x \\ y \\ z \end{pmatrix}$$

으로 표현된다. 이때

$$M_\theta = \begin{pmatrix} \cos\theta & -\sin\theta & 0 \\ \sin\theta & \cos\theta & 0 \\ 0 & 0 & 1 \end{pmatrix}$$

라고 하면 $R_\theta(p) = M_\theta \cdot p$이다. R_θ의 역사상은 $R_{-\theta}$이고 $M_{-\theta} = M_\theta^T$이므로 $M_\theta^T \circ M_\theta = Id$이다.

정의 1.3.2 (직교변환)**.** 선형사상 $A : \mathbb{R}^3 \to \mathbb{R}^3$가 $\mathbb{R}^3$의 내적을 보존할 때, 즉

$$\langle A(p), A(q)\rangle = \langle p, q\rangle, \quad p, q \in \mathbb{R}^3$$

를 만족할 때 A를 직교변환(orthogonal transformation)이라고 한다.

주. $\mathbb{R}^3$의 내적 $\langle p, q\rangle = p_1q_1 + p_2q_2 + p_3q_3$를 행렬의 곱을 사용하여

$$\langle p, q\rangle = p^T \cdot q = \begin{pmatrix} p_1 & p_2 & p_3 \end{pmatrix} \begin{pmatrix} q_1 \\ q_2 \\ q_3 \end{pmatrix}$$

로 표현하면 다음 보기에서 보는 것처럼 계산을 편리하게 할 수 있다.

보기 1.3.3. 회전이동 R_θ를 $R_\theta(p) = M_\theta \cdot p$로 쓰면

$$\begin{aligned} \langle R_\theta(p), R_\theta(q)\rangle &= \langle M_\theta \cdot p, M_\theta \cdot q\rangle \\ &= (M_\theta \cdot p)^T \cdot (M_\theta \cdot q) \\ &= (p^T \cdot M_\theta^T) \cdot (M_\theta \cdot q) \\ &= p^T \cdot (M_\theta^T \cdot M_\theta) \cdot q \\ &= p^T \cdot q \\ &= \langle p, q\rangle \end{aligned}$$

따라서 회전이동은 직교변환이다.

$\mathbb{R}^3$의 선형사상의 집합과 3×3 행렬의 집합 $\mathcal{M}_{\mathbb{R}}(3)$은 일대일 대응이 있고 직교

변환인 선형사상의 집합은

$$O(3) = \{A \in \mathcal{M}_{\mathbb{R}}(3) \mid A^T A = AA^T = Id\}$$

와 대응된다. 이런 이유로 $O(3)$에 속하는 행렬을 직교행렬(orthogonal matrix)이라고 한다.

문제 1.3.1. $\mathbb{R}^3$의 선형사상의 집합과 3×3 행렬의 집합 $\mathcal{M}_{\mathbb{R}}(3)$ 사이의 일대일 대응을 구하하고 이 대응에 의해 $\mathbb{R}^3$의 직교변환에 대응하는 행렬이 직교행렬임을 보이시오.

이제부터 직교변환 $A : \mathbb{R}^3 \to \mathbb{R}^3$에 대응되는 $O(3)$의 행렬에 대해서도 같은 기호 A를 사용한다. 즉 $A(p) = A \cdot p$로 쓰고 $A \cdot p$는 행렬의 곱을 의미한다. 이때 $O(3)$에 속하는 행렬 A는

$$\det(A^T A) = (\det A)^2 = 1$$

이므로 $\det A = \pm 1$이다. $O(3)$의 부분집합

$$SO(3) = \{A \in O(3) \mid \det A = +1\}$$

는 특별한 군을 이룬다.

문제 1.3.2. $SO(3)$에 속하는 행렬은 양의 방향인 정규직교기저를 양의 방향인 정규직교기저로 보냄을 보이시오. 그리고 $O(3) \setminus SO(3)$에 속하는 행렬은 양의 방향인 정규직교기저를 음의 방향인 정규직교기저로 보냄을 보이시오.

보조정리 1.3.2. 직교변환 $A : \mathbb{R}^3 \to \mathbb{R}^3$는 등장사상이다.

증명

$$|A(p)|^2 = \langle A(p), A(p) \rangle = \langle p, p \rangle = |p|^2$$

이고 A는 선형사상이므로

$$d(A(p), A(q)) = |A(p) - A(q)| = |A(p - q)| = |p - q| = d(p, q)$$

이다. □

이 보조정리의 부분적인 역으로 다음 보조정리가 성립한다.

보조정리 1.3.3. $F : \mathbb{R}^3 \to \mathbb{R}^3$가 $F(\mathbf{0}) = \mathbf{0}$인 등장사상이면 F는 직교변환이다.

증명 우선 F가 길이를 보존함을 보인 다음 내적을 보존함을 보이자. $d(p, \mathbf{0}) = |p - \mathbf{0}| = |p|$임에 유의하면

$$|F(p)| = d(F(p), \mathbf{0}) = d(F(p), F(\mathbf{0})) = d(p, \mathbf{0}) = |p|$$

즉 F가 길이를 보존한다. 이제

$$|F(p) - F(q)|^2 = (d(F(p), F(q)))^2 = (d(p, q))^2 = |p - q|^2$$

이므로

$$|F(p)|^2 - 2\langle F(p), F(q)\rangle + |F(q)|^2 = |p|^2 - 2\langle p, q\rangle + |q|^2$$

이다. 따라서 $|F(p)| = |p|$와 $|F(q)| = |q|$임을 이용하면

$$\langle F(p), F(q)\rangle = \langle p, q\rangle$$

이다.

다음으로 $F : \mathbb{R}^3 \to \mathbb{R}^3$가 선형사상임을 보이자. $\{e_1, e_2, e_3\}$가 $\mathbb{R}^3$의 정규직교기저라고 하자. F가 내적을 보존하므로

$$\langle F(e_i), F(e_j)\rangle = \langle e_i, e_j\rangle = \delta_{ij}$$

이다. 따라서 $\{F(e_1), F(e_2), F(e_3)\}$도 $\mathbb{R}^3$의 정규직교기저이다.

$$F(u) = \sum_{i=1}^{3} \langle F(u), F(e_i)\rangle F(e_i)$$

로 쓸 수 있는데 $\langle F(u), F(e_i)\rangle = \langle u, e_i\rangle = u_i$이므로

$$F(u) = F\left(\sum_{i=1}^{3} u_i e_i\right) = \sum_{i=1}^{3} u_i F(e_i)$$

이다. 따라서 $u = \sum_{i=1}^{3} u_i e_i, v = \sum_{i=1}^{3} v_i e_i$라고 하면

$$F(u+v) = \sum_{i=1}^{3}(u_i + v_i)F(e_i) = \sum_{i=1}^{3} u_i F(e_i) + \sum_{i=1}^{3} v_i F(e_i) = F(u) + F(v),$$
$$F(cu) = \sum_{i=1}^{3}(cu_i)F(e_i) = c\sum_{i=1}^{3} u_i F(e_i) = cF(u)$$

이므로 F는 선형변환이다. □

정리 1.3.4. $F : \mathbb{R}^3 \to \mathbb{R}^3$가 등장사상이면 $F = T \circ A$인 유일한 평행이동 T와 직교변환 A가 존재한다.

증명 평행이동 $\overline{T}$를 $\overline{T}(u) = u - F(\mathbf{0})$로 정의하고 $A = \overline{T} \circ F$라고 하자.

$$A(\mathbf{0}) = \overline{T}(F(\mathbf{0})) = F(\mathbf{0}) - F(\mathbf{0}) = \mathbf{0}$$

이고 $\overline{T}$와 F가 등장사상이므로 보조정리 1.3.1에 의해서 A도 등장사상이다. 따라서 보조정리 1.3.2에 의하여 A는 직교변환이다. 그러므로 F는 평행이동 $T = \overline{T}^{-1}$와 직교변환 A의 합성함수로 표현된다. 즉 $F = T \circ A$이다.

평행이동 T_1, T_2와 직교변환 A_1, A_2에 대하여 $F = T_1 \circ A_1 = T_2 \circ A_2$라고 하면, 직교변환은 원점을 고정시키므로 $T_1(\mathbf{0}) = F(\mathbf{0}) = T_2(\mathbf{0})$이다. 즉

$$T_1(p) = p + T_1(\mathbf{0}) = p + T_2(\mathbf{0}) = T_2(p)$$

이고 $A_1 = T_1^{-1} \circ F = T_2^{-1} \circ F = A_2$이다. 그러므로 등장사상 F는 유일한 평행이동 T와 직교변환 A가 존재하여 $F = T \circ A$로 표현된다. □

내적공간 $(\mathbb{R}^3, \langle , \rangle)$의 거리를 보존하는 $\mathbb{R}^3$의 모든 등장사상의 집합을 $\mathrm{Isom}(\mathbb{R}^3)$라고 표기하자. 사상의 합성을 연산 $\circ$으로 생각하면 $\mathrm{Isom}(\mathbb{R}^3)$는 $\circ$에 대하여 닫혀 있고 다음이 성립한다.

(i) $(A \circ B) \circ C = A \circ (B \circ C)$.

(ii) $\mathbb{R}^3$의 항등사상 I에 대해서 $A \circ I = I \circ A = A$.

(iii) $\mathbb{R}^3$의 등장사상 F에 대해서 $F \circ F^{-1} = F^{-1} \circ F = I$인 $F^{-1} \in \mathrm{Isom}(\mathbb{R}^3)$가 존재한다.

따라서 $(\mathrm{Isom}(\mathbb{R}^3), \circ)$이 군(group)이 된다. 이 군을 $\mathbb{R}^3$의 유클리드 군(Euclidean group)이라고 한다. $\mathbb{R}^3$의 평행이동의 집합을 $\mathcal{T}(3)$, 직교변환의 집합을 $O(3)$라고 하면 정리 1.3.4에 의하여 $\mathrm{Isom}(\mathbb{R}^3)$의 원소는 $\mathcal{T}(3)$의 원소와 $O(3)$의 원소의 합성으로 표현됨을 알 수 있다. 이때 $O(3)$의 원소가 $SO(3)$에 속하면 이 등장사상을 특별히 강체운동(rigid motion)이라고 한다.

주. 일반적으로 $F \circ G \neq G \circ F$임에 유의하시오.

단위 속력 곡선 α의 프레네 장치 $\{T, N, B, \kappa, \tau\}$가 등장사상 F에 의하여 어떻게 변하는지 알아보자. $\bar{\alpha} = F \circ \alpha$의 프레네 장치를 $\{\overline{T}, \overline{N}, \overline{B}, \bar{\kappa}, \bar{\tau}\}$라고 하자. 임의의 등장사상은 $A \in O(3)$와 $a \in \mathbb{R}^3$에 의하여

$$F(p) = Ap + a$$

로 표현되고

$$\bar{\alpha}'(s) = \frac{d(F \circ \alpha)}{ds}(s) = \frac{d}{ds}(A\alpha(s) + a) = A\alpha'(s)$$

이다. 이때 A는 직교행렬이므로 $|A\alpha'(s)| = |\alpha'(s)| = 1$이다. 그러므로 $\bar{\alpha}$는 단위 속력 곡선이고 $\bar{\alpha}$의 접벡터 $\overline{T} = AT$이다.

$$\bar{\alpha}''(s) = \overline{T}'(s) = A\alpha''(s) = A(\kappa(s)N(s)) = \kappa(s)A(N(s))$$

이고 $|AN(s)| = |N(s)| = 1$이므로 $\bar{\alpha}$의 곡률 $\bar{\kappa} = \kappa$이고 $\bar{\alpha}$의 주법벡터 $\overline{N} = AN$이다.

이제 $\bar{\alpha}$의 이중법벡터 $\overline{B} = \overline{T} \times \overline{N}$을 AB로 표현해보자. $B \perp T$이고 $B \perp N$이므로 $AB \perp \overline{T}$, $AB \perp \overline{N}$이고 $|AB| = 1$이다. $\overline{B} = \overline{T} \times \overline{N}$도 $\overline{T}$와 $\overline{N}$와 수직이고 크기가 1이므로

$$\overline{B} = \varepsilon AB, \quad \varepsilon = \pm 1$$

이다.

한편, $\{\overline{T},\overline{N},\overline{B}\}$는 양의 방향인 정규직교기저이므로

$$\begin{aligned}+1 = \det(\overline{T},\overline{N},\overline{B}) &= \det(AT, AN, \epsilon AB)\\ &= \det(A\cdot(T,N,\epsilon B))\\ &= (\det A)\varepsilon\det(T,N,B)\\ &= (\det A)\varepsilon\end{aligned}$$

이고 $\varepsilon = \det A$이다. 즉 $\overline{B}(s) = (\det A)AB(s)$이다.

$$\begin{aligned}\overline{B}'(s) &= (\det A)A(-\tau(s)N(s))\\ &= -(\det A)\tau(s)\overline{N}(s)\end{aligned}$$

이므로 $\bar{\alpha}$의 꼬임률 $\bar{\tau} = (\det A)\tau$이다. 이상을 정리하면

정리 1.3.5. 정칙곡선 α의 프레네 장치를 $\{T,N,B,\kappa,\tau\}$라고 하면 이 곡선의 등장사상 $F(p) = Ap + a$에 의한 곡선 $F(\alpha)$의 프레네 장치는

$$\{AT, AN, (\det A)AB, \kappa, (\det A)\tau\}$$

이다.

특별히 $A \in SO(3)$이면, $\det A = 1$이고 F는 강체운동이다. 그러므로 다음이 성립한다.

따름정리 1.3.6. 등장사상 F가 강체운동이면 곡률과 꼬임률이 보존된다.

1.3.2 국소적 곡선 이론의 기본정리

이 절에서 우리는 곡률과 꼬임률이 주어지면 등장사상을 무시하면 곡선이 유일하게 존재한다는 국소적 곡선 이론의 기본 정리를 증명할 것이다. 직관적으로 출발점과 그 점에서 양의 방향인 정규직교기저 $\{T_0, N_0, B_0\}$가 지정되면 T_0 방향을 향하여 N_0 방향으로 주어진 곡률 $\kappa(s_0)$만큼 휘고 B_0방향으로 $\tau(s_0)$ 만큼 비틀리면서 단위 속력으로 움직이고 그 다음 단계에서도 $\kappa(s)$와 $\tau(s)$의 정보에 따라 움직이면 곡선이 유일하게 결정된다는 것이다. 일반적인 증명을 하기 전에 간단한 예들로 시작하자.

보기 1.3.4 (직선). $\kappa = 0$인 곡선은 직선(의 일부)이다.

보기 1.3.5 ($k(s) = s$인 평면곡선). 이 곡선은 오일러가 처음 생각하여 오일러의 와선이라고 한다.[9] 접촉원이 점점 작아지는 것을 염두에 두고 곡선의 개형을 그려 보시오. 평면곡선이 $\alpha'(s) = (\cos\theta(s), \sin\theta(s))$를 만족하면 $k(s) = \frac{d\theta}{ds}$이므로

$$\begin{aligned} \theta(s) &= \int_0^s u\,du = \tfrac{s^2}{2}, \\ \alpha(s) &= \left(\int_0^s \cos\tfrac{t^2}{2}\,dt, \int_0^s \sin\tfrac{t^2}{2}\,dt\right) \end{aligned}$$

이다. $\alpha(s)$를 일반적으로 알려진 초보적인 함수로 나타낼 수 없는데 이 적분을 프레넬(Fresnel) 적분이라고 한다.

정리 1.3.7. $\mathbb{R}^3$의 단위 속력 곡선 α의 곡률 $\kappa(s)$가 0이 아닌 상수이고 꼬임률 $\tau(s)$가 0이면 α는 원(의 일부)이다.

증명 $B'(s) = -\tau(s)N(s) = \mathbf{0}$이어서 $B(s)$는 상수벡터 B_0이다. 이제 각 점의 접촉원의 중심

$$\boldsymbol{c}(s) = \alpha(s) + \tfrac{1}{\kappa}N(s)$$

를 생각해 보자.

$$\begin{aligned} \boldsymbol{c}'(s) &= \alpha'(s) + \tfrac{1}{\kappa}N'(s) \\ N'(s) &= -\kappa(s)T(s) + \tau(s)B(s) = -k\,T(s) \end{aligned}$$

이므로 $\boldsymbol{c}'(s) = \mathbf{0}$이다. 즉 $\boldsymbol{c}(s)$는 상수벡터 $\boldsymbol{c}_0$이다. 따라서

$$\alpha(s) + \tfrac{1}{\kappa}N(s) = \boldsymbol{c}_0$$

로 표시할 수 있다. 그러므로

$$|\alpha(s) - \boldsymbol{c}_0| = |\tfrac{1}{\kappa}N(s)| = \tfrac{1}{\kappa}$$

이다. 즉 $\alpha(s)$는 $\boldsymbol{c}_0$를 중심으로 반지름이 $\frac{1}{\kappa}$인 구면 위에 있다.

[9] 코르누(Cornu)의 와선이라고도 한다.

또 $\tau(s) = 0$이어서 평면곡선이므로[10] α는 이 구면과 B_0에 수직인 평면이 만나는 원 위의 곡선이다. □

문제 1.3.3. 이 구와 평면이 만나는 원이 대원임을 보이시오.

이제 미분방정식의 존재 정리를 이용하여 주어진 곡률과 꼬임률을 갖는 곡선이 존재함을 보인다.

정리 1.3.8 (국소적 곡선 이론의 기본정리(fundamental theorem of local theory of curves)). $s = 0$을 포함하는 열린구간 (a, b) 위에서 정의된 연속인 두 함수 $\hat{\kappa}(s) > 0$과 $\hat{\tau}(s)$와 $\mathbb{R}^3$의 점 $\boldsymbol{x}_0$에서의 양의 방향을 갖는 정규직교기저 $\{ T_0, N_0, B_0 \}$가 주어졌을 때

(i) s가 $\alpha(0)$부터 α의 호의 길이이고

(ii) $\alpha(0) = \boldsymbol{x}_0$이고 $T(0) = T_0, N(0) = N_0, B(0) = B_0$이고

(iii) 모든 s에 대하여 α의 곡률 $\kappa(s) = \hat{\kappa}(s)$이고 꼬임률 $\tau(s) = \hat{\tau}(s)$

인 단위 속력 곡선 $\alpha : (a, b) \to \mathbb{R}^3$가 존재한다.

증명 프레네 정리에서처럼 행렬 $A(s)$를

$$A(s) = \begin{pmatrix} 0 & \hat{\kappa}(s) & 0 \\ -\hat{\kappa}(s) & 0 & \hat{\tau}(s) \\ 0 & -\hat{\tau}(s) & 0 \end{pmatrix}$$

로 정의한다. 편의상 $a_{ij}(s)$를 행렬 $A(s)$의 i행 j열 성분을 나타낸다고 하자. 이 행렬 $A(s)$는 꼬임대칭이다. 즉 $A(s)^T = -A(s)$ (또는 $a_{ij}(s) = -a_{ji}(s)$)이다.

이제 상미분방정식

$$(3.4) \qquad \begin{cases} \boldsymbol{u}_i' = \sum_{j=1}^{3} a_{ij} \boldsymbol{u}_j(s) \\ \boldsymbol{u}_1(0) = T_0 \,, \boldsymbol{u}_2(0) = N_0 \,, \boldsymbol{u}_3(0) = B_0 \end{cases}$$

을 생각하자.

---

[10] 이 사실은 정리 2.2.2를 참조하시오.

문제 1.3.4. 상미분방정식 (3.4)이 리프쉬츠 조건을 만족함을 보이시오.

상미분방정식의 기본정리에 의해 상미분방정식 (3.4)의 해 $\boldsymbol{u}_1(s)\,, \boldsymbol{u}_2(s)\,, \boldsymbol{u}_3(s)$가 유일하게 존재한다. 이제 이 해가

$$\langle \boldsymbol{u}_i(s), \boldsymbol{u}_j(s)\rangle = \delta_{ij}$$

을 만족함을 보이자.

증명

$$p_{ij}(s) = \langle \boldsymbol{u}_i(s), \boldsymbol{u}_j(s)\rangle$$

로 정의하자. 그러면 $\boldsymbol{u}_1(0) = T_0\,, \boldsymbol{u}_2(0) = N_0\,, \boldsymbol{u}_3(0) = B_0$이기 때문에 $p_{ij}(0) = \delta_{ij}$이다.

다음으로 p_{ij}의 미분을 계산하면

$$p'_{ij} = \tfrac{d}{ds}\langle \boldsymbol{u}_i, \boldsymbol{u}_j\rangle = \langle \boldsymbol{u}'_i, \boldsymbol{u}_j\rangle + \langle \boldsymbol{u}_i, \boldsymbol{u}'_j\rangle$$

이다. 이제 $\boldsymbol{u}_i$가 상미분방정식 (3.4)의 해이므로

$$\begin{aligned} p'_{ij} &= \langle \sum_k a_{ik}\boldsymbol{u}_k, \boldsymbol{u}_j\rangle + \langle \boldsymbol{u}_i, \sum_k a_{jk}\boldsymbol{u}_k\rangle \\ &= \sum_k a_{ik}\langle \boldsymbol{u}_k, \boldsymbol{u}_j\rangle + a_{jk}\langle \boldsymbol{u}_i, \boldsymbol{u}_k\rangle \\ &= \sum_k a_{ik}p_{kj} + a_{jk}p_{ik} \end{aligned}$$

이다. 따라서 p_{ij}는 새로운 상미분방정식

$$\begin{cases} p'_{ij} = \sum_k a_{ik}p_{kj} + a_{jk}p_{ik} \\ p_{ij}(0) = \delta_{ij} \end{cases} \tag{3.5}$$

을 만족한다.

문제 1.3.5. 상미분방정식 (3.5)이 리프쉬츠 조건을 만족함을 보이시오.

다시 상미분방정식의 기본 정리에 의해 해가 유일하게 존재하는데, $a_{ij} = -a_{ji}$ 이므로 상수함수 $p_{ij}(s) = \delta_{ij}$가 미분방정식 (3.5)을 만족한다. 그러므로

$$\{\boldsymbol{u}_1(s)\,,\boldsymbol{u}_2(s)\,,\boldsymbol{u}_3(s)\}$$

가 정규직교기저가 된다. □

다음으로 곡선을 만들기 위해서

$$\alpha(s) = \boldsymbol{x}_0 + \int_0^s \boldsymbol{u}_1(t)\,dt$$

라고 정의하면 미분적분학의 기본정리에 의해 $\alpha'(s) = \boldsymbol{u}_1(s)$이고 $|\boldsymbol{u}_1(s)| = 1$이므로 $\alpha(s)$는 단위 속력 곡선이다.

이제 모든 s에 대하여

$$T(s) = \boldsymbol{u}_1(s)\,, N(s) = \boldsymbol{u}_2(s)\,, B(s) = \boldsymbol{u}_3(s)\,, \kappa(s) = \hat{\kappa}(s)\,, \tau(s) = \hat{\tau}(s)$$

임을 보이자.

정의에 의해

$$T = \alpha' = \boldsymbol{u}_1$$

이고 $\boldsymbol{u}_1' = \hat{\kappa}\boldsymbol{u}_2$를 만족하고 $\hat{\kappa} > 0$이고 $|\boldsymbol{u}_2| = 1$이므로 α의 곡률 κ는

$$\kappa = |T'| = |\boldsymbol{u}_1'| = |\hat{\kappa}\boldsymbol{u}_2| = \hat{\kappa}$$

이다. 이제 N이 존재하고 미분방정식에 의해

$$N = \frac{T'}{\hat{\kappa}} = \frac{\boldsymbol{u}_1'}{\hat{\kappa}} = \frac{\hat{\kappa}\boldsymbol{u}_2}{\hat{\kappa}} = \boldsymbol{u}_2$$

이다.

다음으로 스칼라 삼중곱 $[\boldsymbol{u}_1, \boldsymbol{u}_2, \boldsymbol{u}_3]$을 생각하자. 이 벡터들이 모든 s에 대해서 단위직교 기저를 이루므로 $[\boldsymbol{u}_1, \boldsymbol{u}_2, \boldsymbol{u}_3] = \pm 1$ 인데 여기서 부호는 기저의 방향에 의해 결정된다. 그런데 $[\boldsymbol{u}_1, \boldsymbol{u}_2, \boldsymbol{u}_3]$는 s에 대하여 연속이므로 $s = 0$에서 $[\boldsymbol{u}_1, \boldsymbol{u}_2, \boldsymbol{u}_3] =$

$+1$이면 모든 s에 대하여 $[\boldsymbol{u}_1, \boldsymbol{u}_2, \boldsymbol{u}_3] = +1$이다. 따라서

$$\boldsymbol{u}_3 = \boldsymbol{u}_1 \times \boldsymbol{u}_2 = T \times N = B$$

이다.

마지막으로 $\tau = \hat{\tau}$임을 보이자. 정의에 의해 $B' = \boldsymbol{u}_3' = -\hat{\tau}\boldsymbol{u}_2 = -\hat{\tau}N$이다. 따라서 α의 꼬임률 τ는

$$\tau = \hat{\tau}$$

이다. □

§1.3.1에서 등장사상에 의하여 곡선의 곡률과 꼬임률은 부호를 무시하면 보존되고 특히 강체운동은 곡선의 곡률과 꼬임률의 부호까지 보존함을 보였다. 이제 역으로 곡률과 꼬임률이 같다면 두 곡선이 합동임을 보인다.

정리 1.3.9. 두 곡선 α와 β의 대응하는 점에서 곡률과 꼬임률이 같으면 두 곡선은 $\mathbb{R}^3$의 등장사상에 의하여 일치한다.

증명 s_0를 고정하고 양의 방향인 곡선 α의 $\alpha(s_0)$에서의 프레네 틀

$$\{T(s_0), N(s_0), B(s_0)\}$$

를 양의 방향인 곡선 β의 $\beta(s_0)$에서의 프레네 틀 $\{\overline{T}(s_0), \overline{N}(s_0), \overline{B}(s_0)\}$로 보내는 직교행렬을 $A \in O(3)$라고 하자. 이때 A는 방향을 보존하므로 $A \in SO(3)$이다.

$\alpha(s_0)$를 원점으로 평행이동시키고 $\alpha(s_0)$에서의 프레네 틀을 $\beta(s_0)$에서의 프레네 틀로 회전시킨 후 $\beta(s_0)$로 평행이동시킨 등장사상은

$$F(p) = A(p - \alpha(s_0)) + \beta(s_0)$$

이다.

곡선 α의 등장사상 F에 의한 상을

$$\bar{\alpha} = F(\alpha) = A(\alpha - \alpha(s_0)) + \beta(s_0)$$

라고 놓으면 $\bar{\alpha}(s_0) = \beta(s_0)$이고 s_0에서 $\bar{\alpha}$의 프레네 틀 $\{\overline{T}(s_0), \overline{N}(s_0), \overline{B}(s_0)\}$는 β의 프레네 틀 $\{T_\beta(s_0), N_\beta(s_0), B_\beta(s_0)\}$와 같다.

그리고 따름정리 1.3.6에 의하여 $\bar{\alpha}$의 곡률과 꼬임률은 α의 곡률과 꼬임률과 같고 β의 곡률과 꼬임률과 일치한다. 그러므로 $\bar{\alpha}$와 β가 만족하는 상미분방정식과 초기조건이 같고 미분방정식의 해가 유일하므로 $\bar{\alpha} = \beta$이다. □

1.3.9의 증명에 미분방정식 이론을 사용하지 않고 프레네 공식을 이용하여 직접 계산을 통해 $\bar{\alpha}$와 β의 프레네 틀이 모든 점에서 일치함을 보이고 $\overline{T}(s) = T_\beta(s)$로부터 $\bar{\alpha} = \beta$를 보일 수 있다.

정리 *1.3.9*의 다른 증명 이제 모든 점에서 두 프레네 틀이 일치함을 보이자. $\bar{\alpha}$의 프레네 틀을 $\{\overline{T}, \overline{N}, \overline{B}\}$라고 하고 β의 프레네 틀을 $\{T_\beta, N_\beta, B_\beta\}$라고 놓자.

$$f(s) = \tfrac{1}{2}\left\{|T_\beta(s) - \overline{T}(s)|^2 + |N_\beta(s) - \overline{N}(s)|^2 + |B_\beta(s) - \overline{B}(s)|^2\right\}$$

라고 하면

$$\begin{aligned} f'(s) &= \langle T_\beta(s) - \overline{T}(s), \underbrace{T_\beta'(s) - \overline{T}'(s)}_{\kappa(N_\beta - \overline{N})}\rangle + \langle N_\beta(s) - \overline{N}(s), \underbrace{N_\beta'(s) - \overline{N}'(s)}_{-\kappa(T_\beta - \overline{T}) + \tau(B_\beta - \overline{B})}\rangle \\ &\quad + \langle B_\beta(s) - \overline{B}(s), \underbrace{B_\beta'(s) - \overline{B}'(s)}_{-\tau(N_\beta - \overline{N})}\rangle \\ &= 0 \end{aligned}$$

이다. 또 $f(s_0) = 0$이므로 모든 s에 대해 $f(s) = 0$이다.

따라서 모든 s에 대하여

$$T_\beta(s) = \overline{T}(s), \quad N_\beta(s) = \overline{N}(s), \quad B_\beta(s) = \overline{B}(s)$$

이고

$$\bar{\alpha}(s) = \bar{\alpha}(s_0) + \int_{s_0}^{s} \overline{T}(s)ds = \beta(s_0) + \int_{s_0}^{s} T_\beta(s)ds = \beta(s)$$

이다. 그러므로 등장사상 F에 의하여 $F(\alpha) = \bar{\alpha} = \beta$이므로 α와 β는 서로 합동이다. 따라서 등장사상에 의한 변환을 무시하면 α와 β는 같다. □

1.4 연습 문제

문제 1.4.1. 반지름이 1인 원 $x^2 + y^2 = 1$을 매개곡선 $\alpha(t)$로 표현할 때, $\alpha(0) = (-1, 0)$를 시점으로 하고 시계방향으로 움직이는 매개변수 표현을 구하시오.

문제 1.4.2. 정칙곡선 $\alpha(t)$의 자취 중 $\alpha(t_0)$가 원점에서 가장 멀리 떨어져 있을 때, $\alpha(t_0)$와 속도벡터 $\alpha'(t_0)$가 서로 수직임을 보이시오.

문제 1.4.3. 움직이는 두 입자가 각각 매개곡선 $\alpha(t) = (t, t^2, t^3)$과 $\beta(t) = (1 + 2t, 1 + 6t, 1 + 14t)$로 표현되고 t가 시간을 나타낼 때, 두 입자가 서로 충돌하는지 또는 두 자취가 교차하는지 밝히시오.

문제 1.4.4. 매개곡선 α의 2계 미분 α''이 모든 t에 대해서 $\mathbf{0}$인 α를 모두 구하시오.

문제 1.4.5. $\alpha : I \to \mathbb{R}^3$가 매개곡선이고 $v \in \mathbb{R}^3$가 고정되었을 때 모든 t에 대해서 $\alpha'(t)$가 v에 수직이고 $\alpha(0)$가 v에 수직이면 모든 t에 대해서 $\alpha(t)$가 v에 수직임을 보이시오.

문제 1.4.6. 등각와선 $\alpha(t) = (e^{-t}\cos t,\ e^{-t}\sin t),\ t > 0$의 각 점에서 $\alpha(t)$와 접벡터 $\alpha'(t)$가 이루는 각이 일정함을 보이시오.

문제 1.4.7. 정칙곡선 $\alpha : I \to \mathbb{R}^3$가 $|\alpha(t)|$가 상수일 필요충분조건이 모든 $t \in I$에 대해서 $\alpha(t)$와 $\alpha'(t)$가 수직임을 보이시오.

문제 1.4.8. 정칙곡선 $\alpha(t) = (3t, 3t^2, 2t^3)$의 접선이 두 평면 $y = 0$와 $z = x$의 교차곡선인 직선과 일정한 각을 이룸을 보이시오.

문제 1.4.9. 보기 1.1.9에서 견인곡선 $\alpha : (0, \pi) \to \mathbb{R}^2$가

$$\alpha(\theta) = (\ln\tan\frac{\theta}{2} + \cos\theta, \sin\theta)$$

로 주어졌다. 여기서 θ는 양의 x 축과 접벡터 $\alpha'(\theta)$가 만드는 각이다.

(a) 이 곡선의 특이점을 구하시오.

(b) 이 곡선의 접선이 $\alpha(\theta)$에서 x 축과 만나는 점까지의 길이는 항상 1임을 보이시오.

문제 1.4.10. 등각와선 $\alpha(t) = (e^{-t}\cos t,\ e^{-t}\sin t),\quad t > 0$은 $t \to \infty$일 때 회오리치면서 원점 $(0,0)$으로 접근하지만, 곡선의 길이가 존재함을 보이시오.

문제 1.4.11. $\mathbb{R}^3$의 두 점 p와 q를 연결하는 모든 곡선 중 길이가 가장 짧은 곡선이 직선임을 다음의 단계를 따라 증명하시오.

(a) $\alpha(0) = p, \alpha(1) = q$인 곡선 $\alpha : [0,1] \to \mathbb{R}^3$는

$$\langle q-p, v\rangle = \int_0^1 \langle \alpha'(t), v\rangle\, dt \le \int_0^1 |\alpha'(t)| dt$$

를 만족함을 보이시오. 여기서 v는 $|v| = 1$인 벡터이다.

(b) $v = \frac{q-p}{|q-p|}$로 놓고 결론을 유도하시오.

문제 1.4.12. x, y 평면에서 반지름이 1인 바퀴가 x 축 위를 양의 방향으로 굴러갈 때, 바퀴에 표시된 한 점 p의 자취를 사이클로이드(cycloid)라고 한다.

(a) p가 $(0,0)$에서 출발한다고 할 때 생기는 사이클로이드(cycloid)를 매개곡선으로 표현하시오.

(b) 바퀴가 한 바퀴 도는 동안 그리는 사이클로이드의 길이를 구하시오.

문제 1.4.13. 함수 $f(x) = \cosh x,\ 0 \le x \le b$의 그래프로 표현되는 현수선의 길이를 구하시오.

문제 1.4.14. 현수선 $\alpha(t) = (t, \cosh t)$를 $t = 0$에서부터의 호의 길이로 재매개화하시오.

문제 1.4.15. (a) 정칙곡선 $\alpha(t) = (3\cos t, 3\sin t, 4t),\ 0 \le t \le 2\pi$의 길이를 구하시오.

(b) 이 곡선 위의 모든 점에서 접선과 z 축이 이루는 각이 일정함을 보이시오.

문제 1.4.16. 함수 $y = f(x),\ a \le x \le b$의 그래프를 매개곡선으로 나타내고 이 곡선의 길이는 $\int_a^b \sqrt{1+(f'(x))^2}\, dx$임을 보이시오.

문제 1.4.17. 다음 곡선을 호의 길이로 재매개화하시오.

(a) $\alpha(t) = (\frac{1}{\sqrt{3}}\cos t + \frac{1}{\sqrt{2}}\sin t, \frac{1}{\sqrt{3}}\cos t, \frac{1}{\sqrt{3}}\cos t - \frac{1}{\sqrt{2}}\sin t)$

(b) $\alpha(t) = (e^t, e^{-t}, \sqrt{2}t)$

문제 1.4.18. 곡선 $\alpha(t) = (2t, t^2, t^3/3)$의 $t = 0$에서부터의 호의 길이를 구하시오.

문제 1.4.19. 바퀴가 정사각형인 자동차를 운전할 때 길의 단면을 어떻게 설계하면 자동차 바퀴의 중심이 수평선 위를 움직이게 할 수 있을까? 여기서 바퀴의 네 꼭지점이 $(\pm 1, \pm 1)$에서 시작하고 이때 중심은 $(0,0)$이라고 하자. 자동차 길의 단면이 만드는 곡선을 $\alpha(s) = (x(s), y(s))$라고 하자. 자동차 바퀴의 중심의 y 좌표가 0을 유지하도록 α를 구하시오.

문제 1.4.20. 정칙곡선 α의 자취 중에서 $\alpha(t_0)$가 원점에서 가장 멀리 떨어져 있다면 $\alpha(t_0)$에서의 곡률 $\kappa(t_0)$은 항상 $\frac{1}{|\alpha(t_0)|}$보다 크거나 같음을 보이시오.

$\mathbb{R}^3$의 벡터 3개 $\boldsymbol{a}, \boldsymbol{b}, \boldsymbol{c}$를 곱하는 방법으로 스칼라 삼중곱 $\langle \boldsymbol{a}, \boldsymbol{b} \times \boldsymbol{c} \rangle$와 벡터 삼중곱 $(\boldsymbol{a} \times \boldsymbol{b}) \times \boldsymbol{c}$가 있다. 스칼라 삼중곱은 $\langle \boldsymbol{a}, \boldsymbol{b} \times \boldsymbol{c} \rangle = [\boldsymbol{a}, \boldsymbol{b}, \boldsymbol{c}]$로 표기한다. 이 기호를 그라스만[11] 기호라고 한다. 문제 1.4.21부터 문제 1.4.25에서는 $\boldsymbol{a}, \boldsymbol{b}, \boldsymbol{c} \in \mathbb{R}^3$이다.

문제 1.4.21. 벡터 $\boldsymbol{a} \times \boldsymbol{b}$는 벡터 $\boldsymbol{a}$와 $\boldsymbol{b}$에 수직임을 보이시오. 따라서 $\boldsymbol{a} \times \boldsymbol{b}$가 $\boldsymbol{a}$와 $\boldsymbol{b}$를 포함하는 평면에 수직인 방향을 가리킨다.

문제 1.4.22. 두 벡터 $\boldsymbol{a}$와 $\boldsymbol{b}$ 사이의 각이 $\theta, 0 \leq \theta \leq \pi$일 때

$$|\boldsymbol{a} \times \boldsymbol{b}| = |\boldsymbol{a}||\boldsymbol{b}| \sin\theta$$

임을 보이시오. 따라서 $\boldsymbol{a} \times \boldsymbol{b}$의 크기는 $\boldsymbol{a}$와 $\boldsymbol{b}$가 만드는 평행사변형의 넓이와 같다.

문제 1.4.23. $\boldsymbol{a} \times \boldsymbol{b} \neq 0$일 필요충분조건이 $\boldsymbol{a}$와 $\boldsymbol{b}$가 일차독립임을 보이시오.

문제 1.4.24. (a) $\langle \boldsymbol{a}, \boldsymbol{b} \times \boldsymbol{c} \rangle = \det(\boldsymbol{a}\, \boldsymbol{b}\, \boldsymbol{c})$임을 보이시오.

(b) $|\langle \boldsymbol{a}, \boldsymbol{b} \times \boldsymbol{c} \rangle|$은 벡터 $\boldsymbol{a}, \boldsymbol{b}, \boldsymbol{c}$가 만드는 평행육면체의 부피임을 보이시오.

(c) $\boldsymbol{a} \times (\boldsymbol{b} \times \boldsymbol{c}) = \langle \boldsymbol{a}, \boldsymbol{c} \rangle \boldsymbol{b} - \langle \boldsymbol{a}, \boldsymbol{b} \rangle \boldsymbol{c}$을 증명하시오.[12]

문제 1.4.25. 문제 1.4.21에 의해 $\boldsymbol{a} \times \boldsymbol{b}$가 $\boldsymbol{a}$와 $\boldsymbol{b}$를 포함하는 평면에 수직인 방향을 가리킨다. 이때 순서가 있는 기저 $\{\boldsymbol{a}, \boldsymbol{b}, \boldsymbol{a} \times \boldsymbol{b}\}$가 양의 방향을 갖음을 보이시오.

[11] Hermann Grassmann, 1809–1877, 독일 수학자

[12] 이 공식을 라그랑주 공식이라고 한다.

문제 1.4.26. 정칙곡선 $\alpha(t) = (e^t, \cos t, 3t^2)$에 대하여

(a) $\alpha(0)$에서 프레네 틀 $\{T, N, B\}$를 구하시오.

(b) $\alpha(0)$에서 접촉평면, 법평면, 교정평면을 구하시오.

(c) $\alpha(0)$에서 곡률과 꼬임률을 구하시오.

문제 1.4.27. 단위 속력 곡선 $\alpha(s)$에 대하여 다음을 보이시오.

(a) $\alpha''' = -\kappa^2 T + \kappa' N + \kappa\tau B$이다.

(b) $\langle \alpha', \alpha'' \times \alpha''' \rangle = \kappa^2 \tau$이다.

(c) $\alpha(s)$ 위의 벡터장 $W = \tau T + \kappa B$에 대하여 $T' = W \times T, N' = W \times N, B' = W \times B$이다.

(d) $\kappa\tau = -\langle T', B' \rangle$이다.

문제 1.4.28. 정칙곡선의 모든 주법선이 한 점을 지나면 이 곡선의 자취가 원에 포함됨을 보이시오.

문제 1.4.29. 모든 s에 대하여 $\tau(s) \neq 0$이고 $\kappa'(s) \neq 0$ 일 때, 곡선의 자취가 구위에 있을 필요충분조건은 $R^2 + (R')^2 T^2 = c$임을 보이시오. 여기서 c는 상수이고 $R = 1/\kappa,\ T = 1/\tau$이다.

문제 1.4.30. 정칙곡선 $\beta(s) = \left(\frac{(1+s)^{3/2}}{3}, \frac{(1-s)^{3/2}}{3}, \frac{s}{\sqrt{2}} \right), |s| < 1$ 에 대하여

(a) $\beta(s)$가 단위 속력임을 보이시오.

(b) $\beta(s)$의 $T(s), N(s), B(s)$를 구하시오.

(c) $\beta(s)$의 곡률을 구하시오.

(d) $\beta(s)$의 꼬임률을 구하시오.

문제 1.4.31. 단위 구면 $\mathbb{S}^2 = \{(x, y, z) \in \mathbb{R}^3 \mid x^2 + y^2 + z^2 = 1\}$ 위의 정칙곡선 $\alpha : [0, 1] \to \mathbb{S}^2$에 대해서 $\alpha(t)$와 $\alpha'(t)$가 수직임을 보이시오.

문제 1.4.32. 곡선 $\alpha(t) = (e^t \cos t, e^t \sin t, e^t)$을 $t = 0$에서부터의 호의 길이로 재매개화를 하시오.

문제 1.4.33. 정칙곡선 $\alpha(s) = \left(\frac{4}{5}\cos s, 1 - \sin s, -\frac{3}{5}\cos s\right)$에 대하여

(a) 곡률과 꼬임률을 구하시오.

(b) 자취가 원임을 보이시오.

(c) 중심과 반지름을 구하시오.

문제 1.4.34. 정칙곡선 $\alpha(s)$의 곡률 $\kappa(s) = c$이고 $\tau(s) = 0$일 때, $\alpha(0) = (1, 0, 0)$ 주위의 테일러 급수를 이용하여 $\alpha(s)$가 $\alpha(0)$ 주위에서 원(의 일부)임을 보이시오.

문제 1.4.35. 정칙곡선 $\alpha(t) = (3t - t^3, 3t^2, 3t + t^3)$의 곡률과 꼬임률을 구하시오.

제 2 장

곡선의 곡률과 꼬임율

제 1 장에서 곡률과 꼬임률이 곡선을 결정하는 불변량임을 보였다(국소적 곡선 이론의 기본정리). §2.1에서 곡선의 성분함수의 테일러 전개를 이용하여 곡선이 국소적으로 어떻게 표현되는지 보고, 고차항을 무시하면 실제로 곡률과 꼬임률에 의하여 성분함수들이 주어짐을 보인다.

§2.2에서 꼬임률의 기하학적 의미를 공부한다. 이중법벡터의 호의 길이에 대한 미분과 주법벡터와의 내적에 음의 부호를 붙여 꼬임률을 정의한 이유를 설명한다.

§2.3은 가장 간단한 곡선인 직선을 다룬다. 이는 제 7 장에서 다룰 곡면 위의 곡선 중 평면에서의 직선과 같이 특별한 역할을 하는 측지선을 정의하는데 중요한 정보를 준다.

§2.4은 원기둥 위에서 한 방향으로 계속 움직일 때 생기는 곡선을 다룬다. 이런 곡선을 원나선이라고 하고 일반적인 기둥면일 때는 기둥면 나선이라고 하는데 이들 나선은 곡률과 꼬임률의 비가 일정하게 되는 특징을 가진다.

§2.5에서 주어진 곡선에 실이 감겨있다고 가정하고 실을 팽팽하게 잡아당기면서 실을 풀 때 실 끄트머리의 자취를 신개선이라고 정의한다. 반대로 신개선의 쌍대적 개념을 축폐선이라고 한다.

마지막으로 §2.6에서는 접선, 접평면, 접촉평면, 접촉원 등의 개념을 2-점접촉과 3-점접촉으로 설명한다. 곡선과 곡면 또는 곡선과 곡선이 만날 때 교점 주위에서 어느 정도로 가까이 있는지를 판정하는 n-점접촉을 정의한다.

2.1 곡선의 국소적 표현

곡선 $\alpha(s)$의 $s=0$ 주위의 테일러 급수를 생각해 보자. $\alpha(s)$의 성분의 테일러 급수를 고려하면

$$\alpha(s) = \alpha(0) + \alpha'(0)s + \frac{\alpha''(0)}{2!}s^2 + \frac{\alpha'''(0)}{3!}s^3 + R_3, \quad \lim_{s\to 0} R_3/s^3 = \mathbf{0} \tag{1.1}$$

이 된다.

$$T(0) = T_0, N(0) = N_0, B(0) = B_0, \kappa(0) = \kappa_0, \kappa'(0) = \kappa_0', \tau(0) = \tau_0$$

로 표기하면

$$\begin{aligned}
\alpha'(0) &= T_0, \\
\alpha''(0) &= \kappa N_0, \\
\alpha'''(0) &= (\kappa(s)N(s))'(0) \\
&= \kappa_0' N_0 + \kappa_0 N_0' \\
&= \kappa_0' N_0 + \kappa_0(-\kappa_0 T_0 + \tau_0 B_0) \\
&= -\kappa_0^2 T_0 + \kappa_0' N_0 + \kappa_0\tau_0 B_0
\end{aligned}$$

이다. 따라서

$$\alpha(s) - \alpha(0) = (s - \frac{\kappa_0^2}{6}s^3)T_0 + (\frac{\kappa_0}{2}s^2 + \frac{\kappa_0'}{6}s^3)N_0 + (\frac{\kappa_0\tau_0}{6}s^3)B_0 + R_3 \tag{1.2}$$

이다. 특별히 $\alpha(0)$를 원점으로 놓고 x, y, z 축을 회전하여

$$T_0 = (1,0,0)\,,\ N_0 = (0,1,0)\,,\ B_0 = (0,0,1)$$

이 되도록 하고

$$\alpha(s) = (x(s), y(s), z(s))$$
$$R_3 = (R_x, R_y, R_z)$$

로 놓으면

$$\begin{aligned} x(s) &= s - \frac{\kappa_0^2}{6}s^3 + R_x \\ y(s) &= \frac{\kappa_0}{2}s^2 + \frac{\kappa_0'}{6}s^3 + R_y \\ z(s) &= \frac{\kappa_0\tau_0}{6}s^3 + R_z \end{aligned} \tag{1.3}$$

이 된다. (1.3)을 곡선 α의 $s = 0$ 주위에서의 국소적 표준형(local canonical form) 또는 부케[1] 공식(Bouquet formula)이라고 한다.

정리 2.1.1. $s = 0$ 주위에서 $\alpha(s)$는 국소적으로 T_0와 B_0가 생성하는 교정평면에서 N_0가 향하는 쪽에 있게 된다.

증명 (1.3) 에 의해서 $y(s) = \frac{\kappa_0}{2}s^2 + \frac{\kappa_0'}{6}s^3 + R_y$이다. 이제 $|s|$가 충분히 작은 $s \neq 0$에 대하여 3차항 이상의 나머지 항들은 $\frac{\kappa_0}{2}s^2$의 값에 비해 절대값의 크기가 충분히 작게 되어 $y(s) > 0$가 된다. 따라서 곡선은 T_0와 B_0가 생성하는 교정평면에서 N_0가 향하는 쪽에 있게 된다. □

정리 2.1.2. $\alpha(0)$에서 T_0와 $\alpha(s)$를 포함하는 평면을 $\mathcal{P}(s)$라고 하면 $s \to 0$일 때 $\mathcal{P}(s)$가 $\alpha(0)$에서의 접촉평면으로 가까이 간다

증명 x-축을 포함하는 평면은 $y = 0$이거나 $z = cy$이다. 그런데 위 정리에 의하여 평면 $y = 0$에는 충분히 작은 s에 대하여 $\alpha(0)$ 이외의 $\alpha(s)$를 포함하지 않는다. 그러므로 T_0와 $\alpha(s)$를 포함하는 평면 $\mathcal{P}(s)$를 $z = c(s)y$라고 하자. 평면 $\mathcal{P}(s)$는 $\alpha(s) = (x(s), y(s), z(s))$를 포함하므로

$$c(s) = \frac{\frac{\kappa_0\tau_0}{6}s^3 + R_z}{\frac{\kappa_0}{2}s^2 + \frac{\kappa_0'}{6}s^3 + R_y}$$

---

[1] J. C. Bouquet, 1819–1885, 프랑스 수학자

이다. 이때 $s \to 0$이면 $c(s) \to 0$이다. 즉 $\mathcal{P}(s)$의 극한이 평면 $z = 0$이다. □

s가 작을 경우 높은 차수의 항을 무시하면

$$x(s) = s\,, \quad y(s) = \frac{\kappa_0}{2}s^2\,, \quad z(s) = \frac{\kappa_0\tau_0}{6}s^3$$

이 되어 곡선 α를

$$\begin{aligned} \text{접촉평면으로 사영하면} \quad & y = \frac{\kappa_0}{2}x^2 \\ \text{교정평면으로 사영하면} \quad & z = \frac{\kappa_0\tau_0}{6}x^3 \\ \text{법평면으로 사영하면} \quad & z = \frac{\sqrt{2}}{3}\frac{\tau_0}{\sqrt{\kappa_0}}y^{3/2} \end{aligned}$$

이 된다.

2.2 꼬임률의 기하학적 의미

(1.1)에 의하면 $\alpha'(0)$와 $\alpha''(0)$는 $\alpha(0)$의 접촉평면에 있는 벡터이므로 $\frac{\alpha'''(0)}{3!}s^3 + o(s^3)$가 $\alpha(0)$ 주위에서 곡선 α가 접촉평면을 벗어나는 정도를 결정한다.

$B' = -\tau N$이고 B가 접촉평면에 수직인 벡터이기 때문에 접촉평면의 변화율이 B'으로 결정된다. 따라서 τ가 접촉평면이 변하는 정도를 측정한다.

정리 2.2.1. 꼬임률 $\tau_0 > 0$인 경우 곡선은 $s = 0$ 근방에서 $\alpha(0)$에서의 접촉평면을 B_0 방향으로 뚫고 나오는 형태이다.

증명 $\tau_0 > 0$이면 $z(s) = \frac{\kappa_0\tau_0}{6}s^3 + R_z$의 3차항의 계수 $\frac{\kappa_0\tau_0}{6}$가 양수이므로 s가 충분히 작은 경우 R_z항을 무시하면 $z(s)$가 증가함수이다. 따라서 곡선 α는 $s = 0$ 근방에서 $\alpha(0)$에서의 접촉평면을 아래($z < 0$)에서 위($z > 0$)로 뚫고 나오는 형태이다. □

정리 2.2.2. $\alpha : (a, b) \to \mathbb{R}^3$가 $\kappa(s) > 0$인 단위 속력 곡선일 때 다음 세 명제는 동치이다.

(a) α의 상이 한 평면에 들어간다.

(b) $B(s)$가 상수벡터이다.

(c) 모든 s에 대해서 $\tau(s) = 0$이다.

증명 ((a) $\Rightarrow$ (b)의 증명) 곡선 α의 상이 한 평면 위에 있다고 가정하자. 일반성을 잃지 않고 이 평면을 x, y 평면이라고 할 수 있다. 이 경우 곡선은 $\alpha(s) = (x(s), y(s), 0)$로 표현할 수 있다.

이제 종법벡터 B를 구하기 위하여 T와 N을 α의 성분으로 표현하면

$$T(s) = \alpha'(s) = (x'(s), y'(s), 0)\,,$$
$$T'(s) = \alpha''(s) = (x''(s), y''(s), 0)$$

이다. 따라서

$$N(s) = \frac{T'(s)}{\kappa(s)} = \left(\frac{x''}{\kappa}, \frac{y''}{\kappa}, 0\right)$$

이다.

종법벡터를 구하면

$$B(s) = T(s) \times N(s) = \left(0, 0, \frac{1}{\kappa}\left(x'y'' - x''y'\right)\right)$$

이고 $|B(s)| = 1$이므로 $B(s) = (0,0,1)$이거나 $B(s) = (0,0,-1)$이 되어 상수벡터가 된다.[2]

((b) $\Rightarrow$ (a)의 증명) $B(s) = B_0$이라고 가정하자. $s = s_0$를 고정하고 점 $\alpha(s_0)$을 지나고 B_0에 수직인 평면

$$\left\{\mathbf{v} \in \mathbb{R}^3 \,:\, \langle \mathbf{v} - \alpha(s_0), B_0\rangle = 0\right\}$$

을 생각하자. 이제 곡선의 상이 이 평면 위에 있음을 보이자. 즉 모든 s에 대하여

$$\langle \alpha(s) - \alpha(s_0), B_0\rangle = 0$$

임을 보이면 된다. 이를 위해 함수 $g : (a,b) \to \mathbb{R}$를

$$g(s) = \langle \alpha(s) - \alpha(s_0), B_0\rangle \tag{2.4}$$

[2] 위에서 얻은 결론은 $B(s_0) = (0,0,1)$이고 $B(s_1) = (0,0,-1)$일 수도 있다. 그런데 왜 모든 s에 대해서 $B(s) = (0,0,1)$이거나 $B(s) = (0,0,-1)$인지 생각해 보시오.

라고 하자.

$$g'(s) = \langle \alpha', B_0 \rangle = \langle T, B_0 \rangle = \langle T(s), B(s) \rangle = 0$$

이어서 g는 상수함수인데 $g(s_0) = 0$이므로 $g(s) = 0$이다.

((b) $\Leftrightarrow$ (c)의 증명) 프레네 공식에 의해 $B' = -\tau N$이므로

$$B' \equiv \mathbf{0} \Leftrightarrow \tau \equiv 0$$

이다.

□

2.3 직선

정의 2.3.1 (접선)**.** 곡선 α의 $\alpha(s_0)$에서의 접선(tangent line)은 $\alpha(s_0)$를 지나고 방향이 $\alpha'(s_0)$인 직선이다. 따라서 접선의 식은

$$\alpha(s_0) + uT(s_0), \quad u \in \mathbb{R}$$

이다.

정리 2.3.1. 단위 속력 곡선이 직선일 필요충분조건은 이 곡선의 모든 접선이 공통으로 지나는 점 $\boldsymbol{x}_0 \in \mathbb{R}^3$이 존재하는 것이다.

증명 ($\Rightarrow$의 증명) α가 직선이라고 가정하자. $\boldsymbol{x}_0$가 직선 위의 점이면 모든 접선은 직선과 같기 때문에 이 점 $\boldsymbol{x}_0$를 지난다.

($\Leftarrow$의 증명) $\boldsymbol{x}_0$가 곡선 α 위의 모든 점에서의 접선이 공통으로 지나는 점이라고 하자. 모든 s에 대하여

$$\alpha(s) + u(s)T(s) = \boldsymbol{x}_0 \tag{3.5}$$

를 만족하는 $u = u(s)$가 존재한다. 따라서 곡선 α를

$$\alpha(s) = -u(s)T(s) + \boldsymbol{x}_0 \tag{3.6}$$

라고 쓸 수 있다. 이 곡선이 직선이 아니라고 가정하면, $s \in [c,d]$에 대하여 $\kappa(s) > 0$인 부분구간 $[c,d] \subseteq (a,b)$가 존재한다. (3.6)를 미분하면

$$\alpha'(s) = -u'(s)T(s) - u(s)T'(s)$$

이다. 여기에 프레네 공식을 이용하면

$$T(s) = -u'(s)T(s) - \kappa(s)u(s)N(s)$$

이어서

$$(1 + u'(s))\, T(s) = -\kappa(s)u(s)N(s) \tag{3.7}$$

이다. 여기서 $T(s)$와 $N(s)$은 서로 수직인 벡터이므로 (3.7)이 성립하기 위해서는 양변이 영벡터이어야 한다. $T(s) \neq 0$이고 $N(s) \neq 0$이므로

$$1 + u'(s) = 0 \text{ 이고} \quad \kappa(s)u(s) = 0$$

이다. 그런데 $[c,d]$에서 $\kappa(s) > 0$이므로 $u(s) = 0$이어서 $u'(s) = 0$인데 $u'(s) = -1$이므로 모순이다. 따라서 모든 s에 대하여 $\kappa(s) = 0$이고 정리 1.2.1에 의하여 α는 직선이다. □

문제 2.3.1. (3.5)에서 정의한 $u = u(s)$가 미분가능임을 보시오.

2.4 나선

2.4.1 원나선

보기 2.4.1 (기울기가 b/a인 원나선)**.** 원나선은 개미가 원기둥면에서 일정한 기울기의 비탈길을 올라갈 때 생기는 나사 모양의 곡선으로 형상화할 수 있다. 개미가 $x^2 + y^2 = a^2$인 원기둥면 위를 움직이고 있다고 하면 개미의 x, y 평면 위로의 사영은

$$x(t) = a\cos t, \quad y(t) = a\sin t, \quad t \in \mathbb{R}$$

로 매개화할 수 있다. 이 사영은 주기가 2π이다. 한 주기 동안 개미가 올라간 높이가 $2\pi b$만큼 증가한다고 하면 이 곡선을

$$\alpha(t) = (a\cos t, a\sin t, bt),\ t \in \mathbb{R}, \quad a \neq 0,\ b \neq 0$$

로 매개화할 수 있는데 이 곡선을 (원)나선((circular) helix)이라고 한다. 이 곡선은 폭이 $2\pi a$인 종이에 높이가 $2\pi b$인 직사각형을 그리고 기울기가 b/a인 직선을 그린 다음 종이를 만 원기둥면 위에 생기는 곡선인데 이때 b/a를 원나선의 기울기(pitch)라고 한다. $b > 0$이면 오른 원나선, $b < 0$이면 왼 원나선이라고 한다.

문제 2.4.1 (보기 2.4.1의 연속). $\alpha(t) = (a\cos t, a\sin t, bt),\ t \in \mathbb{R},\ a \neq 0,\ b \neq 0$로 정의된 원나선을 호의 길이로 재매개화하시오.

보기 2.4.2 (보기 2.4.1의 연속). 호의 길이로 매개화된 원나선

$$\alpha(s) = (a\cos(\omega s), a\sin(\omega s), b\omega s)$$

의 움직이는 틀을 구하시오. 여기서 $\omega = \frac{1}{\sqrt{a^2+b^2}}$이다.

원나선 위의 각 점에서 접선과 z 축이 이루는 각도가 상수이고, 이는 원나선이 원기둥면을 일정한 기울기로 z 축 방향으로 올라가는 것을 의미한다. 그리고 각 점의 주법선들은 z 축과 수직으로 만난다.

보기 2.4.3 (보기 2.4.1의 계속). 호의 길이로 매개화된 원나선

$$\alpha(s) = (a\cos(\omega s), a\sin(\omega s), b\omega s), \quad \omega = \frac{1}{\sqrt{a^2+b^2}}$$

의 곡률과 꼬임률을 계산하면 곡률과 꼬임률이

$$\kappa = \frac{|a|}{a^2+b^2}, \qquad \tau = \frac{b}{a^2+b^2}$$

로 상수값을 갖는다.

2.4.2 기둥면 나선

정의 2.4.1 (기둥면 나선). 곡선의 접벡터 T가 어떤 직선 l과 만드는 각이 일정할 때 이 곡선을 기둥면 나선(cylindrical helix), 일반적인 나선(generalized helix), 또는

기울기가 일정(constant slant)한 곡선이라고 한다. 즉 직선 l 방향의 단위 벡터를 $\boldsymbol{a}$라고 하면 기둥면 나선은

$$\langle T\,, \boldsymbol{a}\rangle = \cos\theta_0 = \text{상수} \tag{4.8}$$

를 만족하는 곡선이다. 이때 직선 l이나 단위벡터 $\boldsymbol{a}$를 이 곡선의 축(axis)이라고 한다.

원나선이 원기둥면을 일정한 기울기로 z축 방향으로 올라가듯이 기둥면나선은 아래 정의된 기둥면 위를 움직이는 곡선이다.

정의 2.4.2 (기둥면)**.** 평면곡선의 각 점에서 주어진 방향의 직선(생성직선, loxodrome, ruling)들의 집합을 기둥면(cylinder)이라고 한다. 즉 평면곡선

$$\alpha(s),\ \ s \in I$$

와 축을 나타내는 단위벡터 $\boldsymbol{a}$가 주어졌을 때, 집합

$$\{\alpha(s) + u\boldsymbol{a} : u \in \mathbb{R}, s \in I\}$$

을 기둥면이라고 한다.

정리 2.4.1. $\kappa(s) > 0$인 기둥면 나선은 기둥면 위에 있다.

증명 기둥면 나선 $\alpha(s)$의 축을 $\boldsymbol{a} = (0, 0, 1)$이라고 하고

$$\alpha(s) = (x(s), y(s), z(s)), \quad s \in I$$

라고 하면, (4.8)에 의하여 $z'(s) = \cos\theta_0$이므로 $z(s) = (\cos\theta_0)s$이다. 따라서

$$\alpha(s) = (x(s), y(s), (\cos\theta_0)s), \quad s \in I$$

이다.

한편 벡터 $\boldsymbol{a} = (0, 0, 1)$과 평면곡선 $(x(s), y(s), 0)$, $s \in I$에 의하여 만들어지는 기둥면은 $S = \{(x(s), y(s), u) : s \in I, u \in \mathbb{R}\}$이므로 기둥면 나선은 이 기둥면 S 위의 곡선이다. □

정리 2.4.2. $\kappa > 0$인 단위 속력 곡선 α에 대하여 다음 두 명제는 동치이다.

(1) 곡선 α가 기둥면 나선이다.

(2) 모든 s에 대하여 $\tau(s)/\kappa(s)$는 상수이다.

증명 ((1)⇒(2)의 증명) α가 기둥면 나선이라고 가정하자. 정의에 의해

$$\langle T(s), \boldsymbol{a} \rangle = \cos\theta_0 = \text{상수} \tag{4.9}$$

을 만족하는 단위벡터 $\boldsymbol{a}$가 존재한다. 일반성을 잃지 않고 $0 \le \theta \le \pi$를 가정할 수 있다. 여기서 $\boldsymbol{a}$를 정규직교기저 $\{T, N, B\}$를 이용하여 나타내면

$$\boldsymbol{a} = \langle T(s), \boldsymbol{a} \rangle T(s) + \langle N(s), \boldsymbol{a} \rangle N(s) + \langle B(s), \boldsymbol{a} \rangle B(s)$$

으로 쓸 수 있다.

(4.9)을 s로 미분하면

$$0 = \frac{d}{ds} \langle T, \boldsymbol{a} \rangle = \langle T', \boldsymbol{a} \rangle = \kappa \langle N, \boldsymbol{a} \rangle$$

이고 가정에 의해 $\kappa \neq 0$ 이므로 $\langle N, \boldsymbol{a} \rangle = 0$이다. 따라서

$$\boldsymbol{a} = \cos\theta_0 T + \langle B(s), \boldsymbol{a} \rangle B.$$

로 쓸 수 있고

$$1 = |\boldsymbol{a}|^2 = \cos^2\theta_0 + \langle B(s), \boldsymbol{a} \rangle^2 .$$

이므로 $\langle B(s), \boldsymbol{a} \rangle = \pm \sin\theta_0$이다. 즉

$$\boldsymbol{a} = \cos\theta_0 T \pm \sin\theta_0 B$$

이다.

θ_0가 상수이므로 이 식을 미분하면

$$\mathbf{0} = \boldsymbol{a}' = \cos\theta_0 T' \pm \sin\theta_0 B'$$

이다. 여기서 프레네 공식을 이용하면

$$\begin{aligned}\mathbf{0} &= \cos\theta_0 T' \pm \sin\theta_0 B' \\ &= \cos\theta_0 \kappa N \pm \sin\theta_0 (-\tau) N \\ &= (\kappa\cos\theta_0 \mp \tau\sin\theta_0) N.\end{aligned}$$

N이 단위벡터이므로 모든 s에 대하여 $\kappa(s)\cos\theta_0 \mp \tau(s)\sin\theta_0 = 0$이다.

만약 $\sin\theta_0 = 0$라면 $\theta_0 = 0$이거나 $\theta_0 = \pi$이고 $T(s) = \pm\boldsymbol{a}$이므로 T가 상수 벡터이어서 $T' = \mathbf{0}$이다. 따라서 $\kappa(s) = 0$. 그런데 가정에 의해 $\kappa(s) > 0$이므로 $\theta_0 \neq 0, \pi$이다.

그러므로

$$\tau(s)/\kappa(s) = \mp\cot\theta_0$$

인데 $\theta_0 \neq 0, \pi$이므로 $\cot\theta_0$는 잘 정의되는 상수이다.

((2)⇒(1)의 증명) $\tau(s)/\kappa(s) = c$, $c =$ 상수라고 하자. 기둥면 나선의 축의 역할을 하는 단위벡터 $\boldsymbol{a}$를 찾자.

$c = \cot\theta_0$를 만족하는 $0 < \theta_0 < \pi$를 잡아서 $T(s)$와 만드는 각도가 일정한 단위벡터

$$\boldsymbol{a}(s) = \cos\theta_0\, T(s) + \sin\theta_0\, B(s)$$

를 정의한다.

$\boldsymbol{a}(s)$를 미분하고 프레네 공식을 이용하면

$$\begin{aligned}\boldsymbol{a}'(s) &= \cos\theta_0 T' + \sin\theta_0 B' \\ &= \cos\theta_0 \kappa N + \sin\theta_0(-\tau)N \\ &= \sin\theta_0\left(\kappa\cot\theta_0 - \tau\right)N \\ &= \sin\theta_0\left(\tau - \tau\right)N \\ &= \mathbf{0}\end{aligned}$$

이다. 따라서 $\boldsymbol{a}$는 상수벡터이다. 그리고 $\langle T(s), \boldsymbol{a}\rangle = \cos\theta_0$ =상수이므로 $\alpha(s)$는 축이 $\boldsymbol{a}$인 기둥면 나선이다. □

주. 기둥면 나선의 $\tau(s)/\kappa(s)$를 나선의 기울기(pitch)라고 한다. 원나선인 경우 보기 1.1.16에서 보았던 것처럼 $\tau(s)/\kappa(s) = b/a$이고 b/a를 기울기라고 정의했다.

문제 2.4.2. 곡선 $\alpha(t) = (3t - t^3, 3t^2, 3t + t^3)$이 기둥면 나선임을 보이고 이 곡선이 있는 기둥면을 결정하시오. (힌트: 이 곡선의 곡률과 꼬임률이

$$\kappa(t) = \tau(t) = \frac{1}{3(1+t^2)^2}$$

임을 계산해 보이고 정리 2.4.2을 이용한다. 이 정리의 증명을 살펴보면 축을 구할 수 있다.)

평면곡선이 아닌 기둥면 나선 $\alpha(s)$의 접벡터가 단위벡터 $\boldsymbol{a}$와 만드는 각을 $\theta_0 \neq \frac{\pi}{2}$라고 하자. $\alpha(s)$의 $\boldsymbol{a}$에 수직인 평면으로의 사영은 $\beta(s) = \alpha(s) - \langle\alpha(s), \boldsymbol{a}\rangle\boldsymbol{a}$이고

$$\beta'(s) = \alpha'(s) - \langle\alpha'(s), \boldsymbol{a}\rangle\boldsymbol{a} = T(s) - (\cos\theta_0)\boldsymbol{a}$$

이다. 여기서 일반적으로 $|\beta'(s)| \neq 1$임에 유의하시오.

$\boldsymbol{a} = \cos\theta_0 T + \sin\theta_0 B$이므로

$$\begin{aligned}\beta'(s) &= \sin^2\theta_0 T - \cos\theta_0\sin\theta_0 B, \\ \beta''(s) &= T'(s) = \kappa_\alpha N(s), \\ \kappa_\beta(s) &= \frac{|\beta' \times \beta''|}{|\beta'|^3} = \frac{|\kappa_\alpha \sin\theta_0(\sin\theta_0 B + \cos\theta_0 T)|}{|\sin\theta_0|^3} = \frac{\kappa_\alpha}{\sin^2\theta_0}\end{aligned}$$

이다.

기둥면 나선이 상수 곡률을 가지면 이 곡선의 축에 수직인 평면으로 수직사영한 평면곡선의 곡률도 상수이다. 따라서 이 곡선은 원(의 일부)이고 이 기둥면 나선은 원나선이다.

정리 2.4.3. 평면곡선은 기둥면 나선이다.

증명 평면곡선의 이중법벡터 $B(s)$는 상수벡터 $B_0 = (0, 0, \pm 1)$이므로 축이 되는 방향을 B_0로 잡는다. 따라서

$$\langle T(s), B_0 \rangle = \langle T(s), B(s) \rangle = 0$$

이므로 정리 2.4.2에 의해 주어진 곡선은 기둥면 나선이다. □

주. 이 정리에 주어진 평면곡선의 곡률이 $\kappa(s) > 0$인 경우 $\tau = 0$이므로 $\tau/\kappa = 0$이어서 정리 2.4.2에 의하여 기둥면 나선이다.

정리 2.4.4. κ와 τ가 상수인 곡선은 원나선이다.

증명 κ와 τ가 상수인 곡선 α는 정리 2.4.2에 의해 기둥면 나선이다. 따라서

$$\langle T(s), \boldsymbol{a} \rangle = \cos\theta_0 = \text{상수}$$

인 단위벡터 $\boldsymbol{a}$가 존재한다. 이 $\boldsymbol{a}$에 수직인 평면으로의 사영

$$\beta(s) = \alpha(s) - \langle \alpha(s), \boldsymbol{a} \rangle \boldsymbol{a}$$

의 곡률은 $\frac{\kappa}{\sin^2\theta_0}$으로 상수이므로 반지름이 $\frac{\sin^2\theta_0}{\kappa}$인 원이 된다.

한편

$$\frac{d}{ds}\langle \alpha(s), \boldsymbol{a} \rangle = \langle T(s), \boldsymbol{a} \rangle = \cos\theta_0$$

이고 $\langle \alpha(s), \boldsymbol{a} \rangle = \cos\theta_0 s + s_0$이다.

$$\alpha(s) = \beta(s) + (\cos\theta_0 s + s_0)\boldsymbol{a}$$

$\alpha(0)$를 $\boldsymbol{a}$에 수직인 평면에 속하는 점으로 가정한다. 즉 $\langle \alpha(0), \boldsymbol{a} \rangle = 0$이다. 원 $\beta(s)$의 중심을 $(0, 0, 0)$으로 잡고 $\beta(0) = \alpha(0) = \left(\frac{\sin^2\theta_0}{\kappa}, 0, 0\right)$로 잡고 원 $\beta(s)$의

방향이 양의 방향이 되도록 y 축과 z 축을 정한다. 그러면 $\boldsymbol{a} = (0, 0, 1)$이거나 $\boldsymbol{a} = (0, 0, -1)$이 된다. 이때 $\alpha(s)$의 재매개화는

$$\alpha(t) = \left(\frac{\sin^2 \theta_0}{\kappa} \cos t, \frac{\sin^2 \theta_0}{\kappa} \sin t, \pm(\cos \theta_0) t \right)$$

가 된다. 즉 α는 원나선이다. □

2.5 신개선과 축폐선

주어진 곡선의 한 점에 끈을 고정시키고 끈을 팽팽하게 유지하면서 곡선을 따라 감는다고 할 때 그 끈의 끝이 만드는 자취를 살펴보자. 끈이 팽팽하게 유지되려면 끈의 끝은 접선 위에 있어야 하고 곡선을 따라 감겨야 하므로 주법벡터 방향으로 움직여야 한다. 따라서 다음과 같은 정의를 한다.

정의 2.5.1. 곡선 $\alpha = \alpha(s)$가 주어졌을 때 곡선 $\beta = \beta(s)$가

(i) $\beta(s)$는 $\alpha(s)$에서의 α의 접선 위에 있고

(ii) $\beta(s)$의 접선은 $\alpha(s)$의 접선에 수직일 때

β를 α의 신개선(involute)이라고 하고, α를 β의 축폐선(evolute)이라고 한다.

(i)에 의해

$$\beta(s) = \alpha(s) + u(s)T(s), \quad u(s) \in \mathbb{R}$$

로 표시할 수 있다. 이 식을 미분하면

$$\begin{aligned} \beta'(s) &= \alpha'(s) + u'(s)T(s) + u(s)T'(s) \\ &= T(s) + u'(s)T(s) + u(s)(\kappa(s)N(s)) \\ &= (1 + u'(s))T(s) + u(s)\kappa(s)N(s) \end{aligned}$$

이므로 (ii)에 의해 $1 + u'(s) = 0$ 이고

$$u(s) = c - s, \quad c = \text{상수}$$

이다. 따라서

$$\beta(s) = \alpha(s) + (c - s)T(s)\,, \quad c = \text{상수} \tag{5.10}$$

이다.

정리 2.5.1. 곡률이 $\kappa(s) \neq 0$인 정칙곡선 α의 신개선도 정칙곡선이다.

증명 정칙곡선 α의 신개선을 β라고 하면

$$\begin{aligned}\beta'(s) &= \alpha'(s) - T(s) + (c - s)T'(s) \\ &= (c - s)\kappa(s)N(s)\end{aligned}$$

이다. 이때 $\kappa(s) \neq 0$이면 $\beta'(s) \neq 0$이어서 β도 정칙곡선이다. □

이제 α의 신개선 β의 곡률을 구해보자. (5.10)에 의해서

$$\begin{aligned}\beta'(s) &= (c - s)\kappa(s)N(s), \\ |\beta'(s)| &= |c - s|\kappa(s)\end{aligned}$$

이고

$$\begin{aligned}T_\beta(s) &= \frac{\beta'(s)}{|\beta'(s)|} = \mathrm{sgn}(c - s)N(s), \\ T'_\beta(s) &= \mathrm{sgn}(c - s)\{-\kappa(s)T(s) + \tau(s)B(s)\}\end{aligned}$$

이다. 따라서 β의 호의 길이

$$s_\beta = \int_{s_0}^{s} |\beta'(u)|du$$

이고

$$\frac{ds_\beta}{ds} = |\beta'(s)| = |c - s|\kappa(s)$$

이다.

이제

$$\frac{dT_\beta}{ds_\beta} = \frac{dT_\beta}{ds} \cdot \frac{ds}{ds_\beta} = \frac{\operatorname{sgn}(c-s)\{-\kappa(s)T(s) + \tau(s)B(s)\}}{|c-s|\kappa(s)}$$

이다. 따라서

$$\kappa_\beta^2 = \left|\frac{dT_\beta}{ds_\beta}\right|^2 = \frac{\kappa^2 + \tau^2}{(c-s)^2\kappa^2}$$

이다.

(5.10)을 다시 쓰면

$$|\beta(s) - \alpha(s)| = |c - s|$$

이므로 길이가 c인 실의 한 끝을 $\alpha(s_0)$에 고정시키고 팽팽히 잡아당기면서 곡선 α를 따라 감아나가면 실의 길이는 $c - s$만 남는다. 이런 이유로 특히 평면곡선의 신개선을 끈(string) 신개선이라고 한다.

문제 2.5.1. 반지름이 1인 원 $\alpha(s) = (\cos s, \sin s)$의 신개선 β를 구하고 곡률을 계산하시오.

문제 2.5.2. 원나선의 신개선은 평면곡선이 됨을 보이고 신개선을 포함되는 평면을 결정하시오.

이제는 역으로 주어진 곡선 β로부터 β의 축폐선 α를 구해보자. 곡선 α의 프레네 장치를

$$\{\, T_\alpha, N_\alpha, B_\alpha, \kappa_\alpha, \tau_\alpha \,\}$$

라고 하고 곡선 β의 프레네 장치를

$$\{\, T_\beta, N_\beta, B_\beta, \kappa_\beta, \tau_\beta \,\}$$

라고 쓰자. 정의 2.5.1에 의하여 $\beta(s)$는 $\alpha(s)$의 신개선이므로

$$\beta(s) = \alpha(s) + (c-s)T_\alpha(s)$$

이다.

T_β와 T_α가 수직이므로

$$(s-c)T_\alpha(s) = \lambda(s)N_\beta + \mu(s)B_\beta$$

인 함수 $\lambda(s)$와 $\mu(s)$가 존재한다. 따라서

$$\alpha(s) = \beta(s) + \lambda(s)N_\beta + \mu(s)B_\beta$$

이다. 한편 $\kappa_\alpha(s) \neq \mathbf{0}$ 이면 β가 정칙곡선이므로, β의 호의 길이 s_β로 재매개화가 가능하다. 이제부터 s를 s_β로 간주한다.

$$\begin{aligned}\alpha'(s) &= \beta'(s) + \lambda'(s)N_\beta + \lambda(s)N'_\beta + \mu'(s)B_\beta + \mu(s)B'_\beta \\ &= (1-\lambda\kappa_\beta)T_\beta + (\lambda' - \mu\tau_\beta)N_\beta + (\mu' + \lambda\tau_\beta)B_\beta\end{aligned}$$

이다. 여기서 α'와 T_β가 수직이므로 $\lambda = \frac{1}{\kappa_\beta}$이고 $T_\alpha = \frac{\alpha'}{|\alpha'|}$이므로

$$(\lambda' - \mu\tau_\beta)N_\beta + (\mu' + \lambda\tau_\beta)B_\beta = \alpha'(s) = |\alpha'(s)|T_\alpha = \frac{|\alpha'|}{s-c}(\lambda N_\beta + \mu B_\beta)$$

이고 양변의 계수를 비교하고 $\frac{|\alpha'|}{s-c}$를 소거하면

$$\mu(\lambda' - \mu\tau_\beta) - \lambda(\mu' + \lambda\tau_\beta) = 0$$

이다. 따라서

$$\tau_\beta = \frac{\mu\lambda' - \mu'\lambda}{\lambda^2 + \mu^2} = \left\{\cot^{-1}\frac{\mu}{\lambda}\right\}'$$

이고

$$\int \tau_\beta ds = \cot^{-1}\frac{\mu}{\lambda} + \overline{C}$$

$$\mu = \lambda\cot\left(\int_{s_0}^{s} \tau_\beta ds + C\right)$$

이다. 이상을 종합하면 $\beta(s)$의 축폐선은

$$\alpha(s) - \beta(s) + \frac{1}{\kappa_\beta(s)}N_\beta(s) + \frac{1}{\kappa_\beta(s)}\cot\left(\int_{s_0}^{s}\tau_\beta(u)du + C\right)B_\beta(s) \tag{5.11}$$

이다.

주. β가 평면곡선이라면 $\tau_\beta = 0$이다. (5.11)에서 $C = \frac{\pi}{2}$로 놓으면 (5.11)는

$$\alpha(s) = \beta(s) + \frac{1}{\kappa_\beta(s)} N_\beta(s)$$

가 되어 β의 접촉원의 중심들의 자취가 축폐선이 된다.

주. $\alpha(s)$의 매개변수 s는 β의 호의 길이 s_β이지만 오른쪽 값들은 호의 길이 s에 무관한 표현이므로 임의의 변수에 대해서도 여전히 유효한 식이다.

2.6 접촉

$y = x^n$의 그래프와 x 축은 $(0,0)$에서 만난다. 그러나 $(0,0)$ 주위를 자세히 관찰하면 n이 커짐에 따라 $y = x^n$의 그래프가 x 축에 밀착되어 있음을 알 수 있다. 이 절에서는 이 밀착도를 정량화시키는 방법을 제시한다.

2.6.1 곡선과 곡면의 접촉

점 p가 곡선 $C : \alpha(t)$와 곡면 $S : F(x, y, z) = 0$ 위의 점이라고 하자. $p = \alpha(t_0)$라고 하면 $F(\alpha(t_0)) = 0$이다.

이제 곡선과 곡면이 $\alpha(t_0)$ 주위에서 $(n-1)$개의 점

$$\alpha(t_1), \alpha(t_2), \cdots, \alpha(t_{n-1})$$

에서도 만난다고 하면

$$F(\alpha(t_1)) = F(\alpha(t_2)) = \cdots = F(\alpha(t_{n-1})) = 0$$

이다. $f(t) = F(\alpha(t))$라고 하면

$$f(t_0) = f(t_1) = f(t_2) = \cdots = f(t_{n-1}) = 0$$

이다. 여기서

$$t_0 < t_1 < t_2 < \cdots < t_{n-1}$$

라고 하자.

평균값 정리에 의해

$$f'(t_0^1) = f'(t_1^1) = \cdots = f'(t_{n-2}^1) = 0,$$
$$t_0 < t_0^1 < t_1 < t_1^1 < t_2 < \cdots < t_{n-2} < t_{n-2}^1 < t_{n-1}$$

인 $t_0^1 < t_1^1 < \cdots < t_{n-2}^1$이 존재한다.

다시 평균값 정리에 의해

$$f''(t_0^2) = f''(t_1^2) = \cdots = f''(t_{n-3}^2) = 0,$$
$$t_0^1 < t_0^2 < t_1^1 < t_1^2 < t_2^1 < \cdots < t_{n-3}^1 < t_{n-3}^2 < t_{n-2}^1$$

인 $t_0^2 < t_1^2 < \cdots < t_{n-3}^2$이 존재한다.

이 과정을 계속 반복하면 마지막으로

$$f^{(n-1)}(t_0^{n-1}) = 0,$$
$$t_0^{n-2} < t_0^{n-1} < t_1^{n-2}$$

인 t_0^{n-1}이 존재한다.

이제 $p = \alpha(t_0)$ 주위의 점 $\alpha(t_1), \alpha(t_2), \cdots, \alpha(t_{n-1})$이 $\alpha(t_0)$로 수렴한다고 하면

$$t_1, t_2, \cdots, t_{n-1} \to t_0$$

이고

$$t_0^1, t_0^2, \cdots, t_0^{n-1} \to t_0$$

이다. 따라서

$$f(t_0) = f'(t_0) = \cdots = f^{(n-1)}(t_0) = 0 \tag{6.12}$$

이고 이 조건은 마치 곡선과 곡면이 $\alpha(t_0)$에서 n개의 점이 중첩됨을 의미한다.

정의 2.6.1 (접촉). 곡선 $\alpha(t)$와 곡면 $F(x, y, z) = 0$ 위의 점 $\alpha(t_0)$에서 $f(t) = F(\alpha(t))$가 (6.12)을 만족할 때 이 곡선과 곡면이 적어도 n-점 접촉(contact)을 갖

는다고 한다.

(6.12)을 만족하고 $f^{(n)}(t_0) \neq 0$일 때 곡선이 곡면과 n-점 접촉을 갖는다고 한다.

명제 2.6.1. (적어도) n-점 접촉이라는 개념은 매개변수에 독립이다.

증명 $s = s(t)$를 t의 재매개화라고 하고 이 함수의 역함수를 $t = t(s)$라고 하면 $t'(s) \neq 0$이다.

$\beta(s) = \alpha(t(s))$라고 하고 $g(s) = F(\alpha(t(s))) = f(t(s))$라고 하면

$$\begin{aligned} g'(s) &= f'(t(s)) \cdot t'(s) \\ g''(s) &= f''(t(s)) \cdot (t'(s))^2 + f'(t(s)) \cdot t''(s) \\ &\vdots \\ g^{(k)}(s) &= f^{(k)}(t(s)) \cdot (t'(s))^k + f\text{의 } (k-1)\text{계 이하의 미분들로 이루어진 항} \end{aligned}$$

이다. 따라서 $t_0 = t(s_0)$일 때

$$\begin{aligned} &f(t_0) = f'(t_0) = \cdots = f^{(n-1)}(t_0) = 0 \\ &\qquad\qquad \iff g(s_0) = g'(s_0) = \cdots = g^{(n-1)}(s_0) = 0 \end{aligned}$$

이고 $f^{(n)}(t_0) \neq 0 \iff g^{(n)}(s_0) \neq 0$ 이므로 f와 g는 같은 접촉도를 갖는다. □

명제 2.6.2. 곡선과 접촉평면은 적어도 3-점접촉으로 만난다. 특히 $\tau(s_0) \neq 0$이면 3-점접촉으로 만난다.

증명 주어진 곡선을 $C : \alpha(s)$라고 하고 곡선 위의 점 $\alpha(s_0)$에서 이 곡선의 접촉평면을 $\mathcal{P}$라고 하자. 이때 접촉평면 $\mathcal{P}$는 $\langle \boldsymbol{x} - \alpha(s_0), B(s_0) \rangle = 0$로 표현된다.

이제 $F(x) = \langle \boldsymbol{x} - \alpha(s_0), B(s_0) \rangle$라고 하고

$$f(s) = F(\alpha(s)) = (\alpha(s) - \alpha(s_0)) \circ B(s_0)$$

라고 하면

$$\begin{aligned} f'(s) &= \langle T(s), B(s_0)\rangle, \\ f''(s) &= \kappa(s)\langle N(s), B(s_0)\rangle, \\ f'''(s) &= \kappa'(s)\langle N(s), B(s_0)\rangle + \kappa(s)\langle N'(s), B(s_0)\rangle \\ &= \kappa'(s)\langle N(s), B(s_0)\rangle + \kappa(s)\langle -\kappa(s)T(s) + \tau(s)B(s), B(s_0)\rangle \end{aligned}$$

이다. 따라서

$$\begin{aligned} f(s_0) &= \langle \alpha(s_0) - \alpha(s_0), B(s_0)\rangle = 0, \\ f'(s_0) &= \langle T(s_0), B(s_0)\rangle = 0, \\ f''(s_0) &= \kappa(s_0)\langle B(s_0), N(s_0)\rangle = 0, \\ f'''(s_0) &= \kappa(s_0)\langle N(s_0), B(s_0)\rangle + \kappa(s_0)\langle -\kappa(s_0)T(s_0) + \tau(s_0)B(s_0), B(s_0)\rangle \\ &= \kappa(s_0)\tau(s_0) \end{aligned}$$

이다.

종합하면 곡선 C과 접촉평면 $\mathcal{P}$는 점 $\alpha(s_0)$에서 적어도 3-점접촉으로 만나고 특히 $\tau(s_0) \neq 0$이면 3-점접촉으로 만난다. □

문제 2.6.1. $f^{(4)}(s_0)$를 구하고 곡선 C과 접촉평면 $\mathcal{P}$가 적어도 4-점접촉으로 만날 조건을 구하시오.

2.6.2 곡선과 곡선의 접촉

임의의 곡선은 국소적으로 두 곡면의 공통부분, 즉 교차곡선으로 생각할 수 있다. 만약 정칙곡선이 매개변수를 사용하여 $\alpha(t) = (x(t), y(t), z(t))$로 표현되고 $x'(t_0) \neq 0$이라면 $\alpha(t_0)$ 근방의 곡선은 두 곡면

$$S_1 = \{(x(t), y(t), z) \mid t_0 - \epsilon < t < t_0 + \epsilon, z \in \mathbb{R}\}$$

와

$$S_2 = \{(x(t), y, z(t)) \mid t_0 - \epsilon < t < t_0 + \epsilon, y \in \mathbb{R}\}$$

의 공통부분임을 알 수 있다. 그러므로 두 곡선의 접촉도를 정의 2.6.1의 곡선과 곡면의 접촉도를 이용하여 정의할 수 있다.

정의 2.6.2 (접촉도). 두 곡선 $C_1 : \alpha(t)$과 C_2가 점 p에서 만나고 점 $p = \alpha(t_0)$ 근방에서 곡선 C_2가 두 곡면 $S_1 : F(x, y, z) = 0$와 $S_2 : G(x, y, z) = 0$의 공통부분으로 표현된다고 하자. 이때 곡선 C_1과 곡면 S_1(또는 S_2)가 점 p에서 n_1(또는 n_2)-점접촉으로 만난다고 하자. n이 n_1과 n_2의 최소값(즉 $n = \min\{n_1, n_2\}$)일 때 두 곡선 C_1과 C_2가 점 p에서 n-점접촉으로 만난다고 또는 $(n-1)$-접촉도를 갖는다라고 한다.

두 평면곡선의 n-점접촉도는 위의 특별한 경우로써 아래와 같이 정의할 수 있다.

정의 2.6.3. 두 평면곡선 C_1과 C_2가 점 p에서 만나고 p 근방에서

$$C_1 : \alpha(t), C_2 : F(x, y) = 0, p = \alpha(t_0)$$

로 표현되고 $f(t) = F(\alpha(t))$라고 하자.

$$f(t_0) = f'(t_0) = \cdots = f^{(n-1)}(t_0) = 0, f^{(n)}(t_0) \neq 0$$

일 때, 두 평면곡선 C_1과 C_2가 점 p에서 n-점접촉으로 만난다고 또는 $(n-1)$-접촉도를 갖는다라고 한다.

문제 2.6.2. 정의 2.6.3가 정의 2.6.2의 특별한 경우임을 밝히시오.

보기 2.6.1. $y = x^n$의 그래프와 x 축은 점 $(0, 0)$에서 n-점접촉으로 만난다.
$\alpha(t) = (t, t^n), F(x, y) = y$이고 $f(t) = F(\alpha(t)) = t^n$이므로

$$f(0) = f'(0) = \cdots = f^{(n-1)}(0) = 0, f^{(n)}(0) = n \neq 0$$

여기서 보듯이 n-점접촉도의 정의는 m 차 방정식의 중근, 삼중근, $\cdots$, n 중근과 같은 개념을 갖는다.

명제 2.6.3. 곡률이 영이 아닌 곡선 위의 점에서의 접선은 그 점에서 곡선과 2-점접촉으로 만난다.

증명 주어진 곡선을 $C_1 : \alpha(s)$라고 하자. 곡선 위의 점 $\alpha(s_0)$에서 $N(s_0)$에 수직인 평면을 $\mathcal{P}_1$, $B(s_0)$에 수직인 평면을 $\mathcal{P}_2$라고 하자.

$$F(\boldsymbol{x}) = \langle \boldsymbol{x} - \alpha(s_0), N(s_0) \rangle, \quad G(\boldsymbol{x}) = \langle \boldsymbol{x} - \alpha(s_0), B(s_0) \rangle$$

라고 하면

$$\mathcal{P}_1 : F(\boldsymbol{x}) = 0, \quad \mathcal{P}_2 : G(\boldsymbol{x}) = 0$$

이다. 이때 접선은 $\mathcal{P}_1 \cap \mathcal{P}_2$이다.

이제 $f(s) = F(\alpha(s)) = \langle \alpha(s) - \alpha(s_0), N(s_0) \rangle$라고 하면

$$\begin{aligned} f'(s) &= \langle T(s), N(s_0) \rangle, \\ f''(s) &= \langle \kappa(s) N(s), N(s_0) \rangle \end{aligned}$$

이다. 따라서

$$\begin{aligned} f(s_0) &= \langle \alpha(s_0) - \alpha(s_0), N(s_0) \rangle = 0, \\ f'(s_0) &= \langle T(s_0), N(s_0) \rangle = 0, \\ f''(s_0) &= \langle \kappa(s_0) N(s_0), N(s_0) \rangle = \kappa(s_0) \neq 0 \end{aligned}$$

이다.

마찬가지로

$$g(s) = G(\alpha(s)) = \langle \alpha(s) - \alpha(s_0), B(s_0) \rangle$$

라고 하면

$$\begin{aligned} g'(s) &= \langle T(s), B(s_0) \rangle, \\ g''(s) &= \langle \kappa(s) N(s), B(s_0) \rangle, \\ g'''(s) &= \kappa'(s) \langle N(s), B(s_0) \rangle + \kappa(s) \langle N'(s), B(s_0) \rangle \\ &= \kappa'(s) \langle N(s), B(s_0) \rangle + \kappa(s) \langle -\kappa(s) T(s) + \tau(s) B(s), B(s_0) \rangle \end{aligned}$$

이다. 따라서

$$\begin{aligned} g(s_0) &= \langle \alpha(s_0) - \alpha(s_0), B(s_0) \rangle = 0, \\ g'(s_0) &= \langle T(s_0), B(s_0) \rangle = 0, \\ g''(s_0) &= \langle \kappa(s_0) B(s_0), N(s_0) \rangle = 0, \\ g'''(s_0) &= \kappa'(s_0) \langle N(s_0), B(s_0) \rangle + \kappa(s_0) \langle -\kappa(s_0) T(s_0) + \tau(s_0) B(s_0), B(s_0) \rangle \\ &= \kappa(s_0) \tau(s_0) \end{aligned}$$

이다.

종합하면 곡선 C_1과 곡면 $\mathcal{P}_1$은 점 $\alpha(s_0)$에서 2-점접촉으로 만나고 곡선 C_1과 곡면 $\mathcal{P}_2$은 점 $\alpha(s_0)$에서 적어도 3-점접촉으로 만난다. 곡선 C_1의 접선은 $\mathcal{P}_1 \cap \mathcal{P}_2$ 이므로 $\kappa(s_0) \neq 0$이면 곡선 C_1과 접선은 2-점접촉으로 만난다. □

명제 2.6.4. 곡선과 접촉원은 적어도 3-점접촉으로 만난다.

증명 주어진 곡선을 $C_1 : \alpha(s)$라고 하고 접촉원을 C_2라고 하자. 접촉원은 접촉평면 위의 곡선으로 중심이 $\alpha(s_0) + \frac{1}{\kappa(s_0)} N(s_0)$이고 반지름이 $\frac{1}{\kappa(s_0)}$인 원이다. 따라서

$$\begin{aligned} F(\boldsymbol{x}) &= \left| \boldsymbol{x} - \left(\alpha(s_0) + \frac{1}{\kappa(s_0)} N(s_0) \right) \right|^2 - \frac{1}{\kappa(s_0)^2}, \\ G(\boldsymbol{x}) &= \langle \boldsymbol{x} - \alpha(s_0), B(s_0) \rangle \end{aligned}$$

라고 하면 접촉원 C_2는 구면 $F(\boldsymbol{x}) = 0$와 접촉평면 $G(\boldsymbol{x}) = 0$의 공통부분이다.

이제

$$f(s) = F(\alpha(s)) = \left| \alpha(s) - \left(\alpha(s_0) + \frac{1}{\kappa(s_0)} N(s_0) \right) \right|^2 - \frac{1}{\kappa(s_0)^2}$$

라고 하면

$$\begin{aligned}
f'(s) &= 2\left\langle \alpha'(s), \alpha(s) - \alpha(s_0) - \frac{1}{\kappa(s_0)}N(s_0)\right\rangle, \\
f''(s) &= 2\left\langle \alpha''(s), \alpha(s) - \alpha(s_0) - \frac{1}{\kappa(s_0)}N(s_0)\right\rangle + 2\left\langle \alpha'(s), \alpha'(s)\right\rangle, \\
&= 2\left\langle \kappa(s)N(s), \alpha(s) - \alpha(s_0) - \frac{1}{\kappa(s_0)}N(s_0)\right\rangle + 2 \\
f'''(s) &= 2\left\langle \kappa'(s)N(s), \alpha(s) - \alpha(s_0) - \frac{1}{\kappa(s_0)}N(s_0)\right\rangle \\
&\quad + 2\kappa(s)\left\langle -\kappa(s)T(s) + \tau(s)B(s), \alpha(s) - \alpha(s_0) - \frac{1}{\kappa(s_0)}N(s_0)\right\rangle \\
&\quad + 2\kappa(s)\left\langle N(s), T(s)\right\rangle
\end{aligned}$$

이다. 따라서

$$\begin{aligned}
f(s_0) &= \left|\alpha(s_0) - (\alpha(s_0) + \frac{1}{\kappa(s_0)}N(s_0))\right|^2 - \frac{1}{\kappa(s_0)^2} = 0, \\
f'(s_0) &= 2\left\langle \alpha'(s_0), \alpha(s_0) - \alpha(s_0) - \frac{1}{\kappa(s_0)}N(s_0)\right\rangle = 0, \\
f''(s_0) &= 2\left\langle \kappa(s_0)N(s_0), \alpha(s_0) - \alpha(s_0) - \frac{1}{\kappa(s_0)}N(s_0)\right\rangle + 2 = 0, \\
f'''(s) &= 2\kappa'(s_0)\left\langle N(s_0), \alpha(s_0) - \alpha(s_0) - \frac{1}{\kappa(s_0)}N(s_0)\right\rangle \\
&\quad + 2\kappa(s_0)\left\langle -\kappa(s_0)T(s_0) + \tau(s_0)B(s_0), \alpha(s_0) - \alpha(s_0) - \frac{1}{\kappa(s_0)}N(s_0)\right\rangle \\
&\quad + 2\kappa(s_0)\left\langle N(s_0), T(s_0)\right\rangle \\
&= -2\frac{\kappa'(s_0)}{\kappa(s_0)}
\end{aligned}$$

이다.

마찬가지로 $g(s) = G(\alpha(s)) = \langle \alpha(s) - \alpha(s_0), B(s_0)\rangle$라고 하면

$$\begin{aligned} g'(s) &= \langle T(s), B(s_0)\rangle, \\ g''(s) &= \langle \kappa(s)N(s), B(s_0)\rangle, \\ g'''(s) &= \kappa'(s)\langle N(s), B(s_0)\rangle + \kappa(s)\langle N'(s), B(s_0)\rangle \\ &= \kappa'(s)\langle N(s), B(s_0)\rangle + \kappa(s)\langle -\kappa(s)T(s) + \tau(s)B(s), B(s_0)\rangle \end{aligned}$$

이다. 따라서

$$\begin{aligned} g(s_0) &= \langle \alpha(s_0) - \alpha(s_0), B(s_0)\rangle = 0, \\ g'(s_0) &= \langle T(s_0), B(s_0)\rangle = 0, \\ g''(s_0) &= \langle \kappa(s_0)B(s_0), N(s_0)\rangle = 0, \\ g'''(s_0) &= \kappa'(s_0)\langle N(s_0), B(s_0)\rangle + \kappa(s_0)\langle -\kappa(s_0)T(s_0) + \tau(s_0)B(s_0), B(s_0)\rangle \\ &= \kappa(s_0)\tau(s_0) \end{aligned}$$

이다.

종합하면 곡선 C_1과 곡면 $F(\boldsymbol{x}) = 0$는 점 $\alpha(s_0)$에서 적어도 3-점접촉으로 만나고 곡선 C_1과 곡면 $G(\boldsymbol{x}) = 0$도 점 $\alpha(s_0)$에서 적어도 3-점접촉으로 만난다. 따라서 곡선 C_1와 접촉원은 적어도 3-점접촉으로 만나고 $\kappa'(s_0) \neq 0$이거나 $\tau(s_0) \neq 0$이면 3-점접촉으로 만난다. □

보기 2.6.2. 곡선 위의 두 점 P와 Q를 포함하는 직선을 $\mathcal{L}(P, Q)$라고 하자. 점 Q를 점 P로 보낼 때, $\mathcal{L}(P, Q)$가 점 P에서의 접선이 된다. 주어진 곡선을 $\alpha(t)$라고 하고 $P = \alpha(t_0), Q = \alpha(t)$라고 하자. 직선 $\mathcal{L}(P, Q)$의 방향벡터는

$$m_Q = \frac{\alpha(t) - \alpha(t_0)}{t - t_0}$$

이다. 직선 $\mathcal{L}(P, Q)$는 $um_Q + \alpha(t_0)$인데 $Q \to P$일 때 $t \to t_0$이고 $m_Q \to \alpha'(t_0)$이므로

$$\mathcal{L}(P, Q) \to u\alpha'(t_0) + \alpha(t_0)$$

이다.

문제 2.6.3. 곡선 위의 세 점 P, Q, R을 포함하는 평면을 $\mathcal{P}(P, Q, R)$라고 하자. 두 점 Q와 R을 점 P로 보낼 때, 평면 $\mathcal{P}(P, Q, R)$이 점 P에서의 접촉평면이 됨을 보이시오.

문제 2.6.4. 곡선 위의 세 점 P, Q, R를 포함하는 원을 $\mathcal{S}(P, Q, R)$라고 하자. 두 점 Q와 R을 점 P로 보낼 때, 원 $\mathcal{S}(P, Q, R)$이 점 P에서의 접촉원이 됨을 보이시오.

보기 2.6.3 (곡선과 접촉평면)**.** 곡선이 적어도 3-점접촉으로 만나는 평면은 접촉평면뿐이다. 평면

$$\mathcal{P} : \langle \boldsymbol{x} - \alpha(s_0), U\rangle = 0$$

이 $\alpha(s_0)$에서 $\alpha(s)$와 적어도 3-점접촉으로 만난다고 하자.

$$f(s) = \langle \alpha(s) - \alpha(s_0), U\rangle$$

라고 하면

$$f'(s_0) = \langle T(s_0), U\rangle = 0,$$
$$f''(s_0) = \langle \kappa(s_0)N(s_0), U\rangle = 0$$

이므로 U는 $B(s_0)$와 평행하다. 즉 $\mathcal{P}$는 접촉평면이어야 한다.

보기 2.6.4 (접촉원)**.** 곡선이 적어도 3-점접촉으로 만나는 원은 접촉원뿐이다. 우리가 구하는 원을 평면 $\mathcal{P}$와 구면 $\mathcal{S}^2$의 공통부분이라고 하자. 이때 곡선과 평면 $\mathcal{P}$가 적어도 3-점접촉이므로 위의 보기에 의하여 $\mathcal{P}$는 접촉평면이 되어야 한다. $\alpha(s_0)$를 지나고 중심이 c_0인 구면의 식은

$$|\boldsymbol{x} - c_0|^2 = |\alpha(s_0) - c_0|^2$$

이다.

$$F(\boldsymbol{x}) = |\boldsymbol{x} - c_0|^2 - |\alpha(s_0) - c_0|^2, \quad f(s) = F(\alpha(s))$$

라고 하자. 곡선과 $\mathbb{S}^2$는 적어도 3-점접촉이므로

$$f(s_0) = f'(s_0) = f''(s_0) = 0$$

이다. 여기서

$$f'(s_0) = 2\langle T(s_0), \alpha(s_0) - c_0 \rangle = 0,$$
$$f''(s_0) = 2\langle \kappa(s_0)N(s_0), \alpha(s_0) - c_0 \rangle + 2 = 0$$

이다. 그러므로 곡선과 적어도 3-점접촉인 구면의 필요충분조건은

$$\alpha(s_0) - c_0 = -\frac{1}{\kappa(s_0)}N(s_0) + \mu B(s_0), \quad \mu \in \mathbb{R}$$

이다.

특별히 $\mu = 0$로 놓으면, 구면의 중심은 $\alpha(s_0) - c_0 = -\frac{1}{\kappa(s_0)}N(s_0)$로 접촉원의 중심과 같다. 이제 $\mathcal{P}$는 접촉평면이므로, $\mathcal{P} \cap \mathbb{S}^2$는 정확히 접촉원이 된다.

주. 위의 증명 과정에서 곡선과 적어도 3-점접촉인 구면은 $\mu \in \mathbb{R}$의 값에 따라 무수히 많음을 알 수 있다.

2.7 연습 문제

문제 2.7.1. 호의 길이로 매개화된 정칙곡선 $\alpha : (a,b) \to \mathbb{R}^3$가 주어졌을 때 $s \mapsto \alpha'(s)$로 정의되는 구면 곡선

$$G_T : (a,b) \to \mathbb{S}^2$$

를 정의할 수 있다. 이때 G_T는 상이 단위 구면 $\mathbb{S}^2$ 위에 있는 새로운 곡선이다.

(a) 이 곡선 G_T의 속도와 곡률을 구하시오.

(b) 곡선 G_T가 상수벡터일 필요충분조건이 곡선 α가 직선인 것임을 보이시오.

(c) 곡선 G_T 위의 점 $G_T(s)$에서 G_T의 접선이 α의 주법선과 평행임을 보이시오.

문제 2.7.2. 나선 $\alpha(t) = (a\cos t, a\sin t, bt)$의 프레네 틀 $\{T, N, B\}$에 의하여 정의되는 구면 곡선 $G_T(t) = T(t), G_N(t) = N(t), G_B(t) = B(t)$를 생각하자.

(a) $G_T(t), G_N(t), G_B(t)$의 상이 원임을 보이시오.

(b) $G_T(t), G_N(t), G_B(t)$의 곡률을 구하시오.

문제 2.7.3. 호의 길이로 매개화된 정칙곡선 $\alpha(s)$의 $B(s)$에 의해서 정의되는 구면곡선 $G_B(s)$의 꼬임률이 $\tau_{G_B} = \frac{\tau\kappa' - \kappa\tau'}{\tau(\kappa^2+\tau^2)}$임을 보이시오. 여기서 κ는 곡선 α의 곡률이고 τ는 곡선 α의 꼬임률이다.

문제 2.7.4. 정칙곡선 $\alpha(s)$의 꼬임률이 $\tau(s) \neq 0$일 때 다음이 동치임을 보이시오.

(a) 곡선 α가 기둥면 나선이다.

(b) $\alpha(s)$를 지나고 $N(s)$를 포함하는 직선이 한 평면에 평행이다.

(c) $\alpha(s)$를 지나고 $B(s)$를 포함하는 직선이 한 방향과 만드는 각이 일정하다.

문제 2.7.5. 곡선 $\alpha(s) = \left(\frac{a}{c}\int \sin\theta(s)\,ds\,,\frac{a}{c}\int\cos\theta(s)\,ds\,,\frac{b}{c}s\right)$, $c^2 = a^2 + b^2$이 일반화된 나선임을 보이시오.

문제 2.7.6. 꼬인 3차곡선의 어느 네 점도 한 평면 위에 있지 않음을 보이시오.

문제 2.7.7 (보기 2.4.1의 계속). 정칙곡선

$$\alpha(s) = (a\cos(\omega s), a\sin(\omega s), b\omega s)\,, \quad \omega = \frac{1}{\sqrt{a^2+b^2}}$$

에 대하여

(a) α의 접선이 z 축과 만드는 각이 일정함을 보이시오.

(b) $\alpha(s)$를 지나고 $N(s)$를 포함하는 직선이 z 축과 만나는 각이 $\pi/2$임을 보이시오.

문제 2.7.8. 정칙곡선 $\alpha(t) = (3t, 3t^2, 2t^3)$의 접선이 두 평면 $y = 0$와 $z = x$의 교차곡선인 직선과 일정한 각을 이룸을 보이시오.

문제 2.7.9. $\alpha(t) = (at, bt^2, t^3)$가 기둥면 나선일 필요충분조건을 구하시오. 이때 축을 결정하시오.

문제 2.7.10. 원나선 $\alpha(t) = (a\cos t, a\sin t, bt)$의 신개선이 원나선임을 보이고, 이 곡선의 기울기를 구하시오.

문제 2.7.11. 원나선의 신개선은 평면곡선이 됨을 보이고, 이 평면을 결정하시오.

문제 2.7.12. 정칙곡선 $\alpha(t)$의 한 점 $\alpha(t_0)$에서 적어도 3-점접촉인 구를 접촉구(osculating sphere)라고 한다. 꼬인 3차곡선 $\alpha(t) = (t, t^2, t^3)$의 점 $\alpha(0)$에서 접촉구의 식을 구하시오.

문제 2.7.13. 정칙곡선 $\alpha(t)$에 대하여

(a) 모든 점에서 $\alpha'(t)$과 $\alpha''(t)$가 일차종속일 때 $\alpha(t)$가 직선임을 보이시오.

(b) 모든 점에서 $\alpha'(t)$과 $\alpha''(t)$가 일차독립일 때 $\alpha(t)$의 접촉평면이

$$[\mathbf{x}-\alpha(t),\ \alpha'(t),\ \alpha''(t)]=0$$

임을 보이시오.

(c) 꼬인 3차곡선 $\alpha(t)=(t,t^2,t^3)$일 때 점 $(1,1,1)$에서의 접촉평면의 식을 구하시오.

문제 2.7.14. 나선 $\alpha(t)=(a\cos t,\ a\sin t,\ bt)$ 위의 점들 중 접촉평면이 한 점을 지나는 점들은 한 평면에 속함을 보이시오.

문제 2.7.15. 정칙곡선 $\alpha(t)$의 모든 접촉평면이 한 점을 지나면 $\alpha(t)$는 평면곡선임을 보이시오.

문제 2.7.16. 반지름이 r인 구면 위의 정칙곡선은 $(\frac{1}{\kappa})^2+(\frac{\kappa'}{\kappa^2\tau})^2=r^2$을 만족함을 보이시오. 단 $\tau\neq 0$이다.

문제 2.7.17. 평면곡선 $\alpha(t)$의 신개선의 주법선은 $\alpha(t)$의 접선과 평행함을 보이시오.

문제 2.7.18. 정칙곡선 $\alpha(t)$가 점 p에서 접촉평면과 적어도 4-점접촉일 필요충분조건은 $\kappa(t)\tau(t)=0$임을 보이시오.

문제 2.7.19. 꼬인 3차곡선 $\alpha(t)=(t,t^2,t^3)$는 포물면 $y=x^2+z^2$과 원점에서 6-점접촉임을 보이시오.

제 3 장

평면곡선과 대역적 이론

§3.1에서 $\mathbb{R}^3$의 매개곡선이 특별히 한 평면에 포함되는 평면곡선을 다룬다. 평면곡선의 접벡터에 의하여 주법벡터가 결정되고 부호가 붙은 곡률 k가 정의된다. 이는 단위 속력인 공간 곡선의 경우 곡률 κ를 먼저 구하고 $\kappa \neq 0$인 경우 가속도벡터를 곡률로 나누어 주법벡터로 정의하였던 것과는 순서가 반대이다. 평면곡선의 각 점에서 틀 $\{T, \overline{T}\}$를 주고 부호가 붙은 곡률 k를 정의한다. 이 틀에 대한 프레네 정리를 증명하고 접벡터와 벡터 $(1,0)$이 이루는 각의 호의 길이에 대한 미분이 부호가 붙은 곡률과 같음을 보인다.

§3.3에서 단순 닫힌 곡선인 경우 전곡률 $\int_c \kappa(s)ds$가 $\pm 2\pi$라는 회전지표 정리를 증명한다.

길이가 일정한 단순 닫힌 곡선 중에서 가장 넓은 영역을 둘러싸는 곡선이 어떤 모양이어야 하는지 묻는 등주 문제(isoperimetric problem)를 §3.4에서 다룬다. 이 문제의 답이 원이라는 사실은 경험적으로 고대 그리스 시대부터 알고 있었지만 증명은 19세기에 들어와 스타이너 등의 노력으로 완성되었다.

3.1 부호가 붙은 곡률

공간 곡선 α가 특별히 x, y 평면에 속한다면 모든 접벡터와 주법벡터도 같은 평면에 있다. 이때 접벡터 $T(s)$에 수직인 주법벡터를 접벡터를 양의 방향으로 90도 회전시킨 벡터 $\overline{T}(s)$로 놓고

$$\alpha''(s) = k(s)\overline{T}(s)$$

이라고 하면 $k(s)$는 양수 영 음수 모두 가능하다.

일반적으로 접벡터에 수직인 벡터의 방향이 무수히 많으나 위의 경우처럼 주법벡터가 속하는 평면을 아는 경우 두 가지 방향만 존재하므로 그 중 하나를 미리 지정하면 곡률에 부호를 붙여 이로부터 곡선이 휘는 방향에 대한 정보를 얻을 수 있다.

정리 2.2.2에 의해 $\kappa(s) \neq 0$인 정칙곡선 α가 평면곡선일 필요충분조건이 $\tau = 0$임을 알았다.

이 평면을 평행이동하고 회전하여 $\mathbb{R}^3$의 x, y 평면이라고 할 수 있다. 지금부터 평면곡선을 호의 길이로 재매개화하여 $\alpha(s) = (x(s), y(s))$로 표현하자. 이 곡선은 단위 속력 곡선이고 접벡터를 $T(s) = \alpha'(s)$로 정의하자.

이제 평면 위에서 $T(s)$에 수직인 단위벡터 $\overline{T}(s)$을 정하는데 두 가지 선택이 있을 수 있다. 이 두 벡터 중 $[T(s), \overline{T}(s)]$이 양의 방향이 되도록 $\overline{T}(s)$을 정한다. 평면에서 양의 방향을 갖는 기저 $[\boldsymbol{a}, \boldsymbol{b}]$는

$$\det \begin{pmatrix} a^1 & b^1 \\ a^2 & b^2 \end{pmatrix} > 0$$

를 만족하는 것이다.

$\overline{T}(s)$은 $T(s) = (x'(s), y'(s))$에 수직인 벡터이므로 $T(s)$를 반시계 방향으로 $\pi/2$만큼 회전하거나 시계 방향으로 $\pi/2$만큼 회전하는 두 가지 선택이 있는데 반시계 방향으로 회전한

$$\overline{T}(s) = (-y'(s), x'(s))$$

가 우리가 원하는 벡터임을 보이자. 먼저

$$|\overline{T}| = \sqrt{(-y')^2 + (x')^2} = |T| = 1\,.$$

즉 $\overline{T}$은 단위벡터이다. 또

$$\langle T, \overline{T} \rangle = -(x')(y') + (y')(x') = 0$$

이므로 $\overline{T}$ 은 T 에 수직이다. 마지막으로

$$\det\begin{pmatrix} x' & -y' \\ y' & x' \end{pmatrix} = (x')^2 + (y')^2 = |T|^2 = 1 > 0$$

이므로 $[T, \overline{T}]$이 양의 방향을 갖는다.

이제 $k(s)$를

$$T'(s) = k(s)\overline{T}(s)$$

로 정의하고 부호가 붙은 곡률(signed curvature)이라고 한다. 부호가 붙은 곡률 k는 3차원 공간의 곡선에 대하여 정의된 곡률 κ와 달리 음의 값을 가질 수 있다. 부호가 붙은 곡률은 접벡터 T가 반시계 방향으로 회전하면 양의 값, T가 시계방향으로 회전하면 음의 값을 갖는다. 즉 α''과 $\overline{T}$이 같은 방향이면 양의 곡률이고 서로 반대 방향이면 음의 곡률을 갖는다.

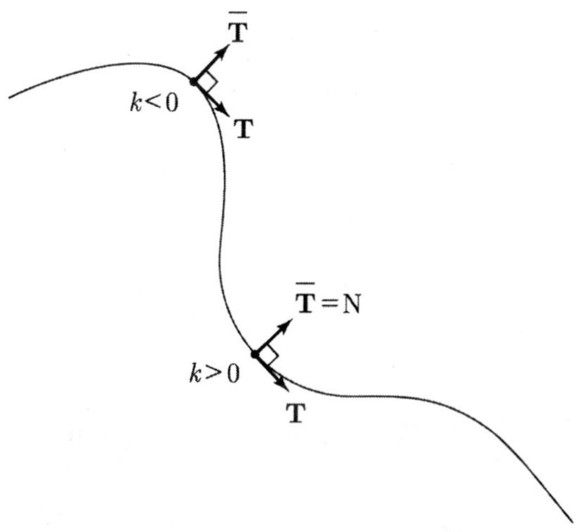

그림 3.1: 평면곡선의 부호가 붙은 곡률

문제 3.1.1. 정칙곡선 $\alpha(s) = (\cos s, -\sin s)$의 부호가 붙은 곡률을 구하시오.

문제 3.1.2. 정칙곡선 $\alpha(s) = (x(s), y(s))$가 단위 속력 곡선이면 부호가 붙은 곡률 $k(s)$가

$$k(s) = x'y'' - x''y'$$

임을 보이시오.

공간 곡선에 관한 프레네 정리(정리 1.2.4)와 유사한 정리가 평면곡선에 대해서도 성립한다.

정리 3.1.1. 단위 속력인 평면곡선 $\alpha : (a, b) \to \mathbb{R}^2$ 의 접벡터를 T, 주법벡터를 $\overline{T}$, 부호가 붙은 곡률을 k라고 하면

$$\begin{pmatrix} T' \\ \overline{T}' \end{pmatrix} = \begin{pmatrix} 0 & k \\ -k & 0 \end{pmatrix} \begin{pmatrix} T \\ \overline{T} \end{pmatrix}$$

이다.

증명 T'를 T와 $\overline{T}$의 일차결합으로 표시하면

$$T' = \langle T', T \rangle T + \langle T', \overline{T} \rangle \overline{T}$$

이고, $|T| = 1$이므로 $\langle T', T \rangle = 0$이다. 따라서 $T' = k\overline{T}$이다.

마찬가지로 $\overline{T}'$를 T와 $\overline{T}$의 일차결합으로 표시하면

$$\overline{T}' = \left\langle \overline{T}', T \right\rangle T + \left\langle \overline{T}', \overline{T} \right\rangle \overline{T}$$

이고, $|\overline{T}| = 1$이므로 $\left\langle \overline{T}', \overline{T} \right\rangle = 0$이다.

또 $\langle \overline{T}, T \rangle = 0$이므로

$$\frac{d}{ds} \langle \overline{T}, T \rangle = \left\langle \overline{T}', T \right\rangle + \langle \overline{T}, T' \rangle = 0$$

이다. 즉 $\left\langle \overline{T}', T \right\rangle = - \langle \overline{T},\ T' \rangle$이다.

따라서 $\overline{T}' = - \langle \overline{T}, T' \rangle \ T = -kT$이다. □

3.2 곡률의 기하학적인 해석

평면곡선의 곡률을 기하학적으로 해석해 보자. 이 평면곡선 $\alpha = (x(s), y(s))$ 위의 각 점에서 양의 x 축과 접벡터 $T(s)$가 만드는 각을 $\theta(s)$라고 하자.

$$T(s) = (\cos\theta(s), \sin\theta(s))$$

이고, 각 θ는 2π의 정수배 차이로 정의되지만 어느 한 점 s_0에서 $\theta(s_0)$만 고정되면 미분가능한 함수로 잘 정의될 수 있음을 보이자.

$T(s) = (\cos\theta(s), \sin\theta(s))$인 $\theta(s)$를 미분가능한 함수로 표현할 수 있다고 가정해 보자. 이때 양변을 s로 미분하면

$$\begin{aligned} T'(s) &= k(s)\overline{T}(s) = (-\sin\theta(s), \cos\theta(s))\,\frac{d\theta}{ds} \\ \overline{T}(s) &= (-\sin\theta(s), \cos\theta(s)) \end{aligned}$$

이므로 문제 3.1.2에 의하여

$$\frac{d\theta}{ds} = k(s) = x'y'' - x''y'$$

이어야 한다. 그러므로 $T(s_0) = (x'(s_0), y'(s_0)) = (\cos\theta(s_0), \sin\theta(s_0))$인 θ_0를 고정하고

$$\theta(s) = \theta_0 + \int_{s_0}^{s} (x'y'' - x''y')ds$$

로 정의하자.

이때

$$(x'(s), y'(s)) = (\cos\theta(s), \sin\theta(s)) \tag{2.1}$$

임을 보이자. (2.1)은

$$(x'(s) - \cos\theta(s))^2 + (y'(s) - \sin\theta(s))^2 = 0$$

과 동치이다.

$$(x'(s) - \cos\theta(s))^2 + (y'(s) - \sin\theta(s))^2 = 2 - 2(x'(s)\cos\theta(s) + y'(s)\sin\theta(s))$$

이므로

$$f(s) = x'(s)\cos\theta(s) + y'(s)\sin\theta(s)$$

라고 놓고 $f(s) = 1$을 보이자. $(x')^2 + (y')^2 = 1$이므로 $x'x'' + y'y'' = 0$이고

$$\theta'(s) = x'y'' - x''y'$$

을 이용하면

$$\begin{aligned} f'(s) &= x''(s)\cos\theta(s) + y''(s)\sin\theta(s) \\ &\quad + x'(s)(-\sin\theta(s))\theta'(s) + y'(s)(\cos\theta(s))\theta'(s) \\ &= x''(s)\cos\theta(s) + y''(s)\sin\theta(s) - ((x')^2 \\ &\quad + (y')^2)(y''(s)\sin\theta(s) + x''(s)(\cos\theta(s))) \\ &= 0 \end{aligned}$$

이다.

$(x'(s_0), y'(s_0)) = (\cos\theta(s_0), \sin\theta(s_0))$로부터 $f(s_0) = 1$이므로 $f(s) = 1$이다. 즉 $(x'(s), y'(s)) = (\cos\theta(s), \sin\theta(s))$인 미분가능한 함수

$$\theta(s) = \theta_0 + \int_{s_0}^{s} (x'y'' - x''y')ds$$

가 존재하고

$$\frac{d\theta}{ds} = x'y'' - x''y' = k(s)$$

이다. 따라서 다음 정리를 얻는다.

정리 3.2.1. 평면곡선의 부호가 붙은 곡률 k는 x 축의 양의 방향과 접벡터 T가 만드는 각 θ의 변화율이다. 즉

$$k(s) = \frac{d\theta}{ds}$$

이다.

특별히 평면곡선이 함수 $y = f(x)$의 그래프로 주어진 경우 곡률을 구해보자. 이때 곡선은 $\alpha(t) = (t, f(t))$로 표현되고

$$\frac{d\alpha}{dt}(t) = (1, f'(t))$$

이다. 이 곡선은 호의 길이로 매개화되어 있지 않음으로

$$T(s) = \alpha'(s) = \frac{d\alpha}{dt}\frac{dt}{ds}$$

임에 유의하여야 한다. 호의 길이는

$$s = \int_{t_0}^{t} \left|\frac{d\alpha}{du}\right| du = \int_{t_0}^{t} \sqrt{1 + (f')^2} du \,,$$

이므로

$$\frac{ds}{dt} = \sqrt{1 + (f')^2}$$

이고

$$T = \frac{1}{\sqrt{1 + (f'(t))^2}}(1, f'(t)), \quad \overline{T} = \frac{1}{\sqrt{1 + (f'(t))^2}}(-f'(t), 1)$$

이다.

이제 부호가 붙은 곡률을 구해보자.

$$\frac{dT}{ds} = \frac{dT}{dt}\frac{dt}{ds} = \frac{f''}{(1 + (f')^2)^{3/2}}\frac{1}{\sqrt{1 + (f')^2}}(-f', 1) = k\overline{T}$$

이므로

$$k = \frac{f''}{(1 + (f')^2)^{3/2}}$$

이다.

문제 3.2.1. 정칙곡선 $\alpha(t) = (x(t), y(t))$의 부호가 붙은 곡률 $k(t)$가

$$k(t) = \frac{x'y'' - x''y'}{((x')^2 + (y')^2)^{3/2}}$$

임을 보이시오.

3.3 회전지표 정리

정의 3.3.1 (닫힌 곡선). 정칙곡선 $\alpha : \mathbb{R} \mapsto \mathbb{R}^2$가 주기적일 때, 즉

$$\alpha(t+a) = \alpha(t) \quad \forall t \in \mathbb{R}$$

를 만족하는 $a > 0$가 존재할 때 α를 닫힌 곡선(closed curve)이라고 한다. 이런 a 값들 중에서 가장 작은 값을 주기(period)라고 한다.

정의 3.3.2 (단순 곡선). 정칙곡선 α가 일대일이거나 α가 주기가 a로

$$\alpha(t_1) = \alpha(t_2) \Leftrightarrow \text{어떤 } n \in \mathbb{Z}\text{이 존재하여 } t_1 - t_2 = na$$

일 때 이 곡선을 단순 곡선(simple curve)이라고 한다.

이제 단위 속력인 평면곡선 α가 주기가 l인 닫힌곡선이라고 하자. 사상 $T : [0, l] \to \mathbb{S}^1$는 α의 접벡터를 원점을 시작점으로 하여 종점의 좌표인

$$T(s) = (\cos\theta(s), \sin\theta(s))$$

로 보낸다. 이때 $k(s) = \theta'(s)$인 사실을 이용하면

$$\int_0^l k(s)ds = \int_0^l \theta'(s)ds = \theta(l) - \theta(0) = 2\pi i_\alpha$$

인 정수 i_α가 존재한다.

정의 3.3.3 (회전지표). 곡선 α의 회전지표(rotation index)를

$$i_\alpha = \frac{1}{2\pi}\int_0^l k(s)ds = \frac{\theta(l) - \theta(0)}{2\pi}$$

로 정의한다.

보기 3.3.1. 8자 모양 곡선 $\alpha(t) = (\cos t, \sin 2t)$의 자취를 따라서 $\theta(t)$를 구해 보면 회전지표 $i_\alpha = 0$이다.

주. α가 단위 속력 곡선이 아닌 경우, 호의 길이 $s = s(t)$로부터 $ds = s'(t)dt = |\alpha'(t)|dt$이므로 회전지표 i_α는

$$
\begin{aligned}
i_\alpha &= \frac{1}{2\pi}\int_0^l k(t(s))ds \\
&= \frac{1}{2\pi}\int_{s^{-1}(0)}^{s^{-1}(l)} k(t)|\alpha'(t)|dt
\end{aligned}
$$

으로 계산한다.

문제 3.3.1. 곡선 $\alpha(t) = (\cos t, \sin 2t)$의 곡률 $k(t)$를 계산하여 회전지표가 $i_\alpha = 0$ 임을 보이시오.

정리 3.3.1 (회전지표 정리(Theorem of turning tangents)). 만약 α가 단순 닫힌 곡선이면 $i_\alpha = \pm 1$이다.[1] 여기서 부호는 곡선의 방향에 따라 결정된다.

증명 평면곡선 α의 y 좌표가 최소인 점을 원점이라고 하면 이 점에서의 접벡터가 x 축 위에 있고 곡선이 전부 상반평면에 있게 된다. 이 곡선의 매개변수를 재매개화하여 $\alpha(0)$가 원점이 되도록 할 수 있다. 원점에서 접벡터가 오른쪽 방향이거나 왼쪽 방향인데 여기서는 오른쪽 방향인 경우만 증명한다. 반대 방향인 경우는 곡선의 거울상(mirror image)을 생각하면 된다.

세 점 $A = (0,0), B = (0,l)$과 $C = (l,l)$을 꼭지점으로 하는 삼각형 Δ을 생각해 보자. 이 삼각형은

$$\Delta = \{\, (u,v) \mid 0 \le u \le l, 0 \le v \le l, u \le v \,\}$$

로 정의된다.

사상 $\boldsymbol{a} : \Delta \to \mathbb{S}^1$을

$$
\boldsymbol{a}(u,v) = \begin{cases}
\frac{\alpha(v)-\alpha(u)}{|\alpha(v)-\alpha(u)|}, & (u,v) \ne (0,l), u < v \\
-\frac{\alpha'(0)}{|\alpha'(0)|}, & (u,v) = (0,l) \\
\frac{\alpha'(u)}{|\alpha'(u)|}, & (u,v) = (u,u)
\end{cases}
$$

[1]Borsuk(1948)이 n 차원 공간의 곡선에 대하여 일반적으로 증명하였다.

로 정의하면

$$\lim_{(u,v)\to(0,l)} \boldsymbol{a}(u,v) = -\frac{\alpha'(0)}{|\alpha'(0)|}$$
$$\lim_{(u,v)\to(u_0,u_0)} \boldsymbol{a}(u,v) = \frac{\alpha'(u_0)}{|\alpha'(u_0)|}$$

이므로 $\boldsymbol{a}$는 Δ에서 연속이다.

$\boldsymbol{a}(u,v)$가 양의 x 축과 만드는 각을 $\rho(u,v)$라고 하면 ρ는 2π의 정수배만큼 차이가 나지만 미분가능한 함수로 선택할 수 있다.

위에 정의한 직각삼각형 Δ의 빗변 $\overrightarrow{AC}$를 따른 적분을 구해보자. 이 변 위의 모든 점은 $u=v$이므로 $\boldsymbol{a}(u,u)=T(u)$이다. 따라서 $\boldsymbol{a}$와 수평선이 만드는 각은 접벡터와 수평선이 만드는 각 $\theta(u)$와 같다. 미분적분학의 기본정리를 이용하면

$$\int_{\overrightarrow{AC}} d\rho = \int_0^l d\theta = \theta(l)-\theta(0) = 2\pi i_\alpha$$

이다.

그린 정리를 이용하면

$$\oint_{\partial\Delta} d\rho = \int_{\partial\Delta} \rho_u du + \rho_v dv = \iint_{\Delta} (\rho_{vu}-\rho_{uv})dudv = 0$$

이므로 $\overrightarrow{AC}$를 A에서 C로 가는 유향선분이라면

$$\int_{\overrightarrow{AC}+\overrightarrow{CB}+\overrightarrow{BA}} d\rho = 0$$

이다. 따라서

$$\begin{aligned}\int_{\overrightarrow{AC}} d\rho &= -\int_{\overrightarrow{CB}} d\rho - \int_{\overrightarrow{BA}} d\rho \\ &= \int_{\overrightarrow{BC}} d\rho + \int_{\overrightarrow{AB}} d\rho .\end{aligned}$$

좌변의 적분이 $2\pi i_\alpha$이므로

$$2\pi i_\alpha = \int_{\overrightarrow{AB}} d\rho + \int_{\overrightarrow{BC}} d\rho$$

이다.

삼각형의 두 변을 따른 적분이 각각 π임을 보이자. 수직 선분 $\overrightarrow{AB}$을 따라서는 $0 \leq v \leq l$에 대해서 $\rho = \rho(0, v)$이므로 $\frac{d\rho}{du} = 0$이다. 따라서 적분이 수평성분 v에 관한 적분이 되어

$$\int_{\overrightarrow{AB}} d\rho = \int_0^l \frac{\partial \rho}{\partial v} dv$$

이다. 즉 v가 0에서 l까지 변함에 따라 ρ의 총변화량과 같다. 접벡터 $\alpha'(0)$가 시점에서 양의 x 축 방향이라고 가정하였으므로 시점에서 $\rho(0,0) = 0$으로 잡자. $\boldsymbol{a}(0, v)$가 아래쪽을 향하지 않으므로 한 바퀴를 완전히 돌 수 없다. 즉 $0 \leq \rho(0, v) \leq \pi$이고 $\rho(0, l) = \pi \pm 2\pi k$이므로 $\rho(0, l) = \pi$이다. 따라서 다시 미분적분학의 기본정리에 의해

$$\int_{\overrightarrow{AB}} d\rho = \rho(0, l) - \rho(0, 0) = \pi - 0 = \pi$$

이다.

수평 선분을 따른 적분도 같은 방법으로 구할 수 있다. 수평 선분 $\overrightarrow{BC}$, 즉 $v = l$, $0 \leq u \leq l$을 따라 $\boldsymbol{a}(u, l)$은 위쪽을 향하지 않고 $\rho(0, l) = \pi$이므로 $\pi \leq \rho(u, l) \leq 2\pi$이다. 그러므로 $\rho(l, l) = 0 + 2k\pi = 2\pi$이고

$$\int_{\overrightarrow{BC}} d\rho = \pi$$

이다.

그러므로

$$i_\alpha 2\pi = \pi + \pi$$

이다. 즉 $i_\alpha = +1$이다. 여기서 우리가 선택한 곡선의 방향에 의해 양의 부호를 가졌고 반대 방향을 선택하면 $i_\alpha = -1$이 된다. □

3.4 등주 부등식

등주 부등식(isoperimetric inequality)은 둘레(perimeter)가 일정한(iso) 도형의 넓이와 관련된 부등식이다. 고대 그리스 시대 이래로 둘레가 일정한 곡선 중 둘러 싸인 도형 중 넓이가 최대인 경우가 원인 것을 알고 있었다. 이 부등식과 관련하여 고대 그리스 시대 북부 아프리카에 카르타고 국을 창건자인 여왕 디도[2]의 문제와 밀접한 관련이 있다. 디도의 문제는 길이가 일정한 밧줄의 양 끝을 해안선에 두고 밧줄로 둘러쌀 수 있는 육지의 넓이가 최대인 도형을 찾는 문제이다. 보통 문제를 단순화하기 위하여 해안선이 직선이라고 가정한다. 이때 도형이 반원인 경우가 디도 문제의 해임을 오래 전부터 알고 있었지만 등주 부등식이나 디도 문제의 엄밀한 증명은 1838년 스타이너[3]가 후대에 스타이너의 대칭화(Steiner symmetrization)라고 이름 붙여진 기하학적인 방법을 이용하여 만약 등주 부등식 문제의 해가 존재한다면 원임을 증명하였다[20]. 이후 여러 가지 방법의 증명이 알려지게 되었는데 미분적분학 수강생들도 할 수 있는 기초적인 방법을 이용한 증명도 있다[15]. 여기서는 이 증명을 소개한다.

정리 3.4.1. α를 길이가 L인 닫힌 단순 곡선이라고 하자. α의 내부의 넓이를 A라고 하면

$$A \le L^2/4\pi \tag{4.2}$$

이 성립하고 $A = L^2/4\pi$일 필요충분조건은 α가 원인 것이다.

(4.2)를 등주 부등식(isoperimetric inequality)이라고 한다.

증명 우선 다음 사실을 상기하자.

$$2ab \le a^2 + b^2 \tag{4.3}$$

이고 등식이 성립하는 경우는 $a = b$인 경우뿐이다. 그리고 그린 정리에 의하여

$$A = \oint y\,dx$$

[2] Dido, 오늘날 튀니지인 카르타고의 여왕, 기원전 814년–기원전 760년경

[3] Jakob Steiner, 1796–1863, 스위스 수학자, 주로 기하학 연구

이다. 이때 선적분은 양의 방향의 적분이다.

$\alpha(s)$가 호의 길이로 매개화되었고 $\alpha(s) = (x(s), y(s))$로 표시하자. α의 상의 둘레가 2π일 때 넓이가 π임을 보인다. 그러면 적당히 배율을 조절하여 정리의 부등식을 보일 수 있다.

α이 단위 속력이므로 $(x')^2 + (y')^2 = 1$이다. 또 좌표축을 회전하여 $y(0) = y(\pi) = 0$임을 가정할 수 있다.

곡선 α에 의해 둘러싸인 넓이를 구하기 위하여 사용되는 선적분은 α의 방향에 따라

$$A = \pm \int_C y dx = \pm \int_0^\pi yx' ds \pm \int_\pi^{2\pi} yx' ds$$

이다. 여기서 $|\int_0^\pi yx' ds| \leq \frac{\pi}{2}$이고 $|\int_\pi^{2\pi} yx' ds| \leq \frac{\pi}{2}$임을 보여서 $A \leq \pi$이 됨을 보인다.

우선 첫 항을 생각해 보자. 부호의 애매함을 없애기 위해 절대값을 취하고 부등식 (4.3)을 이용하면

$$\left| \int_0^\pi yx' ds \right| \leq \left| \frac{1}{2} \int_0^\pi (y^2 + (x')^2) ds \right| = \frac{1}{2} \int_0^\pi (y^2 + (x')^2) ds$$

이다. 여기서 피적분함수의 x'을 없애기 위하여 α가 단위 속력임을 이용하면

$$\left| \int_0^\pi yx' ds \right| \leq \frac{1}{2} \int_0^\pi (y^2 + 1 - (y')^2) ds$$

이다.

이제 $y(s) = u(s)\sin(s)\,,\ 0 \leq s \leq \pi$라고 놓으면

$$u(s) = \frac{y(s)}{\sin s}$$

라고 쓸 수 있다. 이 표현 u는 시점과 종점인 0과 π에서 유한인 극한값을 갖기 때문에 닫힌구간 $[0, \pi]$에서 연속적으로 미분가능한 함수를 정의한다.

y'를 u로 표현하기 위하여 미분하면,

$$y' = u' \sin s + u \cos s$$

이 되고 원래의 적분에 치환하면

$$\begin{aligned}
&\frac{1}{2}\int_0^\pi (y^2+1-(y')^2)ds \\
&=\frac{1}{2}\int_0^\pi (u^2\sin^2 s+1-(u'\sin s+u\cos s)^2)ds \\
&=\frac{1}{2}\int_0^\pi (u^2\sin^2 s+1-((u')^2\sin^2 s+u^2\cos^2 s+2uu'\sin s\cos s))ds \\
&=\frac{1}{2}\int_0^\pi (u^2\left(\sin^2 s-\cos^2 s\right)+1-(u')^2\sin^2 s-2uu'\sin s\cos s)ds \\
&=\frac{1}{2}\int_0^\pi (1-(u')^2\sin^2 s)ds-\frac{1}{2}\int_0^\pi \left(2uu'\sin s\cos s+u^2(-\sin^2 s+\cos^2 s)\right)ds
\end{aligned}$$

이다. 여기서

$$2uu'\sin s\cos s+u^2(-\sin^2 s+\cos^2 s)=(u^2\sin s\cos s)'$$

이므로

$$\int_0^\pi \left(2uu'\sin s\cos s+u^2(-\sin^2 s+\cos^2 s)\right)ds=u^2\sin s\cos s\Big|_0^\pi=0$$

이다. 따라서

$$\left|\int_0^\pi yx'ds\right|\le\frac{1}{2}\int_0^\pi (1-(u')^2\sin^2 s)ds\le\frac{1}{2}\int_0^\pi 1\cdot ds=\frac{\pi}{2}$$

이다.

마찬가지로 두 번째 적분도 $\le\frac{\pi}{2}$임을 보일 수 있다. 따라서 $A\le 2\cdot\frac{\pi}{2}=\pi$이다.

이제 $A=L^2/4\pi$인 경우는 α의 상이 원인 경우뿐임을 보이자. 위 증명 과정의 부등식에서 등식이 성립하는 경우는 $y=x'$인 경우이다. 위 증명의 각 과정에서 적분이 $\frac{\pi}{2}$이기 위해서 $\int_0^\pi(u')^2\sin^2 sds=0$이어야 하므로 모든 $s\neq 0,\pi$에 대해서 $(u')^2\sin^2(s)=0$이고 u가 상수이다. 정의에 의해 $y=u(s)\sin s$이고 $u(s)$가 상수이므로 적당한 상수 C가 존재하여 $y=C\sin s$이다. $A=L^2/4\pi$인 경우 $y=x'$이므로 적당한 상수 K가 존재하여 $x=-C\cos s+K$이다. α가 단위 속력이므로

$$1=|\alpha'|=\left((x')^2+(y')^2\right)^{1/2}=\left(C^2\cos^2 s+C^2\sin^2 s\right)^{1/2}=|C|$$

이다. 따라서 $C = \pm 1$이고 곡선은

$$\alpha(s) = \pm(\cos s + K, \sin s)$$

이다. 따라서 곡선 α는 중심이 $(\pm K, 0)$이고 반지름이 1인 원이다. □

주. 넓이가 A인 영역 중 경계의 길이가 최소가 되는 영역을 찾는 문제의 답도 등주 부등식 $4\pi A \leq L^2$에 의하여 원인 것을 알 수 있다. 이 문제를 평면이 아닌 공간 $\mathbb{R}^3$로 확장해 보자. 부피를 고정하고 겉넓이가 최소가 되는 입체를 구하는 문제로 확장할 수 있다. 이 문제는 비누방울 문제로 §5.4에서 소개한다.

3.5 연습 문제

문제 3.5.1. 주어진 미분가능 함수 $k(s), s \in I$에 대하여

$$\theta(s) = \int k(s)ds + \theta_0$$
$$\alpha(s) = \left(\int \cos\theta(s)ds + a, \int \sin\theta(s)ds + b\right)$$

라고 할 때

(a) $\alpha(s)$의 곡률이 $k(s)$임을 보이시오.

(b) 곡률이 $k(s)$인 모든 단위 속력 평면곡선은 $\alpha(s)$의 벡터 $(\bar{a}, \bar{b})$에 의한 평행이동과 $\bar{\theta}_0$만큼의 회전에 의하여 결정됨을 보이시오.

(c) 상수함수 $k(s) = k_0$가 곡률인 단위 속력 평면곡선이 원(의 일부)임을 보이시오.

문제 3.5.2. 평면곡선 $\alpha(t)$, $a \leq t \leq b$와 $r \neq 0$인 실수에 대하여 $\beta(t) = \alpha(t) + r\overline{T}(t)$를 α의 평행곡선(parallel curve)이라고 한다. β가 정칙곡선일 필요충분조건이 $\frac{1}{r} < m$ 또는 $\frac{1}{r} > M$임을 보이시오. 여기서 m과 M은 평면곡선 α의 부호가 붙은 곡률 $k(t)$, $a \leq t \leq b$의 최소값과 최대값이다.

문제 3.5.3. 정칙 평면곡선 α의 각 점에서 α가 접선의 어느 한 반평면에 속할 때 곡선 α가 볼록하다(convex)고 한다. 볼록한 닫힌 평면곡선 $\alpha(s)$, $0 \leq s \leq l$에 양의 방향을 주고 α의 평행곡선을 $\beta(s) = \alpha(s) - r\overline{T}(s), r > 0$ 라고 하자. 이때 다음을 보이시오.

(a) β는 정칙곡선이다.

(b) $L(\beta) = L(\alpha) + 2\pi r$이다.

(c) α와 β에 의해 둘러싸인 영역의 면적을 $A(\alpha)$와 $A(\beta)$라고 하면

$$A(\beta) = A(\alpha) + rl + \pi r^2$$

이다.

(d) α와 β의 부호가 붙은 곡률을 k_α와 k_β라고 할 때 $k_\beta(s) = \frac{k_\alpha(s)}{1+rk_\alpha(s)}$이다.

문제 3.5.4. 극좌표 $r = f(\theta)$로 주어진 평면곡선 α에 대하여 다음을 보이시오.

(a) 곡선 α의 길이는 $L(\alpha) = \int_a^b \sqrt{(f(\theta))^2 + (f'(\theta))^2} d\theta$이다.

(b) 곡선 α의 부호가 붙은 곡률 $k(\theta) = \frac{2(f'(\theta))^2 + (f(\theta))^2 - f(\theta)f''(\theta)}{((f'(\theta))^2 + (f(\theta))^2)^{3/2}}$이다.

문제 3.5.5. 타원 $\alpha(t) = (a\cos t, b\sin t)$에 대하여

(a) $\alpha(t)$의 부호가 붙은 곡률을 구하시오.

(b) $\int_0^{2\pi} k(t)|\alpha'(t)|dt = 2\pi$임을 보이시오.

문제 3.5.6. 보기 3.3.1에서 구한 8자 모양 곡선 $\alpha(t) = (\cos t, \sin 2t)$, $0 \le t \le 2\pi$의 회전지표는 $i_\alpha = 0$이었지만 $\beta(t) = (\cos t, \sin 3t)$, $0 \le t \le 2\pi$의 회전지표는 $i_\beta = 1$임을 보이시오.

문제 3.5.7. 세잎 매듭(trefoil knot) 곡선 $\alpha(t) = (\cos 3t \cos t, \cos 3t \sin t)$, $0 \le t \le \pi$의 회전지표 i_α를 구하시오.

제 4 장

정칙곡면

곡선 이론에 관한 중요한 정리인 프레네-세레 공식은 1847년에 발표되었지만 평면 곡선에 대한 연구는 그 전에 이미 잘 알려져 있었다. 따라서 평면곡선의 이론을 이용한 곡면의 연구가 자연스럽게 이루어져 1760년 오일러는 곡면의 각 점 p에서 곡면에 수직인 직선을 찾아 이 직선을 포함하는 평면(법평면)과 곡면의 교차곡선(법단면)을 생각하였다. 이런 교차곡선 중 점 p에서의 곡률이 최대인 κ_1인 법평면 $\mathcal{P}_1$과 곡률이 최소인 κ_2인 법평면 $\mathcal{P}_2$가 서로 수직으로 만나고, $\mathcal{P}_1$과 만드는 각이 ϕ인 법평면에 의한 교차곡선의 곡률이 $\kappa_1 \cos^2 \phi + \kappa_2 \sin^2 \phi$이라는 사실을 발견하였다. 이 발견 후 1776년 무니에는 점 p를 지나는 모든 평면과 곡면의 교차곡선의 곡률을 오일러가 구한 법단면의 곡률로 표현할 수 있음을 보였다.

이와 같이 곡면 위의 곡선을 이용하여 곡면을 연구하는 방법이 단순하고 자연스럽지만 곡면 자체를 이용하는 방법을 찾으려는 노력은 무니에의 발견 이후 약 50년이 지나 1827년 가우스의 논문[1]에서 시작된다. 이 가우스의 논문은 29개의 절로 이루어져 있는데 이는 제 5 장의 주요 주제이고 가우스 이론의 시작은 곡면의 각 점에서 곡면에 수직한 벡터를 대응시키는 가우스 사상이다. 여기서 곡면에서 수직인 벡터는 곡면의 각 점의 접평면과 수직인 벡터이다. 그러므로 이론을 전개하기 위하여 곡면의 각 점에서 접평면이 존재해야 한다. 제 4 장에서는 이런 곡면을 어떻게 정의할 것인가에 대하여 살펴본다.

곡면은 근본적으로 국소적으로 평면과 같은 것을 말한다. 이때 같다는 의미는 매

[1] Disquisitiones generales circa superficies curves(General Investigations of Curved Surfaces)

개변수 2개인 미분 가능한 위상동형이고 접평면이 존재할 조건을 가진 사상(좌표조각)에 의해 일대일 대응관계임을 의미한다. §4.1에서 정칙곡면을 엄밀하게 정의하고 대표적인 예로 회전면, 이변수 함수의 그래프, 3변수 함수의 등위곡면 등이 정칙곡면임을 보인다. §4.2에서 곡면 위에서 정의된 함수의 미분 가능성을 정의하고 더 일반적으로 곡면 사이에서 정의된 사상의 미분을 접평면 사이의 선형사상으로 정의한다. 곡면에서 곡선의 길이, 각도, 영역의 넓이 등 기하학적 성질은 접평면에 정의된 내적에 의해 결정된다. 이 내적을 제1기본형식이라고 한다.

마지막으로 가우스 사상이 정의되려면 곡면의 각 점에서 곡면에 수직인 벡터가 존재해야 하지만(가향곡면), 뫼비우스 띠처럼 곡면에 수직인 벡터가 존재하지 않는 곡면(비가향곡면)도 존재한다. §4.3에서 가향곡면일 필요충분조건을 찾고 가향곡면의 예를 찾아본다. 그리고 뫼비우스 띠가 비가향곡면임을 증명한다.

4.1 정칙곡면

4.1.1 정칙곡면의 정의

$U \subseteq \mathbb{R}^2$가 열린 집합이고 (u, v)를 $\mathbb{R}^2$의 좌표라고 하자. $\mathbb{R}^3$의 좌표를 (x, y, z)라고 하면 사상 $X : U \to \mathbb{R}^3$는

$$X(u, v) = (x(u, v), y(u, v), z(u, v))$$

로 나타낼 수 있다.

이 사상의 편미분은

$$\frac{\partial X}{\partial u} = \left(\frac{\partial x}{\partial u}, \frac{\partial y}{\partial u}, \frac{\partial z}{\partial u}\right), \qquad \frac{\partial X}{\partial v} = \left(\frac{\partial x}{\partial v}, \frac{\partial y}{\partial v}, \frac{\partial z}{\partial v}\right)$$

이다. 앞으로 편미분을 간단하게

$$X_u = \frac{\partial X}{\partial u}, \qquad X_v = \frac{\partial X}{\partial v}$$

와 같이 표기한다.

$q \in U$를 고정시키고 q에서 $X : U \to \mathbb{R}^3$의 야코비 행렬

$$\begin{pmatrix} X_u & X_v \end{pmatrix} = \begin{pmatrix} \frac{\partial x}{\partial u} & \frac{\partial x}{\partial v} \\ \frac{\partial y}{\partial u} & \frac{\partial y}{\partial v} \\ \frac{\partial z}{\partial u} & \frac{\partial z}{\partial v} \end{pmatrix}$$

에 의해 정의되는 선형사상

$$dX_q : \mathbb{R}^2 \to \mathbb{R}^3$$

을 생각하자.

정의 4.1.1 (정칙사상)**.** $dX_q : \mathbb{R}^2 \to \mathbb{R}^3$가 일대일 사상일 때 X가 q에서 정칙(regular)이라고 한다.

주. 제 1 장에서 정의한 정칙곡선 α는 $\alpha'(t) \neq \mathbf{0}$를 만족하는 것으로 정의하였는데 $\alpha'(t)$를 3×1 행렬로 생각하면

$$d\alpha_t : \mathbb{R} \to \mathbb{R}^3$$

가 일대일인 선형사상이다. 일반적으로 사상 $F : U \subseteq \mathbb{R}^n \to \mathbb{R}^m$의 야코비 행렬의 계수가 n일 때 F를 정칙사상(regular map)이라고 한다. 다음 명제에서와 같이 야코비 행렬의 계수가 n인 것과 사상 $dF_p : \mathbb{R}^n \to \mathbb{R}^m$이 일대일인 것은 동치이다.

명제 4.1.1. 다음 명제는 동치이다.

(1) $dX_q : \mathbb{R}^2 \to \mathbb{R}^3$가 일대일 사상이다.

(2) $\operatorname{Ker} dX_q = \{\mathbf{0}\}$이다.

(3) $\operatorname{rank} dX_q = 2$이다.

(4) $\{X_u(q), X_v(q)\}$가 일차독립이다.

(5) $\dim \operatorname{Span}\{X_u(q), X_v(q)\} = 2$이다.

(6) $\{(x_u(q), x_v(q)), (y_u(q), y_v(q)), (z_u(q), z_v(q))\}$ 중 어느 두 벡터가 일차독립이다.

(7) $\dim \operatorname{Span}\{(x_u(q), x_v(q)), (y_u(q), y_v(q)), (z_u(q), z_v(q))\} = 2$이다.

(8) $\left(\det \frac{\partial(x,y)}{\partial(u,v)}\right)^2 + \left(\det \frac{\partial(y,z)}{\partial(u,v)}\right)^2 + \left(\det \frac{\partial(z,x)}{\partial(u,v)}\right)^2 \neq 0$이다.

(9) $X_u(q) \times X_v(q) \neq 0$이다.

증명 선형사상 $dX_q : \mathbb{R}^2 \to \mathbb{R}^3$에 대한 선형대수의 기본정리

$$2 = \dim \operatorname{Ker} dX_q + \operatorname{rank} dX_q$$

를 이용한다. □

정의 4.1.2 (좌표조각). $\mathbb{R}^2$ 의 열린 집합 U에서 정의된 사상 $X : U \to \mathbb{R}^3$에 대하여

(i) X가 미분가능하고

(ii) $X : U \to X(U)$가 위상동형이고

(iii) X가 U의 모든 점에서 정칙일 때

X를 좌표조각(coordinate patch)이라고 한다.

이제 정칙곡면을 정의하자. 정칙곡면은 국소적으로 좌표조각에 의하여 평면과 일대일 대응관계가 있는 $\mathbb{R}^3$의 부분집합이다.

정의 4.1.3. $\mathbb{R}^3$의 부분집합 S의 각 점 p에 대하여, $\mathbb{R}^2$의 열린집합 U p의 근방 $V \subseteq \mathbb{R}^3$와 $X(U) = V \cap S$인 좌표조각 $X : U \to \mathbb{R}^3$가 존재할 때, S를 정칙곡면(regular surface)이라고 한다.

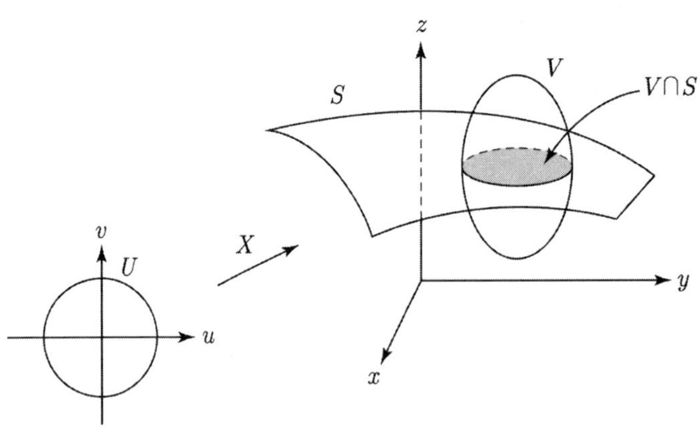

그림 4.1: 정칙곡면

보기 4.1.1 (평면). $\{w_1, w_2\}$가 일차독립인 $\mathbb{R}^3$의 두 벡터일 때, p_0를 지나고 w_1과 w_2를 포함하는 평면 $\mathcal{P}$을 생각하자. 이때

$$X(u, v) = p_0 + uw_1 + vw_2 \tag{1.1}$$

로 정의되는 사상 $X : \mathbb{R}^2 \to \mathbb{R}^3$가 좌표조각이다. $X(\mathbb{R}^2) = \mathcal{P}$이므로 모든 $p \in \mathcal{P}$에 대하여

$$U = \mathbb{R}^2, \quad V = \mathbb{R}^3, \quad X(u, v) = p_0 + uw_1 + vw_2$$

로 놓으면 정칙곡면의 정의를 만족한다. 따라서 평면 $\mathcal{P}$는 정칙곡면이다.

문제 4.1.1. w_1과 w_2가 수직일 때 (1.1)의 역사상을 구하고 연속임을 보이시오.

4.1.2 구면

보기 4.1.2. 수직사영을 이용하여 단위구면

$$\mathbb{S}^2 = \{(x, y, z) \in \mathbb{R}^3 \mid x^2 + y^2 + z^2 = 1\}$$

을 덮는 6개의 좌표조각을 만들어 정칙곡면임을 보이자. 북반구

$$H^+ = \{(x, y, z) \in S^2 \mid z > 0\}$$

위의 점에서 x, y 평면 으로 내린 수직사영의 역사상

$$X : U \to \mathbb{R}^3,$$
$$X_1(x, y) = (x, y, \sqrt{1 - x^2 - y^2})$$

을 생각해보자. 여기서 $U = \{(x, y) \in \mathbb{R}^2 \mid x^2 + y^2 < 1\}$.

이 사상 X는 $X(U) = H^+$이고

(i) X_1는 각 성분함수가 미분가능하므로 미분가능한 사상이다.

(ii) X_1^{-1}는 수직사영 $\pi : \mathbb{R}^3 \to \mathbb{R}^2, \pi(x, y, z) = (x, y)$을 H^+로 제한한 사상이므로 X_1^{-1}가 연속이다. 따라서 X_1은 위상동형이다.

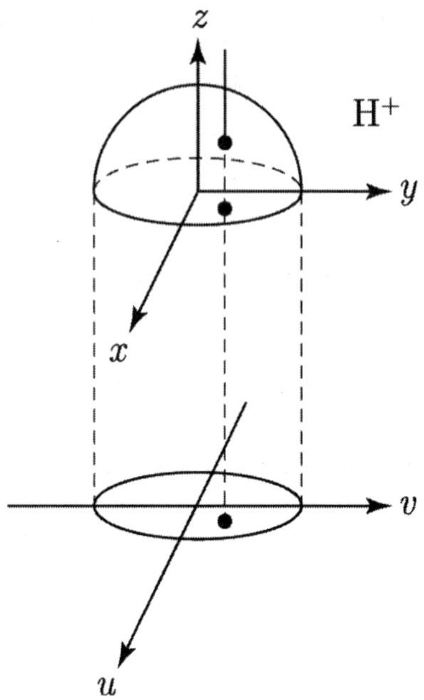

그림 4.2: 북반구에서 x, y 평면으로 내린 수직사영

(iii) $\frac{\partial X_1}{\partial x} = \left(1, 0, \frac{-x}{\sqrt{1-x^2-y^2}}\right), \frac{\partial X_1}{\partial y} = \left(0, 1, \frac{-y}{\sqrt{1-x^2-y^2}}\right)$이 일차독립이다.

따라서 위에서 정의한 X_1는 좌표조각이다.

이제 남반구

$$H^- = \{(x, y, z) \in S^2 \mid z < 0\}$$

에서 x, y 평면으로 수직으로 사영한 사상

$$X_2(x, y) = (x, y, -\sqrt{1 - x^2 - y^2})$$

도 마찬가지로 좌표조각임을 보일 수 있다.

이 두 개의 좌표조각으로 덮이지 않는 S^2 위의 점의 집합은

$$\{(x, y, z) \mid x^2 + y^2 = 1, z = 0\},$$

즉 적도이다. 이 부분을 덮기 위해서 북반구와 남반구를 덮는 좌표조각을 생각하였

듯이 동반구와 서반구를 덮는 좌표조각을 생각해 보자. 사상

$$X_3(x,z) = (x, +\sqrt{1-x^2-z^2}, z),$$
$$X_4(x,z) = (x, -\sqrt{1-x^2-z^2}, z)$$

도 앞에서처럼 좌표조각임을 보일 수 있다.

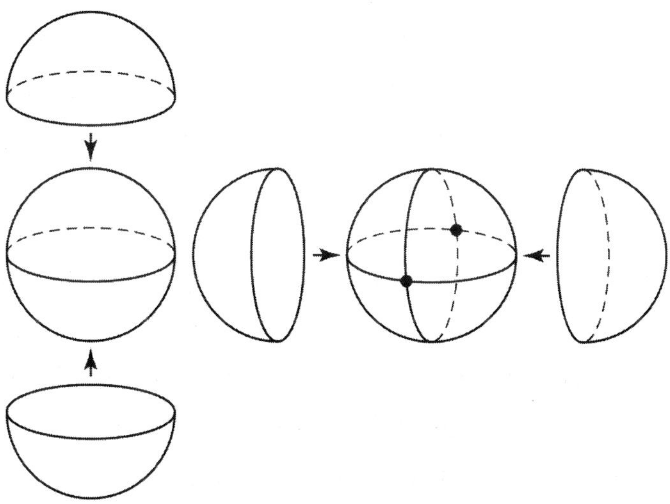

그림 4.3: 구면의 북반구와 남반구, 동반구와 서반구를 덮는 좌표조각

지금까지 네 개의 좌표조각에 의해 덮이지 않는 부분은 적도 위의 두 점

$$(1,0,0), (-1,0,0)$$

이다. 이 두 점을 덮기 위하여 앞반구 $\{(x,y,z) \in S^2 \mid x > 0\}$와 뒷반구 $\{(x,y,z) \in S^2 \mid x < 0\}$를 생각하자. 사상

$$X_5(y,z) = (+\sqrt{1-y^2-z^2}, y, z),$$
$$X_6(y,z) = (-\sqrt{1-y^2-z^2}, y, z)$$

가 좌표조각이므로 단위 구면 S^2를 6 개의 좌표조각으로 덮을 수 있다.

문제 4.1.2. 위에서 6 개의 좌표조각을 이용하여 S^2가 정칙곡면임을 보였는데 S^2를 덮는 좌표조각의 수를 줄일 수 있는 방법을 생각해 보자. 가장 이상적인 경우는

S^2를 단 하나의 좌표조각으로 덮는 경우인데 S^2가 옹골찬 집합이기 때문에 이런 경우는 일어나지 않는다. S^2를 하나의 좌표조각으로 덮을 수 있다고 했을 때 어떤 모순이 발생하는지 생각해 보시오. (도움말: 위상수학의 영역인 하이네(Heine)-보렐(Borel)정리와 연속함수에 의한 옹골찬 집합의 상의 옹골찬 집합이라는 정리를 이용하시오.)

보기 4.1.3. 1492년 콜럼버스가 북아메리카 대륙을 발견하기 전부터 항해술이 발달하였고 지구가 둥글다는 것을 알고 있었다. 지구가 평평하면 한 방향으로 계속 항해를 하면 출발지로 되돌아 오지 못하겠지만 지구가 둥글다면 서쪽으로 계속 항해를 하면 동쪽에 있는 인도를 지나 출발지인 스페인으로 돌아올 수 있으리라는 생각을 하였다.

이 지구도 위상수학적으로 S^2와 같으므로 두 개의 좌표를 이용하여 나타낼 수 있고, 각 좌표조각이 우리가 잘 아는 지도(chart)에 해당하고 S^2를 덮는 좌표조각의 모음이 지도책(atlas)에 해당한다. 지도책에서 S^2 위의 점을 두 개의 좌표로 나타내는 방법은 경도(longitude)와 위도(latitude)를 이용하는 것이다. 이 좌표를 구면좌표(spherical coordinate) 또는 지리좌표(geographical coordinate)라고 한다.

경도는 기준이 되는 경선을 잡고 (영국의 그리니치 천문대를 지나는 경선을 기준으로 한다.) 동쪽이나 서쪽으로 얼마나 돌아오는지를 알려주고 위도는 적도로부터 얼마나 올라가 있는지 내려가 있는지를 알려준다. 여기서 단위 구면의 중심이 원점에 있다고 하자. 단위 구면 위의 점이 양의 x 축으로부터 회전한 각 ϕ와 북극점으로부터 내려온 각 θ를 이용해서 나타내자. 이 각 ϕ는 정확히 경도를 나타내지만 (그리니치 천문대가 x, z 평면 중 $x > 0$에 있다고 하면) 북극점으로 내려온 각 θ는 북반구 위의 점인 경우 $\theta = \frac{\pi}{2} -$ 위도가 된다. 이 θ를 여위도(colatitude)라고 한다. 남반구 위의 점에 대해서는 $\theta = \frac{\pi}{2} +$ 위도가 성립한다.

$0 < \phi < 2\pi, 0 < \theta < \pi$ 일 때

$$X(\phi, \theta) = (\sin\theta\cos\phi, \sin\theta\sin\phi, \cos\theta) \tag{1.2}$$

로 정의된 $X : (0, 2\pi) \times (0, \pi) \to \mathbb{R}^3$가 좌표조각임을 보이자.

(i) X의 각 성분함수가 미분가능하므로 X는 미분가능한 사상이다.

(ii) X^{-1}를 구하기 위하여 단위 구면 위의 점 (x, y, z)가 주어졌다고 하자. $0 < \theta < \pi$에서 $\theta = \cos^{-1} z$이므로 θ는 연속이다. $y > 0$일 때 $\cot\phi = \frac{x}{y}$인 ϕ가

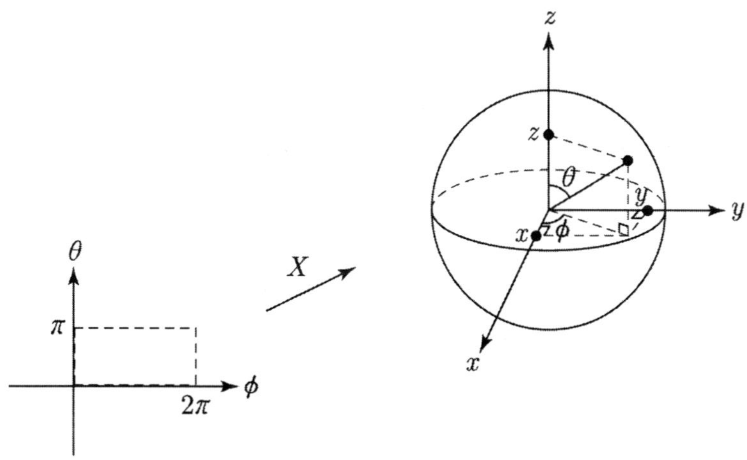

그림 4.4: 구면의 구면좌표

$(0,\pi)$에서 유일하게 존재하여 $\phi = \cot^{-1}(\frac{x}{y})$가 연속이다. 그리고 $y < 0$일 때 $\cot\phi = \frac{x}{y}$인 ϕ가 $(\pi, 2\pi)$에서 유일하게 존재하여 $\phi = \cot^{-1}(\frac{x}{y})$가 연속이다. $y = 0$일 때 $\phi = \pi$로 놓고 이 점 주위에서 $\phi = \tan^{-1}(\frac{y}{x})$로 연속이다. 그러므로 $\phi = \phi(x,y)$는 연속이다. 따라서 $X^{-1}(x,y,z) = (\theta(z), \phi(x,y))$는 연속이다.

(iii) $\frac{\partial(x,y)}{\partial(\phi,\theta)}, \frac{\partial(y,z)}{\partial(\phi,\theta)}, \frac{\partial(x,z)}{\partial(\phi,\theta)}$가 동시에 0이 아님을 보이자.

$$\frac{\partial(x,y)}{\partial(\phi,\theta)} = \cos\theta\sin\theta, \frac{\partial(y,z)}{\partial(\phi,\theta)} = \sin^2\theta\cos\phi, \frac{\partial(x,z)}{\partial(\phi,\theta)} = \sin^2\theta\sin\phi$$

가 동시에 0이 되려면

$$\left(\frac{\partial(x,y)}{\partial(\phi,\theta)}\right)^2 + \left(\frac{\partial(y,z)}{\partial(\phi,\theta)}\right)^2 + \left(\frac{\partial(x,z)}{\partial(\phi,\theta)}\right)^2 = 0$$

이다. 이제

$$\left(\frac{\partial(x,y)}{\partial(\phi,\theta)}\right)^2 + \left(\frac{\partial(y,z)}{\partial(\phi,\theta)}\right)^2 + \left(\frac{\partial(x,z)}{\partial(\phi,\theta)}\right)^2$$
$$= \cos^2\theta\sin^2\theta + \sin^4\theta\cos^2\phi + \sin^4\theta\sin^2\phi$$
$$= \cos^2\theta\sin^2\theta + \sin^4\theta(\cos^2\phi + \sin^2\phi)$$
$$= \sin^2\theta(\cos^2\theta + \sin^2\theta)$$
$$= \sin^2\theta$$

이므로 $\frac{\partial(x,y)}{\partial(\phi,\theta)}, \frac{\partial(y,z)}{\partial(\phi,\theta)}, \frac{\partial(x,z)}{\partial(\phi,\theta)}$가 동시에 0이려면 $\sin^2\theta = 0$인데 $0 < \theta < \pi$이므로 $\sin\theta \neq 0$이다. 그러므로 $\frac{\partial(x,y)}{\partial(\phi,\theta)}, \frac{\partial(y,z)}{\partial(\phi,\theta)}, \frac{\partial(x,z)}{\partial(\phi,\theta)}$가 동시에 0일 수 없다.

문제 4.1.3. (1.2)의 상에 속하지 않는 S^2의 부분집합을 구하고 이를 덮을 수 있는 좌표조각을 구하시오.

보기 4.1.4 (구면의 입체사영). 단위 구면의 북극점 $N = (0,0,1)$과 구면 위의 점 $p = (x,y,z)$를 연결하는 직선이 x,y 평면과 만나는 점을 $q = (u,v,0)$라고 하자. 구면 위의 점 p가 북극점인 경우를 제외하고는 N과 p를 연결하는 직선이 유일하게 존재하고 이 직선과 x,y 평면이 단 한 점 q에서 만난다. 이렇게 $p \mapsto q$를 대응하는 사상 $P_N : \mathbb{S}^2 \setminus N \to \mathbb{R}^2$을 입체사영(stereographic projection)이라고 한다.

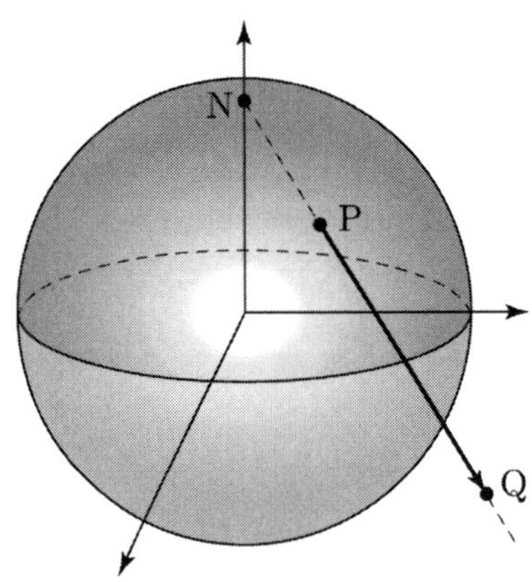

그림 4.5: 구면의 입체사영

N과 p를 연결하는 직선의 식은

$$(0,0,1) + t(x,y,z-1) = (tx, ty, t(z-1)+1)$$

이고, $p = (x, y, z)$가 구면 S^2 위의 점이므로 $x^2 + y^2 + z^2 = 1$을 만족한다.

이 직선이 평면과 만나는 경우는 $t(z - 1) + 1 = 0$, 즉 $t = \frac{1}{1-z}$인 경우이다. 따라서 $p = (x, y, z)$라고 하면 $q = (\frac{x}{1-z}, \frac{y}{1-z}, 0)$이다. 또는 q는 $\mathbb{R}^3$의 x, y 평면에 있으므로 세 번째 성분을 무시하면 $q = (\frac{x}{1-z}, \frac{y}{1-z})$이다.

이 사상의 역사상을 구해 보자. $q = (u, v, 0)$가 주어졌다고 할 때 N과 q를 연결하는 직선의 식은

$$(0, 0, 1) + t(u, v, -1) = (tu, tv, 1 - t)$$

이다. 이 직선이 구면과 만나는 경우는

$$(tu)^2 + (tv)^2 + (1 - t)^2 = 1$$

이다. 이 식을 간단히 하면

$$(1 + u^2 + v^2)t^2–2t = 0$$

이다. 즉, $t = 0$ 또는 $t = \frac{2}{1+u^2+v^2}$이다. $t = 0$이면 $p = (0, 0, 1)$, 즉 북극점이 된다. $t = \frac{2}{1+u^2+v^2}$ 인 경우

$$p = \left(\frac{2u}{1 + u^2 + v^2}, \frac{2v}{1 + u^2 + v^2}, \frac{-1 + u^2 + v^2}{1 + u^2 + v^2}\right)$$

이다. $U = \mathbb{R}^2$라고 하고 $X_N : U \to \mathbb{R}^3$를

$$X_N(u, v) = \left(\frac{2u}{1 + u^2 + v^2}, \frac{2v}{1 + u^2 + v^2}, \frac{-1 + u^2 + v^2}{1 + u^2 + v^2}\right)$$

로 정의하면

$$X_N^{-1}(x, y, z) = \left(\frac{x}{1 - z}, \frac{y}{1 - z}\right)$$

이 연속이고

$$(X_N)_u \times (X_N)_v \neq \mathbf{0}$$

이다. 따라서 X_N이 좌표조각이 된다. 하나의 좌표조각 X_N으로 S^2에서 북극점을 뺀 집합을 덮을 수 있다.

문제 4.1.4. $(X_N)_u, (X_N)_v$를 계산하여 두 벡터가 일차독립임을 확인해 보이시오.

S^2에서 한 점 N만을 제외한 집합을 하나의 좌표조각으로 덮을 수 있으므로 구면 좌표계보다 더 나은 좌표조각이라고 생각할 수 있지만 북극점 N까지 덮기 위하여 여전히 좌표조각 하나가 더 필요하다. 북극점 $N = (0,0,1)$ 대신 남극점 $S = (0,0,-1)$을 이용하여 위와 같은 직선을 생각하면 S^2 중 남극점 S를 뺀 집합을 덮는 좌표조각 X_S를 얻을 수 있다.

문제 4.1.5. $X_S^{-1} \circ X_N : \mathbb{R}^2 \setminus \{\mathbf{0}\} \to \mathbb{R}^2$를 계산하시오.

4.1.3 회전면

y, z 평면에 있는 곡선 C가 자기교차점이 없고 z 축과 만나지 않을 때 이 곡선을 z 축으로 회전하여 생기는 곡면을 회전면(surface of revolution)이라고 한다. 회전면이 정칙곡면임을 보이자.

곡선 C를 호의 길이에 의한 매개변수로 표현하여 $\alpha(s) = (0, f(s), g(s))$일 때, α는 일대일이고 $f(s) \neq 0$임을 말한다. 일반성을 잃지 않고 $f(s) > 0$라고 가정하자. 곡선 위의 한 점 $(0, f(s), g(s))$를 z 축으로 회전하면 z 성분은 $g(s)$로 고정되고, x, y 성분은 반지름이 $f(s)$인 원을 만든다. 그러므로 양의 x 축과 이루는 각도를 u라고 하면 $(f(s)\cos u, f(s)\sin u, g(s))$이 됨을 알 수 있다. 회전면 S는

$$\{(f(s)\cos u, f(s)\sin u, g(s)) \mid 0 \leq u < 2\pi, 0 < s < l\}$$

으로 표현된다. 이때 곡선 C를 S의 생성곡선(generating curve) 또는 윤곽선(profile curve), z 축은 S의 회전축(axis of rotation), 원

$$\{(f(s)\cos u, f(s)\sin u, g(s)) \mid 0 \leq u < 2\pi\}$$

는 S의 평행원(parallel),

$$\{(f(s)\cos u, f(s)\sin u, g(s)) \mid 0 < s < l\}$$

는 S의 자오선(meridian)이라고 한다.

이제 S를 덮는 좌표조각을 구해보자.

$$X(u, s) = (f(s)\cos u, f(s)\sin u, g(s))$$

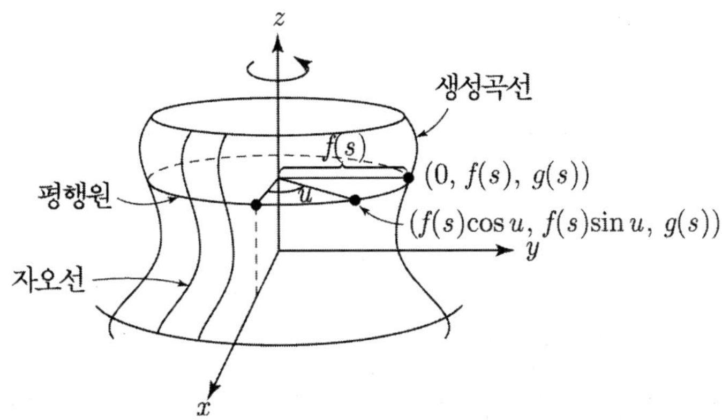

그림 4.6: 회전면

로 정의되는 미분가능한 사상

$$X : (0, 2\pi) \times (0, l) \to S$$

이 좌표조각임을 보이자. X의 상은 $S \setminus \{(f(s), 0, g(s)) : 0 < s < l\}$이고 X의 상에 속하는 임의의 (x, y, z)에 대하여 $X^{-1}(x, y, z) = (u, s)$가 연속임을 보이자. $x^2 + y^2 = f(s)^2$ 이고 α는 일대일이기 때문에 $(\sqrt{x^2+y^2}, z) = (f(s), g(s))$인 s는 유일하게 결정된다. $|\alpha'(s)| = \sqrt{f'(s)^2 + g'(s)^2} = 1$이므로 $f'(s) \neq 0$거나 $g'(s) \neq 0$이다. $f'(s) \neq 0$라고 하면 역함수정리에 의하여, s근방의 작은 구간에 대하여 연속인 f^{-1}가 존재한다. 즉 $s = f^{-1}(\sqrt{x^2+y^2})$로 연속함수이다. 또 $g'(s) \neq 0$라면, 마찬가지로 $s = g^{-1}(z)$로 연속함수이다. 그러므로 주어진 (x, y, z)에 대하여 유일한 s가 존재하고, 사상의 연속성은 국소적 성질이므로 s는 (x, y, z)의 연속함수라고 할 수 있다.

한편, 주어진 $(x, y, z), y \neq 0$일때, $\frac{x}{y} = \cot u$인 u를 y의 부호에 따라 유일하게 결정한다. $y > 0$이면 u는 $(0, \pi)$에서 유일하게 결정되고, $y < 0$이면 u는 $(\pi, 2\pi)$에서 유일하게 결정된다. 그리고 유일하게 결정된 u 근방의 작은 구간에서 $u = \cot^{-1}\left(\frac{x}{y}\right)$로 표현된다. $y = 0$이면 $u = \pi$로 놓고 π의 작은 구간에 대하여 $u = \tan\left(\frac{y}{x}\right)$로 표현된다. 그러므로 u도 (x, y, z)의 연속함수라고 할 수 있다. 따라서 $X^{-1}(x, y, z) = (u(x, y), s(x, y, z))$가 연속이다.

$$|X_u \times X_s| = |(fg' \cos u, fg' \sin u, -ff')| = f \neq 0$$

이므로 X가 좌표조각임을 알 수 있다.

마찬가지로

$$\overline{X}(u,s) = (f(s)\cos u, f(s)\sin u, g(s))$$

로 정의되는

$$\overline{X} : (\pi, 3\pi) \times (0, l) \to S$$

도 좌표조각이 된다. 그러므로 $X, \overline{X}$가 S 전체를 덮고 S는 정칙곡면이다.

보기 4.1.5. 원기둥은 직선을 생성곡선으로 하는 회전면으로 정칙곡면이다.

보기 4.1.6 (의구)**.** 보기 1.1.9에서 정의한 견인곡선

$$\alpha(v) = (0, v - \tanh v, \operatorname{sech} v), \quad v > 0$$

를 z 축으로 회전하여 생긴 회전면을 의구(pseudosphere)라고 한다. 구면 위에서 나타나는 기하의 성질과는 완전히 상반된 성질을 가지므로 의구라는 이름을 사용한다. 예를 들면 삼각형의 세 내각의 합이 평면에서는 180°인 반면 구면에서는 180°보다 크고, 의구에서는 180°보다 작다. 또 주어진 직선 위에 있지 않는 점을 지나고 주어진 직선과 평행인 직선이 평면에서는 유일하게 존재하고 구면에서는 존재하지 않고 의구에서는 무수히 많다. 의구는 비유클리드 기하학의 중요한 모델이다.

이제까지 생성곡선 C는 열린구간 $(0, l)$에서 정의된 y, z 평면 위의 곡선 α의 상이었다. 생성곡선 C가 원처럼 옹골찬 집합인 경우를 생각해 보자. 생성곡선 C를 주기가 l인 매개곡선 $\alpha(s) = (0, f(s), g(s))$로 표기하고 C를 z 축으로 회전한 회전면 S의 좌표조각을 구해보자. 사상 $X(u,s) : \mathbb{R}^2 \to \mathbb{R}^3$를

$$X(u,s) = (f(s)\cos u, f(s)\sin u, g(s))$$

로 정의하고 이로부터 위상동형사상 X_1, X_2, X_3, X_4를

$$\begin{aligned} X_1 &= X|_{(0,2\pi)\times(0,l)}, \\ X_2 &= X|_{(\pi,3\pi)\times(0,l)}, \\ X_3 &= X|_{(0,2\pi)\times(l/2,3l/2)}, \\ X_4 &= X|_{(\pi,3\pi)\times(l/2,3l/2)} \end{aligned}$$

라고 놓자. 위와 마찬가지로 X_1, X_2, X_3, X_4가 S의 좌표조각이고, 이들의 상이 S를 모두 덮으므로 S가 정칙곡면이다.

보기 4.1.7 (원환면)**.** 생성곡선 C가

$$\alpha(s) = (0, a + r\cos\tfrac{s}{r}, r\sin\tfrac{s}{r}), \quad a > r$$

로 주어진 원인 경우, 주기는 2π이고 회전면 S는 원환면(torus)이다.

$X_1 = X|_{(0,2\pi)\times(0,2\pi)}$와 $X_2 = X|_{(\pi,3\pi)\times(0,2\pi)}$의 상은 S의 바깥 원

$$x^2 + y^2 = (a+r)^2, \quad z = 0$$

를 제외한 부분이다. $X_3 = X|_{(0,2\pi)\times(\pi,3\pi)}$와 $X_4 = X|_{(\pi,3\pi)\times(\pi,3\pi)}$의 상은 S의 안쪽 원

$$x^2 + y^2 = (a-r)^2, \quad z = 0$$

을 제외한 부분이다. 따라서 X_1, X_2, X_3, X_4로 S를 모두 덮을 수 있다.

문제 4.1.6. 원환면을 좌표조각 3개로 덮을 수 있음을 보이시오. 원환면을 좌표조각 2개나 1개로 덮을 수 있는지 논의하시오. 단, $U \subseteq \mathbb{R}^2$는 원판과 위상동형이다.

y, z 평면에 원점을 중심으로하는 반원 $y^2 + z^2 = r^2, y \geq 0$를 z축을 중심으로 회전하면 단위 구면이 되지만 엄밀한 의미에서 위에서 정의한 회전면은 아니다. 그리고 이렇게 해서 얻은 곡면이 정칙곡면일 필요도 없다. 예를 들면 $y+z = 1,\ y \geq 0$를 z 축으로 회전하면 원뿔면이 되는데 원뿔면은 정칙곡면이 아니다(문제 4.1.10 참조). 그렇더라도 이런 곡면을 회전면이라고 해도 지나치지 않으므로 일반화된 회전면(generalized surface of revolution)이라고 한다.

문제 4.1.7. 생성곡선 C가 회전축과 만나는 경우 일반화된 회전면이 정칙곡면이 될 조건을 구하시오.

4.1.4 몽주 조각

열린집합 $U \subseteq \mathbb{R}^2$에서 정의된 미분가능한 함수 $f : U \to \mathbb{R}$이 주어졌을 때, f의 그래프는

$$X(u,v) = (u, v, f(u,v)) \tag{1.3}$$

로 정의되는 사상 $X : U \to \mathbb{R}^3$의 상이다.

정리 4.1.2. 열린집합 $U \subseteq \mathbb{R}^2$에서 정의된 미분가능한 함수 $f : U \to \mathbb{R}$의 그래프는 정칙곡면이다.

증명 f가 미분가능하므로 X도 미분가능하다. $X^{-1}(x,y,z) = (x,y)$이므로 X^{-1}도 연속이다. 즉 $X : U \to X(U) \subseteq \mathbb{R}^3$는 위상동형이다.

$X_u = \left(1, 0, \frac{\partial f}{\partial u}\right), X_v = \left(0, 1, \frac{\partial f}{\partial v}\right)$이므로

$$X_u \times X_v = \left(-\frac{\partial f}{\partial u}, -\frac{\partial f}{\partial v}, 1\right) \neq 0.$$

따라서 $f : U \to \mathbb{R}$에 의해 정의된 사상 $X(u,v) = (u, v, f(u,v))$이 좌표조각이 된다. □

(1.3)로 정의된 좌표조각을 몽주[2] 조각(Monge patch)이라고 한다.

하나의 좌표조각으로 덮이는 곡면을 단순곡면(simple surface)이라고 한다. 문제 4.1.2에서 알 수 있는 것처럼 구면은 단순곡면이 아니다. 정리 4.1.2는 그래프로 된 곡면이 단순곡면임을 말한다. 그러나 이 정리의 역은 일반적으로 성립하지 않는다. 이 정리의 부분 역으로 정리 4.1.8에서 정칙곡면은 국소적으로 $\mathbb{R}^2$의 열린집합에서 정의된 미분가능한 함수의 그래프로 나타낼 수 있음을 보인다.

보기 4.1.8. $z = x^2 + y^2$의 그래프는 포물면으로 정칙곡면임을 정리 4.1.2에 의하여 알 수 있다.

주. 미분가능하지 않은 함수의 그래프는 정칙곡면이 아니다. 예를 들어

$$z = \sqrt{x^2 + y^2}$$

[2]Gaspard Monge, 1746–1818, 프랑스 수학자

의 그래프인 원뿔면의 뾰족점 $(0,0,0)$ 근방에서 좌표조각이 존재하지 않아 정칙곡면이 아니다 (문제 4.1.10 참조).

4.1.5 등위곡면

사상 $F: U \to \mathbb{R}^m$이 $\mathbb{R}^n$의 열린집합 U에서 정의되어 있다고 하자. $p \in U$일 때,

$$dF_p : \mathbb{R}^n \to \mathbb{R}^m$$

을 다음과 같이 정의한다.

$w \in \mathbb{R}^n$일 때, 곡선 $\alpha(t) = p + tw$는

$$\alpha(0) = p, \quad \alpha'(0) = w$$

이다. 이제 $\mathbb{R}^m$의 곡선 β를 $\beta = F \circ \alpha$로 정의하면 곡선 β는 $\mathbb{R}^m$의 곡선으로

$$\beta(0) = F(\alpha(0)) = F(p)$$

이다. 따라서 $\beta'(0)$은 $F(p)$에서 곡선 β의 접벡터가 되고

$$dF_p(w) = \beta'(0) \tag{1.4}$$

로 정의한다. 이 사상 $dF_p : \mathbb{R}^n \to \mathbb{R}^m$을 $F: U \to \mathbb{R}^m$의 p에서 미분(differential of F at p)이라고 한다.

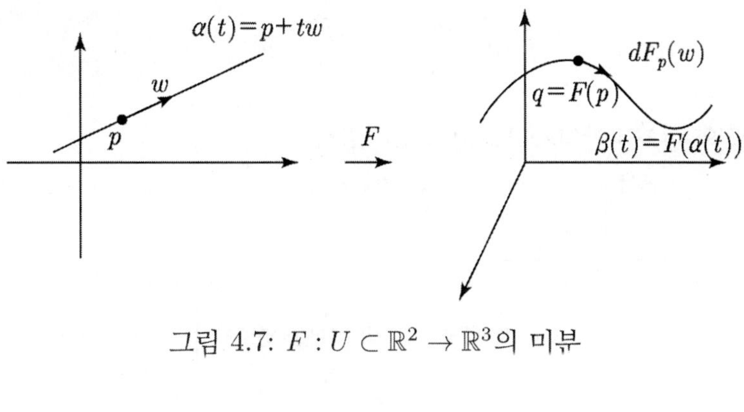

그림 4.7: $F: U \subset \mathbb{R}^2 \to \mathbb{R}^3$의 미분

정리 4.1.3. (1.4)로 정의된 사상

$$dF_p : \mathbb{R}^n \to \mathbb{R}^m \tag{1.5}$$

은 선형사상이다.

증명 주어진 $w = (w^1, \cdots, w^n) \in \mathbb{R}^n$에 대하여 $\alpha(t) = p+tw$이고 $F = (f_1, \cdots, f^m)$이라고 하면

$$\begin{aligned}
dF_p(w) &= \frac{d}{dt}F(\alpha(t))|_{t=0} \\
&= \frac{d}{dt}(f_1(p+tw), \cdots, f^n(p+tw))|_{t=0} \\
&= \left(\sum_{i=1}^{n} \frac{\partial f_1}{\partial x^i}(p)w^i, \cdots, \sum_{i=1}^{n} \frac{\partial f^m}{\partial x^i}(p)w^i\right) \\
&= \begin{pmatrix} \frac{\partial f_1}{\partial x^i}(p) & \cdots & \frac{\partial f_1}{\partial x^n}(p) \\ & \vdots & \\ \frac{\partial f^m}{\partial x^i}(p) & \cdots & \frac{\partial f^m}{\partial x^n}(p) \end{pmatrix} \begin{pmatrix} w^1 \\ \vdots \\ w^n \end{pmatrix} \\
&= \frac{\partial(f_1, \cdots, f^m)}{\partial(x^1, \cdots, x^n)} \cdot w
\end{aligned}$$

이므로 dF_p는 행렬 $\frac{\partial(f_1,\cdots,f^m)}{\partial(x^1,\cdots,x^n)}$의 곱으로 표현되는 선형사상이다.[3] □

주. $\frac{\partial(f_1,\cdots,f^m)}{\partial(x^1,\cdots,x^n)}$는 p에서 사상 F의 야코비 행렬(Jacobian matrix) 또는 미분행렬이라고 하고 미분사상 dF_p와 같은 것으로 보기도 한다. $m = n$일 때

$$\det \frac{\partial(f_1, \cdots, f^m)}{\partial(x^1, \cdots, x^n)}(p)$$

를 p에서 F의 야코비안(Jacobian)이라고 한다.

---

[3]일반적으로 $(a_1, a_2, \cdots, a_n)$으로 나타낸 $\mathbb{R}^n$의 벡터는 열벡터 $\begin{pmatrix} a_1 \\ a_2 \\ \vdots \\ a_n \end{pmatrix}$를 의미하고 행렬의 곱을 계산할 때는 $n \times 1$ 행렬로 보고 곱을 계산한다. 반면 $1 \times n$ 행렬은 $\begin{pmatrix} a_1 & a_2 & \cdots & a_n \end{pmatrix}$로 성분 사이에 ','없이 표기한다.

정의 4.1.4. U가 $\mathbb{R}^n$의 열린 집합이라고 하자. U에서 정의된 미분가능한 사상 $F: U \to \mathbb{R}^m$이 주어졌다고 하자. 이 사상의 미분 $dF_p : \mathbb{R}^n \to \mathbb{R}^m$이 위로의 사상이 아닐 때, 즉 $\operatorname{rank} dF_p < m$일 때 $p \in U$를 F의 임계점(critical point)이라고 하고, F의 임계점의 집합을 $\mathrm{Crit}\{F\}$로 표기한다.

$a \in \mathbb{R}^m$이 임계점의 상이 아닌 경우, a를 F의 정칙값(regular value)이라고 한다. 따라서 $F^{-1}(a)$ 중 하나라도 임계점이면 $a \in \mathbb{R}^m$는 정칙값이 아니다. 또 이 정의에 따라 $F^{-1}(a) = \varnothing$인 경우, 즉 $a \notin \operatorname{Im} F$인 경우, a는 정칙값이다.[4]

가장 간단한 $m = n = 1$일 때 rank $dF_p < 1$ 인 경우는 $dF_p = F'(p) = 0$ 일 때이므로 위의 임계점의 정의는 일변수 함수에 대한 임계수(critical number)의 정의와 일치한다.

$\operatorname{rank} dF_p$는 정의에 의해 n과 m 보다 작거나 같은 수이어야 하므로[5] $n < m$인 경우 rank $dF_p \le n < m$ 이어서 U의 모든 점이 임계점이다.

이제 $n = 3, m = 1$인 경우를 생각하여 보자. $U \subseteq \mathbb{R}^3$가 열린 집합이고, $f : U \to \mathbb{R}$이 미분가능하다고 하자.

$$\frac{\partial(f)}{\partial(x,y,z)}(p) = \left(\frac{\partial f}{\partial x}(p), \frac{\partial f}{\partial y}(p), \frac{\partial f}{\partial z}(p)\right)$$

는 기울기벡터(gradient) $\nabla f(p)$와 같다. 따라서

명제 4.1.4. $p \in U$가 미분가능한 함수 $f : U \to \mathbb{R}$의 임계점일 필요충분조건은

$$\nabla f(p) = \mathbf{0}$$

이다.

이 명제의 대우는 다음과 같다.

따름정리 4.1.5. $a \in f(U)$가 f의 정칙값일 필요충분조건은 모든 $p \in f^{-1}(a)$에 대해서

$$\nabla f(p) = \left(\frac{\partial f}{\partial x}(p), \frac{\partial f}{\partial y}(p), \frac{\partial f}{\partial z}(p)\right) \neq \mathbf{0}$$

이다.

---

[4] $F(c) = a$인 c가 존재하지 않으므로 논리에 의해 a는 정칙값이다.

[5] dF_p의 계수는 열벡터들 중 일차독립인 것들의 개수이므로 m 보다 작거나 같고 다른 한편 행벡터들 중 일차독립인 것들의 개수이므로 n 보다 작거나 같다.

정리 4.1.6. $O \subseteq \mathbb{R}^3$가 열린집합이고, $f : O \to \mathbb{R}$이 미분가능할 때, $a \in f(O)$가 정칙값이면 $f^{-1}(a) \subseteq \mathbb{R}^3$는 정칙곡면이다.[6]

증명 $p \in f^{-1}(a)$를 고정하자. a가 정칙값이므로

$$\nabla f(p) = (f_x(p), f_y(p), f_z(p)) \neq \mathbf{0}$$

이다. 일반성을 잃지 않고 $f_z(p) \neq 0$이라고 가정하자.

역함수 정리를 이용하기 위하여 미분가능한 사상 $F : O \to \mathbb{R}^3$를

$$F(x, y, z) = (x, y, f(x, y, z))$$

로 정의하자. 이때

$$\det(dF_p) = \det \begin{pmatrix} 1 & 0 & 0 \\ 0 & 1 & 0 \\ f_x(p) & f_y(p) & f_z(p) \end{pmatrix} = f_z(p) \neq 0$$

이므로 p의 열린 근방 V와 $F(p)$의 열린 근방 W가 존재하고 F의 역함수 $F^{-1} : W \to V$,

$$F^{-1}(u, v, t) = (u, v, g(u, v, t))$$

가 미분가능하다.

한편 $f^{-1}(a) \cap V$에 속하는 (x, y, z)에 대하여

$$F(x, y, z) = (x, y, a)$$

이고

$$F^{-1}(x, y, a) = (x, y, g(x, y, a)) = (x, y, z)$$

이므로 $z = g(x, y, a) = h(x, y)$이다. 즉

$$f^{-1}(a) \cap V = \{(x, y, h(x, y)) \mid (x, y) \in U\}$$

---

[6]일반적으로 미분가능한 사상 $F : U \subset \mathbb{R}^n \to \mathbb{R}^m$에 대하여 $a \in F(U)$가 정칙값일 때, $F^{-1}(a)$는 $(m - n)$ 차원 곡면(다양체)이다.

이다. 여기서 U는 V를 x, y 평면으로 사영시킨 영역으로 열린집합이다. 그러므로 p 근방에 좌표조각 $X : U \to \mathbb{R}^3$,

$$X(x, y) = (x, y, h(x, y))$$

이 존재한다. p는 $f^{-1}(a)$의 임의의 점이므로 $f^{-1}(a)$는 정칙곡면이다. □

$f^{-1}(a)$가 정칙곡면임을 보이기 위하여 명제 4.1.6를 적용하려면 $f^{-1}(a)$의 모든 점 p에서 $\nabla f(p) \neq \mathbf{0}$이어야 한다. 위 증명 과정을 따르면 $f^{-1}(a) \setminus \text{Crit}\{f\}$이 정칙곡면임을 보일 수 있다.

문제 4.1.8. $f^{-1}(a) \setminus \text{Crit}\{f\}$이 정칙곡면임을 보이시오.

$a \in f(O)$가 정칙값이 아닌 경우도 정리 4.1.6를 적용할 수 없을 뿐이지 $f^{-1}(a)$가 정칙곡면이 아니라는 것은 아니다.

보기 4.1.9. 사상 $f : \mathbb{R}^3 \to \mathbb{R}$를 $f(x, y, z) = z^2$이라고 하자. $df_p = (0, 0, 2z)$이고 $df_{(0,0,0)} = (0, 0, 0)$이므로 $(0, 0, 0)$은 f의 임계점이다. $(0, 0, 0)$은 $f^{-1}(0)$에 속하므로 0은 f의 정칙값이 아니지만 $f^{-1}(0)$는 x, y 평면으로 정칙곡면이다.

정리 4.1.6를 이용하면 주어진 집합이 정칙곡면임을 쉽게 보일 수 있다.

보기 4.1.10 (타원면)**.** 구면을 일반화한 타원면(ellipsoid)

$$\frac{x^2}{a^2} + \frac{y^2}{b^2} + \frac{z^2}{c^2} = 1$$

을 생각해 보자.

$$f(x, y, z) = \frac{x^2}{a^2} + \frac{y^2}{b^2} + \frac{z^2}{c^2} - 1$$

라고 하면

$$\nabla f = \left(\frac{2x}{a^2}, \frac{2y}{b^2}, \frac{2z}{c^2}\right)$$

이고 $\nabla f = \mathbf{0}$인 경우는 $x = y = z = 0$뿐이다. 그런데, $(0, 0, 0) \notin f^{-1}(0)$이므로 0은 f의 정칙값이다. 따라서 정리 4.1.6에 의해 주어진 타원면 $f^{-1}(0)$은 정칙곡면이다.

보기 4.1.11 (원환면). y, z 평면 위의 점 $(a, 0)$를 중심으로 하고 반지름이 r인 원 C를 z 축을 중심으로 회전하여 얻은 곡면을 원환면(torus)이라고 한다. 이때 윤곽선 C가 회전축인 z 축과 만나지 않도록 $r < a$임을 가정하자. 이 윤곽선 위의 점은

$$(y-a)^2 + z^2 = r^2$$

을 만족한다. 윤곽선 위의 점 $(0, y_0, z_0)$를 z 축으로 회전하면 $(y_0 \cos\theta, y_0 \sin\theta, z_0)$가 되므로 $x = y_0 \cos\theta, y = y_0 \sin\theta, z = z_0$ 로 놓으면 $x^2 + y^2 = y_0^2$이다. $a > r$이므로 $y_0 > 0$이고 $y_0 = \sqrt{x^2+y^2}$이다. 따라서 원환면 위의 점 (x, y, z)는

$$(\sqrt{x^2+y^2} - a)^2 + z^2 = r^2$$

을 만족한다.

$$f(x, y, z) = (\sqrt{x^2+y^2} - a)^2 + z^2 - r^2$$

이라고 하면, 이 집합은 $f^{-1}(0)$이다.

$$\nabla f(x, y, z) = \left(\frac{2(\sqrt{x^2+y^2} - a)x}{\sqrt{x^2+y^2}}, \frac{2(\sqrt{x^2+y^2} - a)y}{\sqrt{x^2+y^2}}, 2z \right)$$

이므로 $\nabla f = \mathbf{0}$인 경우는 $(x, y, z) = (0, 0, 0)$뿐인데, 이 점은 $f^{-1}(0)$에 속하지 않으므로 0이 f의 정칙값이다. 따라서 정리 4.1.2에 의해 $f^{-1}(0)$가 정칙곡면이다.

보기 4.1.12 (쌍곡면). 함수

$$f(x, y, z) = x^2 + y^2 - z^2$$

의 등위집합을 생각해 보자.

$$\nabla f = (2x, 2y, -2z)$$

이므로 $(0, 0, 0)$ 이외의 모든 점에서 $\nabla f \neq \mathbf{0}$이다. 따라서 $c \neq 0$이면 정리 4.1.2에 의해 $f^{-1}(c)$는 정칙곡면이 된다.

$$f^{-1}(c) = \left\{ (x, y, z) \in \mathbb{R}^3 \mid x^2 + y^2 - z^2 = c \right\}$$

가 어떤 모양인지를 알아보기 위해서 각 축에 수직인 평면, 즉 x, y, z중 하나가 상수인 평면으로 자른 단면을 알아보면 된다. z 축에 수직인 평면으로 자른 단면은 $|z|$가 커질수록 반지름이 커지는 원이 된다.

$c > 0$일 때는 모든 z에 대해서 $x^2 + y^2 = c + z^2$를 만족하는 x, y가 존재한다. 따라서 $f^{-1}(c)$는 연결된 일엽쌍곡면(hyperboloid of one-sheet)이 된다.

$c < 0$인 경우 $|z|$가 작아서 $z^2 + c < 0$인 경우 $x^2 + y^2 = c + z^2$를 만족하는 x, y가 존재하지 않는다. 따라서 $f^{-1}(c)$는 연결되지 않은 이엽쌍곡면(hyperboloid of two-sheet)이 된다.

$c = 0$인 경우 등위집합 $f^{-1}(0)$는 z 축을 따라서 원점에서 만나는 두 개의 원뿔면(double cone)이다. 원점 $\mathbf{0}$에서는 $\nabla f(\mathbf{0}) = \mathbf{0}$이어서 등위집합이 정칙곡면인지를 판별하기 위해서 정리 4.1.2을 적용할 수 없다[7].

직관적으로 $\mathbb{R}^2$에서 한 점을 제외하더라도 연결집합이지만 $f^{-1}(0)$에서 원점을 제외하면 곡면 위의 곡선으로 연결되지 않으므로 $f^{-1}(0)$는 정칙곡면이 아니다. 그러나 $f^{-1}(0) \setminus \{\mathbf{0}\}$는 연결되지 않은 정칙곡면이다.

보기 4.1.12에서 $c = 0$을 제외한 모든 실수가 f의 정칙값이었다. 이런 현상은 다음 정리에 의하여 설명된다. 따라서 정칙곡면은 매우 풍부하게 존재한다.

정리 4.1.7 (Sard 정리). $f : \mathbb{R}^3 \to \mathbb{R}$가 미분가능한 함수일 때 거의 모든 실수 c에 대하여 c가 f의 정칙값이다.

증명 이 증명은 학부 수준을 벗어나므로 더 알고 싶은 학생은 대학원 수준의 교과서를 참조하시오. □

문제 4.1.9. $f(x, y, z) = (x + 2y + 3z + 4)^2$일 때

(a) f의 임계점을 구하시오.

(b) f의 정칙값을 구하시오.

(c) $f^{-1}(a)$가 정칙곡면이 되는 a를 구하시오.

음함수 정리나 이와 동치인 역함수 정리를 사용하여 정리 4.1.2의 부분적인 역을 증명할 수 있다.

---

[7] 정리 4.1.2을 적용할 수 없을 뿐이지 정칙곡면일 가능성을 배제할 수는 없다.

정리 4.1.8. 정칙곡면은 국소적으로 함수의 그래프로 나타낼 수 있다.

증명 정칙곡면의 정의에 의하여 임의의 점 p 근방에 좌표조각 $X : U \to S$가 존재한다. $dX_q = \frac{\partial(x,y,z)}{\partial(u,v)}$의 계수가 2이므로 $X^{-1}(p) = q$에서

$$\det \frac{\partial(x,y)}{\partial(u,v)}(q), \det \frac{\partial(y,z)}{\partial(u,v)}(q), \det \frac{\partial(x,z)}{\partial(u,v)}(q)$$

중 적어도 하나는 0이 아니다. $\det \frac{\partial(x,y)}{\partial(u,v)}(q) \neq 0$이라고 가정하자.

수직사영 $\pi(x,y,z) = (x,y)$와 X의 합성

$$h = \pi \circ X : U \subseteq \mathbb{R}^2 \to \mathbb{R}^2$$

에 대하여

$$\det \frac{\partial(\pi \circ X)}{\partial(u,v)}(q) = \det \frac{\partial(x,y)}{\partial(u,v)}(q) \neq 0$$

이므로, 역함수 정리를 이용하여 q의 근방 U_1과 $\pi \circ X(q)$의 근방 U_2가 존재하고 h의 역사상 $h^{-1} : U_2 \to U_1$

$$h^{-1}(x,y) = (u(x,y), v(x,y))$$

가 미분가능하다. X가 위상동형이므로 $X(U_1)$은 p의 열린 근방이다. $X(U_1) = V$의 점 (x,y,z)를 고정하자. $(x,y,z) = X(u,v)$인 $(u,v) \in U_1$이 존재하고

$$\begin{aligned}\pi(x,y,z) &= \pi \circ X(u,v) = (x,y) \in U_2,\\ (u,v) &= h^{-1}(x,y) = (u(x,y), v(x,y))\end{aligned}$$

이다. 따라서

$$\begin{aligned}(x,y,z) &= X(u(x,y), v(x,y))\\ &= (x(u(x,y),v(x,y)), y(u(x,y),v(x,y)), z(u(x,y),v(x,y)))\end{aligned}$$

이다. 즉 $z = z(u(x,y), v(x,y)) = f(x,y)$로 x와 y의 함수라고 할 수 있다. 그러므

로 p의 열린 근방 V는

$$\{(x, y, f(x, y)) \mid (x, y) \in U_2\}$$

로 표현된다. p는 임의의 점이므로, 정칙곡면은 국소적으로 그래프로 표현된다 □

정리 4.1.9. $\mathbb{R}^3$의 부분집합 S가 정칙곡면일 필요충분조건은 S의 각 점 p에 대하여, 미분가능한 함수의 그래프로 표현되는 p의 근방이 존재하는 것이다. 즉, $z = f(x, y), y = g(x, z) x = h(y, z)$ 중의 하나로 나타낼 수 있다.

증명 S가 정칙곡면이면 정리 4.1.8에 의해 S를 국소적으로 그래프로 나타낼 수 있음을 보였다.

역으로 점 $p \in S$를 고정시키고 점 p의 근방 $V \subseteq S$가 $z = f(x, y)$로 표현된다고 하자. 이때, $X : U \to S, X(x, y) = (x, y, f(x, y))$라 놓으면 정리 4.1.2에 의하여 X는 좌표조각이다. 여기서 U는 V를 x, y 평면으로 수직사영시킨 영역으로 열린 집합이다. 그러므로 S는 정칙곡면이다. □

문제 4.1.10 (원뿔면)**.** $f(x, y) = \sqrt{x^2 + y^2}$의 그래프가 정칙곡면이 아님을 보이시오.

사상 $X : U \subseteq \mathbb{R}^2 \to \mathbb{R}^3$가 좌표조각이 됨을 보이기 위해서 X^{-1}가 연속임을 보여야 하는데 X^{-1} 자체를 구하기 어려운 경우가 많다. 이때 $X(U)$가 이미 정칙곡면임을 알고 있다면 X가 일대일임을 보임으로써 X^{-1}의 연속성이 자동으로 보장되는 다음 정리가 유용하다.

정리 4.1.10. S를 정칙곡면이라고 하자. 미분가능한 사상 $X : U \subseteq \mathbb{R}^2 \to S$의 계수가 2일 때 X가 일대일이면 X^{-1}가 연속이 되어 좌표조각이 된다.

증명 $X(U)$의 점 p를 고정하고 $q = X^{-1}(p)$라고 하자. dX_q의 계수가 2이므로 일반성을 잃지 않고 $\det\left(\frac{\partial(x,y)}{\partial(u,v)}(q)\right) \neq 0$라고 할 수 있다. 수직사영 $\pi(x, y, z) = (x, y)$와 X의 합성 $h = \pi \circ X$의 야코비안은 $\det\left(\frac{\partial(x,y)}{\partial(u,v)}(q)\right) \neq 0$이므로 역함수 정리에 의하여, q의 열린 근방 U_1과 $h(p)$의 열린 근방 U_2가 존재하고 h의 역사상 $h^{-1} : U_2 \to U_1$이 미분가능하다.

정리 4.1.8에 의해 $z = f(x, y)$ 의 그래프로 표현되는 점 p의 근방 W가 존재하고 $X(U_1) \subseteq W$ 라고 하자. 점 $(x, y, z) = (x, y, f(x, y)) = \pi^{-1}|_{U_2}(x, y) \in X(U_1)$에

대하여

$$X^{-1}|_{X(U_1)}(x,y,z) = X^{-1} \circ \pi^{-1}|_{U_2} \circ \pi(x,y,z) = h^{-1} \circ \pi(x,y,z)$$

로 표현되어 연속인 사상의 합성이므로 연속이다. 특별히 $p \in X(U_1)$이므로 p에서 연속이다. 즉 X^{-1}가 $X(U)$의 임의의 점 p에서 연속이므로 X^{-1}는 $X(U)$에서 연속이다. □

문제 4.1.11. $\{(x,y,z) \in \mathbb{R}^3 \mid x^2+y^2-z^2=1\}$이 정칙곡면임을 보이고 좌표조각을 구하시오.(도움말: 이 집합이 정칙곡면임을 알면 좌표조각의 역사상이 연속임을 정리 4.1.10를 이용하여 보일 수 있다.)

4.2 접평면과 제1기본형식

4.2.1 좌표변환

유클리드 공간에서 정의된 함수의 미분가능성을 확장하여 정칙곡면 S 위에 정의된 함수 $f : S \to R$의 미분가능성을 정의해 보자. 미분은 국소적 성질이므로 좌표조각 $X(u,v)$를 이용하여 $f \circ X : U \to R$의 미분가능성을 보는 것이 자연스럽다. 그런데 다른 좌표조각 $\overline{X}(\bar{u},\bar{v})$에 의해서도 $f \circ \overline{X}$가 같은 미분가능성을 가질 것인지 확인하여야 정의가 잘 되었다고 할 수 있다. 공통부분을 가진 두 좌표조각 X와 $\overline{X}$에 대하여, 유클리드 공간에서 정의된 사상

$$\overline{X}^{-1} \circ X(u,v) = (\bar{u}(u,v), \bar{v}(u,v))$$

이 미분가능함을 보임으로써 위의 문제를 해결할 것이다.

우선 곡선의 재매개화를 곡면으로 확장한 개념인 좌표변환을 정의하자.

정의 4.2.1 (좌표변환). $U, V \subseteq \mathbb{R}^2$가 열린집합일 때 $f : U \to V$가 미분가능한 일대일 위로의 사상으로 f의 역사상 $g = f^{-1} : V \to U$도 미분가능할 때 사상 f를 좌표변환(coordinate transformation)이라고 한다.

정리 4.2.1. $X(U) \cap \overline{X}(\overline{U}) \neq \varnothing$인 두 좌표조각 $X : U \to S,\ \overline{X} : \overline{U} \to S$에 대하여,

$$\overline{X}^{-1} \circ X : X^{-1}(X(U) \cap \overline{X}(\overline{U})) \to \overline{X}^{-1}(X(U) \cap \overline{X}(\overline{U}))$$

$$\overline{X}^{-1} \circ X : X^{-1}(X(U) \cap \overline{X}(\overline{U})) \to \overline{X}^{-1}(X(U) \cap \overline{X}(\overline{U}))$$

는 미분동형이다. 여기서 $X^{-1}(X(U) \cap \overline{X}(\overline{U}))$와 $\overline{X}^{-1}(X(U) \cap \overline{X}(\overline{U}))$는 $\mathbb{R}^2$의 열린집합이다. 따라서 $\overline{X}^{-1} \circ X$와 $X^{-1} \circ \overline{X}$는 좌표변환이다.

증명 좌표조각의 정의에 의하여 $\overline{X}^{-1} \circ X$은 위상동형이다.

$(u_0, v_0) \in X^{-1}(X(U) \cap \overline{X}(\overline{U}))$를 고정시키고 $(\bar{u}_0, \bar{v}_0) = \overline{X}^{-1} \circ X(u_0, v_0)$라고 하자.

$\overline{X}_{\bar{u}}, \overline{X}_{\bar{v}}$가 일차독립이므로, 일반성을 잃지 않고

$$\det\left(\frac{\partial(\bar{x}, \bar{y})}{\partial(\bar{u}, \bar{v})}(\bar{u}_0, \bar{v}_0)\right) \neq 0$$

라고 할 수 있다. 이때 사상 $F : \overline{U} \times R \to R^3$를

$$F(\bar{u}, \bar{v}, t) = \overline{X}(\bar{u}, \bar{v}) + te_3$$

로 정의하면 $F(\bar{u}, \bar{v}, 0) = \overline{X}(\bar{u}, \bar{v})$이고

$$|dF(\bar{u}_0, \bar{v}_0, 0)| = \det\begin{pmatrix} \frac{\partial \bar{x}}{\partial \bar{u}} & \frac{\partial \bar{x}}{\partial \bar{v}} & 0 \\ \frac{\partial \bar{y}}{\partial \bar{u}} & \frac{\partial \bar{y}}{\partial \bar{v}} & 0 \\ \frac{\partial \bar{z}}{\partial \bar{u}} & \frac{\partial \bar{z}}{\partial \bar{v}} & 1 \end{pmatrix} = \det\left(\frac{\partial(\bar{x}, \bar{y})}{\partial(\bar{u}, \bar{v})}(\bar{u}_0, \bar{v}_0)\right) \neq 0$$

이다.

역함수정리에 의해 $\overline{X}(\bar{u}_0, \bar{v}_0)$의 R^3의 열린근방 W와 미분가능한 함수 $F^{-1} : W \to \overline{U} \times R$이 존재한다. $X^{-1}(W)$가 열린집합이므로 $X(O) \subset W$인 (u_0, v_0)의 열린근방 $O \subseteq X^{-1}(X(U) \cap \overline{X}(\overline{U}))$를 잡을 수 있다. 그러므로 $\overline{X}^{-1} \circ X|_O = F^{-1} \circ X|_O$으로 미분가능한 함수 F^{-1}와 X의 합성함수로 표현된다. 즉 $\overline{X}^{-1} \circ X$는 (u_0, v_0)에서 미분가능하고 (u_0, v_0)는 임의의 점이므로 정의되는 영역 전체에서 미분가능하다.

마찬가지로 $X^{-1} \circ \overline{X}$도 미분가능함을 보일 수 있으므로 $\overline{X}^{-1} \circ X$는 미분동형이다. □

문제 4.2.1. 단위구면 $\mathbb{S}^2$의 두 좌표조각

$$X(u,v) = (u, v, \sqrt{1-u^2-v^2}), \quad (u,v) \in D$$
$$\overline{X}(\bar{u},\bar{v}) = (\bar{u}, \sqrt{1-\bar{u}^2-\bar{v}^2}, \bar{v}), \quad (\bar{u},\bar{v}) \in D$$

에 대하여 좌표변환 $\overline{X}^{-1} \circ X$의 정의역과 치역을 정하고 $\overline{X}^{-1} \circ X(u,v)$를 구하여 미분가능한지 확인하시오. 여기서 D는 단위원판이다.

문제 4.2.2. 단위구면 $\mathbb{S}^2$의 입체사영에 의해 주어진 좌표조각 X_N와 X_S에 대하여 $X_S^{-1} \circ X_N$이 좌표변환임을 보이시오.

이제 곡면 S의 열린집합 V 위에서 정의된 함수 $f : V \to R$의 미분가능성을 정의하자.

정의 4.2.2 (미분가능성). 열린집합 $V \subseteq S$에서 정의된 함수 $f : V \to R$에 대하여, 점 $p \in V$의 임의의 좌표조각 $X : U \to \mathbb{R}^3$에 의한 f의 표현 $f \circ X : U \to \mathbb{R}$이 점 $X^{-1}(p)$에서 미분가능할 때, f가 점 p에서 미분가능하다(differentiable)고 한다. 그리고 V의 모든점 p에서 미분가능하면, f는 V에서 미분가능하다고 한다.

좌표조각 X와 공통부분이 있는 좌표조각 $\overline{X}(\bar{u},\bar{v})$에 대하여 $f \circ \overline{X}$도 미분가능함을 보이자.

$$f \circ \overline{X} = f \circ (X \circ X^{-1}) \circ \overline{X} = (f \circ X) \circ (X^{-1} \circ \overline{X})$$

는 미분가능한 함수 $f \circ X$와 좌표변환 $X^{-1} \circ \overline{X}$의 합성함수이므로 미분가능하다.

마찬가지로 두 곡면 S_1과 S_2 사이의 사상 F의 미분가능성을 정의한다.

정의 4.2.3. S_1과 S_2가 정칙곡면일 때 S_1의 열린집합 V에서 정의된 사상 $F : V \to S_2$에 대하여 점 $p \in V$ 주위의 좌표조각 $X_1 : U_1 \to S_1$와 $F(p)$ 주위의 좌표조각 $X_2 : U_2 \to S_2$가 존재하여 $F(X_1(U_1)) \subset X_2(U_2)$이고 $X_2^{-1} \circ F \circ X_1$이 $X_1^{-1}(p)$에서 미분가능할 때, F가 p에서 미분가능하다고 한다.

문제 4.2.3. 좌표변환의 미분가능성을 이용하여 $F : V \to S_2$의 미분가능성이 좌표조각의 선택에 무관하게 정의됨을 보이시오.

4.2.2 접평면

곡선의 이론을 전개할 때 곡선의 접선의 존재가 중요하였다. 접선의 방향의 변화가 곡률로 정량화되어 곡선의 형태를 알 수 있었다. 곡면을 곡선의 모임으로 생각하면 각 곡선들의 접선들이 중요한 역할을 할 것이다. 이제 곡면 위의 한 점 p를 지나는 곡선들을 생각하고 점 p에서의 접선들을 다 모으면 놀랍게도 이 접선들이 한 평면을 만드는데 이 평면을 접평면이라고 한다.

정의 4.2.4 (접벡터). 정칙곡면 S 위의 점 p에서 $\alpha(0) = p$인 S 위에서 미분가능한 곡선 α의 $\alpha'(0)$를 점 p에서 S의 접벡터(tangent vector at p to S)라고 한다. 점 p에서 S의 접벡터의 집합을 T_pS로 표기하고 p에서 S의 접공간(tangent space)이라고 한다. 즉,

$$T_pS = \{\alpha'(0)|\alpha : (-\varepsilon, \varepsilon) \to S, \alpha(0) = p\}$$

이다.

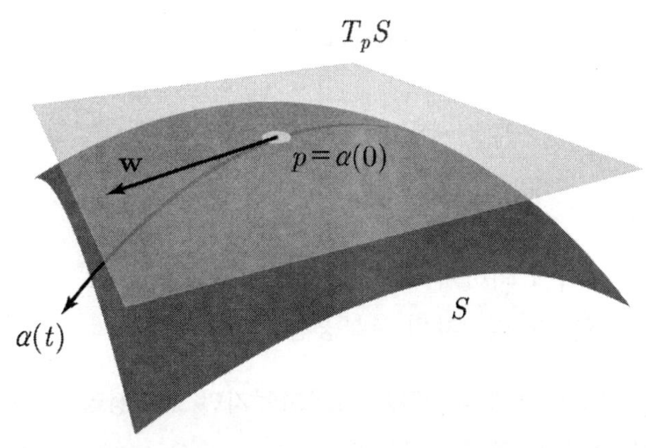

그림 4.8: 접벡터와 접평면

보조정리 4.2.2. 정칙곡면 S 위의 점 p에서의 접공간 T_pS는 $\mathbb{R}^3$의 2차원 부분공간이다.

증명 점 p 근방의 좌표조각 $X : U \subset \mathbb{R}^2 \to S$를 이용하여 임의의 접벡터 $w \in T_pS$를 X_u와 X_v의 일차결합으로 표현하자.

접벡터 w는 정의에 의하여 $w = \alpha'(0)$인 점 $p = \alpha(0)$를 지나는 곡선

$$\alpha : (-\varepsilon, \varepsilon) \to S$$

이 존재한다. 이때 $X^{-1}(\alpha(t)) = (u(t), v(t))$라고 하면 $\alpha(t) = X(u(t), v(t))$이고

$$\alpha'(0) = u'(0)\, X_u(q) + v'(0)\, X_v(q)$$

이다. 여기서 $q = (u(0), v(0))$이다.

w는 $X_u(q)$와 $X_u(q)$의 일차결합이고 w는 T_pS의 임의의 접벡터이므로

$$T_pS \subseteq \mathrm{Span}\{X_u(q), X_v(q)\}$$

이다.

이제 역으로 $\mathrm{Span}\{X_u(q), X_v(q)\} \subseteq T_pS$임을 보이자. 임의의 a, b에 대하여, 곡선 $\alpha(t) = X(q + t(a, b))$를 생각해 보자.

$$\alpha'(0) = X_u(q)\, a + X_v(q)\, b$$

이므로 $aX_u(q) + bX_v(q) \in T_pS$이다. 그러므로

$$T_pS = \mathrm{Span}\{X_u(q), X_v(q)\}$$

이다.

좌표조각 X의 정의에 의하여 X_u와 X_v는 일차독립이므로 $\{X_u, X_v\}$는 T_pS의 기저가 된다. 즉 T_pS는 $\mathbb{R}^3$의 2차원 부분공간이다. □

접공간 T_pS는 좌표조각에 무관하게 정의되었지만 보조정리 4.2.2에 의하여 $\{X_u, X_v\}$에 의해 생성됨을 보였다. 즉

$$T_pS = dX_q(\mathbb{R}^2)$$

이다. 따라서 T_pS는 $X_u \times X_v$에 수직한 평면이다. 한편 접공간에 속하는 접벡터의 시점을 p로 평행이동하면 모든 종점들은 한 평면에 속한다. 즉 p를 지나고 $X_u \times X_v$에 수직한 평면을 p에서 S의 접평면(tangent plane at p to S)이라고 부른다. 그리고 접평면 T_pS와 수직인 벡터를 점 p에서 곡면 S와 수직이라고 한다.

한편, p의 다른 좌표조각 $\overline{X}(\bar{u}, \bar{v})$에 대하여 T_pS는 $\overline{X}_{\bar{u}} \times \overline{X}_{\bar{v}}$와도 수직하므로

$\overline{X}_{\bar{u}} \times \overline{X}_{\bar{v}}$와 $X_u \times X_v$는 평행하여야 한다. 이 사실은

$$X_u \times X_v = \det \frac{\partial(\bar{u}, \bar{v})}{\partial(u, v)} \overline{X}_{\bar{u}} \times \overline{X}_{\bar{v}} \tag{2.6}$$

에서도 확인할 수 있다.

(2.6)의 증명 미분동형인 좌표변환 $\overline{X}^{-1} \circ X(u, v) = (\bar{u}(u, v), \bar{v}(u, v))$에 대하여 $X(u, v) = \overline{X}(\bar{u}(u, v), \bar{v}(u, v))$의 양변을 u와 v로 각각 편미분하면

$$\begin{aligned} X_u &= \overline{X}_{\bar{u}} \frac{\partial \bar{u}}{\partial u} + \overline{X}_{\bar{v}} \frac{\partial \bar{v}}{\partial u} \\ X_v &= \overline{X}_{\bar{u}} \frac{\partial \bar{u}}{\partial v} + \overline{X}_{\bar{v}} \frac{\partial \bar{v}}{\partial v} \end{aligned}$$

이고 외적의 성질을 이용하여 직접 계산하면 (2.6)임을 알 수 있다. □

주. $X_u \times X_v \neq 0$이므로 $\det \frac{\partial(\bar{u}, \bar{v})}{\partial(u, v)} \neq 0$임을 알 수 있다.

한편 $\overline{X}^{-1} \circ X$의 역함수를

$$X^{-1} \circ \overline{X}(\bar{u}, \bar{v}) = (u(\bar{u}, \bar{v}), v(\bar{u}, \bar{v}))$$

라고 하면

$$\begin{aligned} (\bar{u}, \bar{v}) &= (\overline{X}^{-1} \circ X) \circ (X^{-1} \circ \overline{X})(\bar{u}, \bar{v}) \\ &= (\overline{X}^{-1} \circ X)(u(\bar{u}, \bar{v}), v(\bar{u}, \bar{v})) \\ &= (\bar{u}(u(\bar{u}, \bar{v}), v(\bar{u}, \bar{v})), \bar{v}(u(\bar{u}, \bar{v}), v(\bar{u}, \bar{v}))) \end{aligned}$$

이다. 양변의 미분행렬 $\frac{\partial(\bar{u}, \bar{v})}{\partial(\bar{u}, \bar{v})}$을 구하면 연쇄법칙에 의하여

$$\begin{aligned} Id &= \begin{pmatrix} \frac{\partial \bar{u}}{\partial u} \frac{\partial u}{\partial \bar{u}} + \frac{\partial \bar{u}}{\partial v} \frac{\partial v}{\partial \bar{u}} & \frac{\partial \bar{u}}{\partial u} \frac{\partial u}{\partial \bar{v}} + \frac{\partial \bar{u}}{\partial v} \frac{\partial v}{\partial \bar{v}} \\ \frac{\partial \bar{v}}{\partial u} \frac{\partial u}{\partial \bar{u}} + \frac{\partial \bar{v}}{\partial v} \frac{\partial v}{\partial \bar{u}} & \frac{\partial \bar{v}}{\partial u} \frac{\partial u}{\partial \bar{v}} + \frac{\partial \bar{v}}{\partial v} \frac{\partial v}{\partial \bar{v}} \end{pmatrix} \\ &= \frac{\partial(\bar{u}, \bar{v})}{\partial(u, v)} \cdot \frac{\partial(u, v)}{\partial(\bar{u}, \bar{v})} \end{aligned}$$

이다. 그러므로 $\det \frac{\partial(\bar{u}, \bar{v})}{\partial(u, v)} \neq 0$임을 다시 확인할 수 있다.

점 p 근방의 두 좌표조각 $X(u,v)$와 $\overline{X}(\bar{u},\bar{v})$에 의하여 $\{X_u, X_v\}$와 $\{\overline{X}_{\bar{u}}, \overline{X}_{\bar{v}}\}$는 T_pS의 기저이므로 접벡터 $w \in T_pS$는 두 가지 표현을 갖는다.

$$w = aX_u + bX_v = \bar{a}\overline{X}_{\bar{u}} + \overline{bX}_{\bar{v}}$$

일 때 계수들의 관계는 좌표변환의 미분행렬에 의하여 결정된다.

문제 4.2.4. 정칙곡면 S 위의 점 p의 두 좌표조각 $X(u,v)$와 $\overline{X}(\bar{u},\bar{v})$에 대하여 p의 접벡터

$$w = aX_u + bX_v = \bar{a}\ \overline{X}_{\bar{u}} + \bar{b}\ \overline{X}_{\bar{v}}$$

일 때

$$\begin{pmatrix} a \\ b \end{pmatrix} = \frac{\partial(u,v)}{\partial(\bar{u},\bar{v})} \begin{pmatrix} \bar{a} \\ \bar{b} \end{pmatrix}$$

임을 보이시오.

4.2.3 곡면에서 정의된 사상의 미분

정의 4.2.5. 두 정칙곡면 S_1, S_2 사이의 사상

$$\phi : S_1 \to S_2$$

가 주어졌다고 하자. $p \in S_1$이고 $v \in T_pS_1$이라고 하면 $\alpha(0) = p, \alpha'(0) = v$인 S_1 위의 곡선 $\alpha : (-\varepsilon, \varepsilon) \to S_1$이 존재한다. 이제 $\beta = \phi \circ \alpha : (-\varepsilon, \varepsilon) \to S_2$는 $\beta(0) = \phi(\alpha(0)) = \phi(p) \in S_2$이므로 $\beta'(0) \in T_{\phi(p)}S_2$이다. 주어진 사상 $\phi : S_1 \to S_2$의 점 p에서의 미분(differential of ϕ at p)

$$d\phi_p : T_pS_1 \to T_{\phi(p)}S_2$$

를 $d\phi_p(v) = \beta'(0)$로 정의한다.

명제 4.2.3. 사상 $\phi : S_1 \to S_2$의 점 p에서의 접사상 $d\phi_p$는 α의 선택에 상관없이 잘 정의되는 선형사상이다.

증명 p의 좌표조각 $X(u,v)$와 $\phi(p)$의 좌표조각 $\overline{X}(\bar{u},\bar{v})$에 대하여, 미분가능한 함수

$$F = \overline{X}^{-1} \circ \phi \circ X = (f_1, f_2)$$

를 생각하자. $\alpha(t) = X(u(t), v(t))$이고 $\beta(t) = \phi \circ \alpha(t) = \overline{X}(\bar{u}(t), \bar{v}(t))$라고 하면

$$\overline{X}^{-1} \circ \phi \circ X(u(t), v(t)) = \overline{X}^{-1} \circ \beta(t) = (\bar{u}(t), \bar{v}(t))$$
$$F(u(t), v(t)) = (f_1(u(t), v(t)), f_2(u(t), v(t))) = (\bar{u}(t), \bar{v}(t))$$

이며, 양변을 t로 미분하면

$$\left(\frac{\partial f_1}{\partial u}u'(0) + \frac{\partial f_1}{\partial v}v'(0), \frac{\partial f_2}{\partial u}u'(0) + \frac{\partial f_2}{\partial v}v'(0)\right) = (\bar{u}'(0), \bar{v}'(0))$$

이고

$$(2.7) \qquad \begin{pmatrix} \frac{\partial f_1}{\partial u} & \frac{\partial f_1}{\partial v} \\ \frac{\partial f_2}{\partial u} & \frac{\partial f_2}{\partial v} \end{pmatrix} \begin{pmatrix} u'(0) \\ v'(0) \end{pmatrix} = \begin{pmatrix} \bar{u}'(0) \\ \bar{v}'(0) \end{pmatrix}$$

이다. (2.7)는

$$\frac{\partial(f_1, f_2)}{\partial(u, v)} \begin{pmatrix} u'(0) \\ v'(0) \end{pmatrix} = \begin{pmatrix} \bar{u}'(0) \\ \bar{v}'(0) \end{pmatrix}$$

로 쓸 수 있다.

한편 $\overline{X}^{-1} \circ \beta(t) = (\bar{u}(t), \bar{v}(t))$이므로 $\beta(t) = \overline{X}(\bar{u}(t), \bar{v}(t))$이고

$$d\phi_p(w) = \frac{d}{dt}\beta|_{t=0} = \bar{u}'(0)\overline{X}_{\bar{u}} + \bar{v}'(0)\overline{X}_{\bar{v}}$$

이다. 여기서 $w = u'(0)X_u + v'(0)X_v$이다. 즉 $d\phi_p(aX_u + bX_v) = c\overline{X}_{\bar{u}} + d\overline{X}_{\bar{v}}$ 라면 (2.7)에 의해 $d\phi_p(w)$의 값은 w의 값에만 의존하고 α의 선택에는 무관함을 알 수 있다. $d\phi_p$는 행렬의 곱에 의하여 결정되므로 선형사상이다. □

보기 4.2.1. 단위 벡터 $v \in \mathbb{R}^3$를 고정하고 정칙곡면 S 위에서 $h(p) = \langle p, v \rangle$로 정의된 함수 $h : S \to \mathbb{R}$를 생각하자. 이 함수는 S 위의 점의 v를 포함하는 축으로의 높이(height)를 나타낸다. $p \in S$이고 $w \in T_pS$이라고 하면 $\alpha(0) = p, \alpha'(0) = w$인

S 위의 곡선 α가 존재한다. 정의에 의해

$$dh_p(w) = \frac{d}{dt}h(\alpha(t))|_{t=0} = \langle \alpha'(0), v\rangle = \langle w, v\rangle$$

이다. S에서 정의된 함수 $h : S \to \mathbb{R}$를 $\mathbb{R}^3$에서 정의된 함수라고 생각하면 h는 선형사상이고

$$dh_p(w) = h(w)$$

이다. 여기서 h의 미분사상이 h와 같음을 유의하자.

정리 4.2.4 (곡면 사이의 사상에 관한 역함수 정리)**.** 두 정칙곡면 S_1, S_2 사이의 사상 $\phi : S_1 \to S_2$의 미분 $d\phi_p : T_pS_1 \to T_{\phi(p)}S_2$가 동형이면 ϕ는 국소적으로 미분동형이다.

증명 p와 $\phi(p)$의 좌표조각 $X(u, v)$와 $\overline{X}(\bar{u}, \bar{v})$에 대하여 $d\phi_p$는 근본적으로

$$d(\overline{X}^{-1} \circ \phi \circ X)_{\overline{X}^{-1}(p)}$$

와 같다. $\overline{X}^{-1} \circ \phi \circ X : U \subseteq \mathbb{R}^2 \to \mathbb{R}^2$이고 $d(\overline{X}^{-1} \circ \phi \circ X)_{\overline{X}^{-1}(p)}$이 선형동형이므로, 역함수 정리에 의하여, $\overline{X}^{-1}(p)$의 근방 U_0와 $\overline{X}^{-1}(\phi(p))$ 근방 V_0가 존재하여 $\overline{X}^{-1} \circ \phi \circ X|_{U_0} : U_0 \to V_0$이 미분동형임을 알 수 있다. $\overline{X}^{-1} \circ \phi \circ X|_{U_0} : U_0 \to V_0$이 정의에 의하여 $\phi|_{X(U_0)} : X(U_0) \to \overline{X}(V_0)$가 미분동형이라는 것과 같다. □

4.2.4 제1기본형식

이제 곡면 S위에서 곡선의 길이, 영역의 넓이 등 기하학적 성질을 알아보기 위하여 접평면에 내적을 정의할 것이다. $\mathbb{R}^3$의 부분공간인 T_pS에 $\mathbb{R}^3$의 내적 $\langle , \rangle$을 내려받아 T_pS의 내적으로 정의한다.

정의 4.2.6 (제1기본형식)**.** 정칙곡면 S 위의 점 p에 대하여, $\mathbb{R}^3$의 내적 $\langle , \rangle$를 T_pS에 국한시킨 2차 형식 $\mathrm{I}_p(w_1, w_2) = \langle w_1, w_2\rangle$을 제1기본형식(first fundamental form)이라고 한다.

p의 좌표조각 $X(u, v)$에 대하여, $\{X_u, X_v\}$가 T_pS의 기저이므로, 임의의 접벡터 $w_1, w_2 \in T_pS$는 $w_1 = aX_u + bX_v$와 $w_2 = \bar{a}X_u + \bar{b}X_v$로 표현된다.

$\mathbb{R}^3$의 내적이 대칭이고 각 변수에 대해 선형이기 때문에

$$\begin{aligned}\mathrm{I}_p(w,\bar{w}) &= a\bar{a}\langle X_u, X_u\rangle + (a\bar{b}+\bar{a}b)\langle X_u, X_v\rangle + b\bar{b}\langle X_v, X_v\rangle \\ &= (a,b)\begin{pmatrix}\langle X_u, X_u\rangle & \langle X_v, X_u\rangle \\ \langle X_u, X_v\rangle & \langle X_v, X_v\rangle\end{pmatrix}\begin{pmatrix}\bar{a}\\ \bar{b}\end{pmatrix}\end{aligned}$$

이고, I_p는 행렬

$$\begin{pmatrix}\langle X_u, X_u\rangle & \langle X_v, X_u\rangle \\ \langle X_u, X_v\rangle & \langle X_v, X_v\rangle\end{pmatrix}$$

에 의하여 결정된다. 따라서

$$\begin{aligned}\langle X_u, X_u\rangle &= E \\ \langle X_u, X_v\rangle &= \langle X_v, X_u\rangle = F \\ \langle X_v, X_v\rangle &= G\end{aligned}$$

라 놓고, E, F, G를 X에 의한 제1기본형식의 계수(coefficient of first fundamental form)라고 부른다.

특히, $w = aX_u + bX_v$일 때, $\mathrm{I}_p(w,w) = a^2E + 2abF + b^2G$가 된다. 이때 I_p가 X_u와 X_v의 계수에 대하여 2차식으로 표현되므로 I_p를 2차형식이라고 한다.

문제 4.2.5. $\mathbb{R}^3$의 두 벡터 w_1과 w_2이 $\langle w_i, w_j\rangle = \delta_{ij}, i,j = 1,2$일 때 p_0를 지나고 w_1과 w_2를 포함하는 평면 $\mathcal{P}$의 좌표조각 $X(u,v) = p_0 + uw_1 + vw_2$의 제1기본형식의 계수를 구하시오.

문제 4.2.6. 원기둥면 $\{(x,y,z) \in \mathbb{R}^3 \mid x^2 + y^2 = r^2\}$의 좌표조각을 구하고 이것의 제1기본형식의 계수를 구하시오.

정의 4.2.7. 곡면 위의 곡선 $\alpha(t), t \in [a,b]$의 길이는

$$L(\alpha) = \int_a^b |\alpha'(t)|\,dt = \int_a^b \sqrt{\mathrm{I}_{\alpha(t)}(\alpha'(t), \alpha'(t))}dt$$

이다. $\alpha(t) = X(u(t), v(t))$라면

$$L(\alpha) = \int_a^b \sqrt{(u'(t))^2 E + 2u'(t)v'(t)F + (v(t))^2 G}dt$$

이고 곡선 $\alpha(t)$의 길이는 E, F, G에 의하여 결정된다.

정의 4.2.8. 곡면 위의 두 곡선 $\alpha(t)$와 $\beta(\bar{t})$가 점 p에서 만난다고 하자. $p = \alpha(t_0) = \beta(\bar{t}_0)$일 때 T_pS의 두 접벡터 $\alpha'(t_0)$와 $\beta'(\bar{t}_0)$가 모두 영벡터가 아니라면, 두 벡터가 이루는 각 θ는

$$\cos\theta = \frac{\langle \alpha'(t_0), \beta'(\bar{t}_0) \rangle}{|\alpha'(t_0)||\beta'(\bar{t}_0)|}$$

에 의하여 $0 \le \theta \le \pi$로 유일하게 결정된다. 이때 우리는 $\alpha(t)$와 $\beta(\bar{t})$가 점 p에서 θ의 각으로 만난다고 한다.

문제 4.2.7. 단위구면 $\mathbb{S}^2$의 구면좌표 (ϕ, θ)에 대하여 적도의 반을 나타내는 곡선 $\alpha(t) = X(t, \pi/2), \pi/2 \le t \le 3\pi/2$의 길이를 제1기본형식을 이용하여 구하시오.

보기 4.2.2. $X_u \times X_v$의 크기를 E, F, G로 표현해 보자.

$$\begin{aligned} |X_u \times X_v|^2 &= |X_u|^2 |X_v|^2 \sin^2\theta \\ &= |X_u|^2 |X_v|^2 (1 - \cos^2\theta) \\ &= |X_u|^2 |X_v|^2 - \langle X_u, X_v \rangle^2 \\ &= EG - F^2 \\ &= \det \begin{pmatrix} E & F \\ F & G \end{pmatrix} \end{aligned}$$

이므로

$$|X_u \times X_v| = \sqrt{EG - F^2}$$

이다.

공통부분이 있는 두 좌표조각 $X(u, v)$와 $\overline{X}(\bar{u}, \bar{v})$가 만드는 제1기본형식 E, F, G

와 $\overline{E}, \overline{F}, \overline{G}$를 비교해 보자. 공통부분에서 좌표변환을

$$\overline{X}^{-1} \circ X(u,v) = (\bar{u}(u,v), \bar{v}(u,v))$$

라고 하면 $X(u,v) = \overline{X}(\bar{u}(u,v), \bar{v}(u,v))$이고, 연쇄법칙을 이용하여 양변을 편미분 하여

$$X_u = \overline{X}_{\bar{u}} \frac{\partial \bar{u}}{\partial u} + \overline{X}_{\bar{v}} \frac{\partial \bar{v}}{\partial u}$$
$$X_v = \overline{X}_{\bar{u}} \frac{\partial \bar{u}}{\partial v} + \overline{X}_{\bar{v}} \frac{\partial \bar{v}}{\partial v}$$

을 얻고 직접 내적을 계산하여 행렬로 표현하면

$$\begin{pmatrix} E & F \\ F & G \end{pmatrix} = \frac{\partial(\bar{u},\bar{v})}{\partial(u,v)}^T \begin{pmatrix} \overline{E} & \overline{F} \\ \overline{F} & \overline{G} \end{pmatrix} \frac{\partial(\bar{u},\bar{v})}{\partial(u,v)} \tag{2.8}$$

이 된다.

주. 공통부분이 있는 두 좌표조각 $X(u,v)$와 $\overline{X}(\bar{u},\bar{v})$에 대하여

$$|X_u \times X_v| = |\overline{X}_{\bar{u}} \times \overline{X}_{\bar{v}}| \left| \det \frac{\partial(\bar{u},\bar{v})}{\partial(u,v)} \right|$$

이다.

주. 곡면에서의 길이, 각도, 넓이 등에 대한 정보는 제1기본형식 E, F, G에 의해서 결정된다. 그리고 제1기본형식에 의해 결정되는 성질을 곡면의 내재적 성질(intrisic property)이라고 한다. 그러므로 길이, 각도, 넓이는 곡면의 내재적 성질이다.

4.2.5 넓이

곡면 위의 주어진 영역을 제1기본형식을 이용하여 넓이를 정의할 수 있다. 좌표조각 $X : U \to S, R \subset U$인 작은 직사각형

$$R = [u_0, u_0 + \Delta u] \times [v_0, v_0 + \Delta v]$$

에 대하여 $X(R)$에 속하는 세 점

$$P = X(u_0, v_0), Q = X(u_0 + \Delta u, v_0), R = X(u_0, v_0 + \Delta v)$$

을 잡고 $X(R)$의 넓이를 평행사변형 $RPQS$의 넓이로 근사시킨다. 변 $\overline{PQ} = X(u_0 + \Delta u, v_0) - X(u_0, v_0)$와 변 $\overline{PR} = X(u_0, v_0 + \Delta v) - X(u_0, v_0)$는 평균값 정리에 의하여

$$\overline{PQ} = X(u_0 + \Delta u, v_0) - X(u_0, v_0) = (x_u(u_0', v_0), y_u(u_0'', v_0), z_u(u_0''', v_0))\Delta u$$
$$\overline{PR} = X(u_0, v_0 + \Delta v) - X(u_0, v_0) = (x_v(u_0, v_0'), y_v(u_0, v_0''), z_v(u_0, v_0'''))\Delta v$$

이고 u_0', u_0'', u_0'''는 u_0와 $u_0 + \Delta u$ 사이의 값이고 v_0', v_0'', v_0'''는 v_0와 $v_0 + \Delta v$ 사이의 값이다.

Δu와 Δv가 충분히 작다면

$$|\, \overline{PQ} \times \overline{PR} \,| \approx |\, X_u(u_0, v_0) \times X_v(u_0, v_0) \,|\, \Delta u \Delta v = \sqrt{EG - F^2}\Delta u \Delta v$$

이다.

이제 좌표조각 $X : U \to S$에 의한 옹골찬 집합 $R \subseteq U$의 상의 넓이를 구해보자. R은 작은 직사각형 R_{ij}들로 분할하면 $X(R) = \bigcup_{ij} X(R_{ij})$ 이고 $X(R_{ij})$의 넓이가 $\sqrt{(EG - F^2)(u_{ij}, v_{ij})}\Delta u \Delta v$로 근사되어 $X(R)$의 넓이 $\mathrm{Area}(X(R))$은

$$\mathrm{Area}(X(R)) \approx \sum_{i,j} \sqrt{(EG - F^2)(u_{ij}, v_{ij})}\Delta u \Delta v$$

이다. $\Delta u, \Delta v \to 0$인 극한을 취하면, 리만 적분의 정의에 의하여

$$\mathrm{Area}(X(R)) = \iint_R \sqrt{EG - F^2}dudv$$

이다.

또 다른 좌표조각 $\overline{X}$에 의하여, $X(R) = \overline{X}(\overline{R})$이라면 같은 영역의 넓이는 같아

야 한다. 따라서

$$\iint_R \sqrt{EG-F^2}dudv = \iint_{\overline{R}} \sqrt{\overline{E}\overline{G}-\overline{F}^2}d\bar{u}d\bar{v}$$

임을 확인해 보자. (2.8)에 의하여

$$\sqrt{EG-F^2} = \sqrt{\overline{E}\overline{G}-\overline{F}^2}\left|\det\frac{\partial(\bar{u},\bar{v})}{\partial(u,v)}\right|$$

이므로

$$\begin{aligned}\iint_R \sqrt{EG-F^2}dudv &= \iint_R \sqrt{\overline{E}\overline{G}-\overline{F}^2}\left|\det\frac{\partial(\bar{u},\bar{v})}{\partial(u,v)}\right|dudv \\ &= \iint_{\overline{R}} \sqrt{\overline{E}\overline{G}-\overline{F}^2}d\bar{u}d\bar{v} \qquad (2.9)\end{aligned}$$

이다. 여기서 (2.9)은 좌표변환 $(u,v)\mapsto(\bar{u},\bar{v})$에 대한 다변수 미분적분학의 변수변환 공식에 의한 것이다.

문제 4.2.8 (단위 구면의 넓이). 단위 구면의 좌표조각

$$X(u,v) = (u,v,\sqrt{1-u^2-v^2})$$

를 이용하여 북반구 H^+의 넓이를 구하시오.

보기 4.2.3 (원환면의 넓이). 원환면 T의 좌표조각

$$X(\phi,\theta) = ((a+r\cos\theta)\cos\phi,(a+r\cos\theta)\sin\phi,r\sin\theta), 0<\phi,\theta<2\pi$$

에 대하여 제1기본형식을 구하고 원환면의 넓이를 구해보자.

$$\begin{aligned}X_\phi &= (-(a+r\cos\theta)\sin\phi,(a+r\cos\theta)\cos\phi,0),\\ X_\theta &= (-r\sin\theta\cos\phi,-r\sin\theta\sin\phi,r\cos\theta)\end{aligned}$$

이고

$$\begin{aligned} E &= \langle X_\phi, X_\phi \rangle = (a + r\cos\theta)^2, \\ F &= \langle X_\phi, X_\theta \rangle = \langle X_\theta, X_\phi \rangle = 0, \\ G &= \langle X_\theta, X_\theta \rangle = r^2 \end{aligned}$$

이다. 따라서

$$\sqrt{EG - F^2} = r(a + r\cos\theta)$$

이다.

이제 $R_\varepsilon = X([\varepsilon, 2\pi - \varepsilon] \times [\varepsilon, 2\pi - \varepsilon])$라고 하면

$$\begin{aligned} \text{Area}(R_\varepsilon) &= \int_\varepsilon^{2\pi-\varepsilon} \int_\varepsilon^{2\pi-\varepsilon} r(a + r\cos\theta) d\phi d\theta \\ &= (2\pi - 2\varepsilon)\left\{r^2(\sin(2\pi - \varepsilon) - \sin\varepsilon + ar(2\pi - 2\varepsilon)\right\} \end{aligned}$$

이다. 따라서 원환면의 넓이는

$$\text{Area}(T) = \lim_{\varepsilon \to 0} \text{Area}(R_\varepsilon) = 4\pi^2 ar$$

이다.

4.3 유향곡면

종이 띠의 양 끝의 방향을 유지하면서 붙인 곡면 S_1과 양 끝의 방향을 반대로 붙인 곡면 S_2를 만들자. S_1은 원기둥면이고, S_2는 뫼비우스 띠(Möbius band, Möbius strip)이다. S_1은 곡면의 위와 아래를 구분할 수 있지만(two-sided) S_2는 위와 아래의 개념을 줄 수 없다(one-sided). 원기둥면의 양 끝을 같은 방향으로 붙이면 원환면이 되고 반대 방향으로 붙이면 클라인 병(Klein bottle)이 된다. 원환면은 내부와 외부를 확실히 알 수 있지만 클라인 병은 안과 밖을 구분할 수 없다. 여기서는 이런 차이를 주는 곡면의 방향에 대해서 공부한다.

4.3.1 가향곡면

벡터공간 $\mathbb{R}^2$의 방향은 순서가 있는 기저의 선택으로 정의된다. 그리고 두 기저 $\{w_1, w_2\}$와 $\{\bar{w}_1, \bar{w}_2\}$가

$$\begin{pmatrix} w_1 \\ w_2 \end{pmatrix} = \begin{pmatrix} a_{11} & a_{12} \\ a_{21} & a_{22} \end{pmatrix} \begin{pmatrix} \bar{w}_1 \\ \bar{w}_2 \end{pmatrix}, \quad \det(a_{ij}) > 0$$

일 때, $\mathbb{R}^2$의 두 기저가 같은 방향이라고 한다.

한편, $\mathbb{R}^2$를 공간 $\mathbb{R}^3$의 부분공간으로 볼 때, $\frac{w_1 \times w_2}{|w_1 \times w_2|}$는 $\mathbb{R}^2$에 수직인 단위법벡터로 평면의 위라고 정할 수 있다. 그리고 같은 방향을 갖는 $\{\bar{w}_1, \bar{w}_2\}$에 대하여 $w_1 \times w_2 = \det(a_{ij})\bar{w}_1 \times \bar{w}_2$이고 $\det(a_{ij}) > 0$이므로

$$\frac{w_1 \times w_2}{|w_1 \times w_2|} = \frac{\bar{w}_1 \times \bar{w}_2}{|\bar{w}_1 \times \bar{w}_2|}$$

이다. 즉 두 기저가 같은 단위 법벡터를 정의한다.

문제 4.3.1. 원점에서 $w_1 \times w_2$방향으로 서서 단위원을 바라본다. 단위원 위의 점 $\frac{w_1}{|w_1|}$을 출발하여 $\frac{w_2}{|w_2|}$로 가는 단위원 위의 두 경로 중 짧은 방향이 항상 시계반대방향임을 보이시오. (도움말 : $\{w_1, w_2, w_1 \times w_2\}$가 오른손법칙을 따른다는 것을 이용하라.)

이제 이 개념을 곡면 S로 확장해 보자. 각 점 p에 대한 접평면 T_pS에 순서가 있는 기저 또는 단위법벡터를 통하여 방향을 줄 수 있는데, 이때 기저와 단위법벡터가 곡면 S 전체에서 미분가능하도록 잘 정의될 수 있는지를 살펴보자.

우선 좌표조각 $X(u,v)$에 대하여 순서가 있는 기저 $\{X_u, X_v\}$로 $T_{X(u,v)}S$의 방향이 결정된다. 그리고 또 다른 좌표조각 $\overline{X}(\bar{u}, \bar{v})$과의 공통영역에서 좌표변환 $(\bar{u}(u,v), \bar{v}(u,v)) = \overline{X}^{-1} \circ X(u,v)$에 의하여

$$\begin{pmatrix} X_u \\ X_v \end{pmatrix} = \frac{\partial(\bar{u}, \bar{v})}{\partial(u,v)}^T \begin{pmatrix} \overline{X}_{\bar{u}} \\ \overline{X}_{\bar{v}} \end{pmatrix}$$

이다. 그러므로 좌표변환의 야코비안이 양수이면 $\{X_u, X_v\}$와 $\{\overline{X}_{\bar{u}}, \overline{X}_{\bar{v}}\}$는 같은 방향을 나타낸다.

정의 4.3.1 (가향곡면, 유향곡면)**.** 임의의 두 좌표조각의 좌표변환의 야코비안이 양수인 좌표조각들의 집합이 곡면 S 전체를 덮을 수 있을 때, S는 방향을 줄 수 있는 곡면 또는 가향곡면(orientable surface)이라고 한다. 위와 같은 좌표조각의 집합이 선택되었을 때, S를 유향곡면(oriented surface)이라고 한다.

유향곡면의 경우, 주어진 좌표조각에 의하여 각 접평면에 방향 $\{X_u, X_v\}$이 고정되고, 이것은 각 점의 단위법벡터(unit normal vector) $\frac{X_u \times X_v}{|X_u \times X_v|}$를 잘 정의한다. 반대로 곡면 전체에서 단위법벡터를 잘 정의할 수 있으면, 곡면이 가향곡면이 될 수 있도록 좌표조각들을 조절할 수 있다. 따라서 유향곡면은 단위법벡터에 의하여 곡면의 위와 아래 또는 안과 밖을 구분할 수 있는 곡면이다.

정리 4.3.1. 곡면 S가 유향곡면일 필요충분조건은 미분가능한 단위법벡터 $\nu : S \to \mathbb{R}^3$가 존재하는 것이다.

증명 곡면 S가 유향곡면이라고 가정하자. 위 정의의 조건을 만족하는 좌표조각의 집합을 $\mathcal{C}$라고 놓자. 임의의 점 p 근방의 좌표 조각 $X(u,v) \in \mathcal{C}$에 대하여 $\nu(p) = \frac{X_u \times X_v}{|X_u \times X_v|}$인 사상 $\nu : S \to \mathbb{R}^3$를 정의한다. 이때 p 주위의 다른 좌표조각 $\overline{X}(\bar{u}, \bar{v}) \in \mathcal{C}$를 선택하면, 좌표변환 $\overline{X}^{-1} \circ X(u,v) = (\bar{u}(u,v), \bar{v}(u,v))$의 야코비안이 양수이고

$$X_u \times X_v = \det \frac{\partial(\bar{u}, \bar{v})}{\partial(u,v)} \cdot \overline{X}_{\bar{u}} \times \overline{X}_{\bar{v}}$$

이므로 $\frac{X_u \times X_v}{|X_u \times X_v|} = \frac{\overline{X}_{\bar{u}} \times \overline{X}_{\bar{v}}}{|\overline{X}_{\bar{u}} \times \overline{X}_{\bar{v}}|}$이다. 즉 ν가 좌표조각의 선택에 무관하게 잘 정의되었다. 그리고 국소적으로 $\nu \circ X(u,v) = \frac{X_u \times X_v}{|X_u \times X_v|}(u,v)$로 미분가능하므로 ν는 미분가능하다.

역으로 미분가능한 단위법벡터 $\nu : S \to \mathbb{R}^3$로 존재한다고 하자. 곡면 S를 덮는 좌표조각의 모임을 $\mathcal{C}$라고 하자. $\mathcal{C}$에 속하는 임의의 좌표조각 $X : U \to \mathbb{R}^3$에 대하여 $\frac{X_u \times X_v}{|X_u \times X_v|}$와 ν는 단위법벡터로 서로 평행이다. 따라서

$$f(p) = \left\langle \frac{X_u \times X_v}{|X_u \times X_v|}, \nu \right\rangle \in \{-1, +1\}$$

는 $X(U)$에서 연속함수이므로 $f \equiv 1$이거나 $f \equiv -1$이다. $f \equiv -1$이면

$$\frac{X_u \times X_v}{|X_u \times X_v|} = -\nu$$

이므로 변수 u, v의 순서를 바꿔 만든 새 좌표조각 $\overline{X}(u,v) = X(v,u)$으로 $X(u,v)$를 대체한다. $f \equiv 1$이면 X를 그대로 둔다. 이렇게 만들어진 새로운 모임 $\overline{\mathcal{C}}$는 유향곡면의 성질을 만족한다. □

이제부터 단위법벡터 ν를 이용하여 유향곡면 S를 (S,ν)로 표현한다. 유향곡면 (S,ν)의 좌표조각 $X : U \to \mathbb{R}^3$가 $X(U)$에서

$$\nu = \frac{X_u \times X_v}{|X_u \times X_v|}$$

일 때, 좌표조각 X가 곡면의 방향과 양립한다(compatible)라고 한다.

보기 4.3.1. 곡면 S가 $z = f(x,y)$의 그래프인 경우와 같이 좌표조각 하나로 곡면 전체를 덮을 수 있는 단순곡면은 정의에 의하여 유향곡면이다.

보기 4.3.2. 곡면을 두 개의 좌표조각으로 덮을 수 있고 좌표조각의 공통 영역이 연결인 경우 이 곡면은 유향곡면이다. 곡면 S의 두 좌표조각

$$X : U \to S, \quad X(u,v)$$
$$\overline{X} : V \to S, \quad \overline{X}(\bar{u},\bar{v})$$

에 대하여 $X(U) \cup \overline{X}(V) = S$이고 $X(U) \cap \overline{X}(V) = D$가 연결집합이라고 하자. 함수 $f : D \to \{-1,+1\}$를

$$f(p) = \left\langle \frac{X_u \times X_v}{|X_u \times X_v|}, \frac{\overline{X}_{\bar{u}} \times \overline{X}_{\bar{v}}}{|\overline{X}_{\bar{u}} \times \overline{X}_{\bar{v}}|} \right\rangle$$

로 정의하면 f는 연속이므로 $f(D)$는 연결집합이다. 즉 $f \equiv 1$이거나 $f \equiv -1$이다.

만약 $f \equiv 1$이면,

$$\frac{X_u \times X_v}{|X_u \times X_v|} \text{와 } \frac{\overline{X}_{\bar{u}} \times \overline{X}_{\bar{v}}}{|\overline{X}_{\bar{u}} \times \overline{X}_{\bar{v}}|}$$

는 같은 방향으로 곡면전체에 단위 법벡터가 잘 정의된다. 그리고 $f \equiv -1$이면, 새로운 좌표조각 $\tilde{X}(\bar{u},\bar{v}) = \overline{X}(\bar{v},\bar{u})$로 놓으면 $\tilde{X}_{\bar{u}} = \overline{X}_{\bar{v}}, \tilde{X}_{\bar{v}} = \overline{X}_{\bar{u}}$이므로

$$\frac{X_u \times X_v}{|X_u \times X_v|} \text{와 } \frac{\tilde{X}_{\bar{u}} \times \tilde{X}_{\bar{v}}}{|\tilde{X}_{\bar{u}} \times \tilde{X}_{\bar{v}}|}$$

가 같은 방향으로 곡면 전체에 단위법벡터가 잘 정의된다. 그러므로 S는 유향곡면이다.

보기 4.3.3. a가 미분가능한 함수 $f : U \subseteq \mathbb{R}^3 \to \mathbb{R}$의 정칙값일 때 등위곡면 $S = f^{-1}(a)$는 유향곡면이다. 곡면 S의 각 점 p에서 단위법벡터는 $\nu(p) = \frac{\nabla f(p)}{|\nabla f(p)|}$이다.

문제 4.3.2. 이때 $\nabla f(p)$와 T_pS가 수직임을 보이시오.

문제 4.3.3. 가향곡면에는 몇 개의 방향을 줄 수 있는지 밝히시오.

4.3.2 비가향곡면

우리는 정칙곡면이 유향곡면이 되려면 한 단위 법벡터가 곡면 전체에 존재해야 함을 알았다. 그러나 뫼비우스 띠와 같은 곡면은 그런 단위법벡터가 존재하지 않는다. 즉 뫼비우스 띠는 위와 아래가 구분되지 않고 한 면(one-sided)으로 되어 있다. 이런 곡면을 비가향곡면(non-orientable surface)이라고 한다. 이 절에서 뫼비우스 띠(Möbius band) $\ddot{M}$가 비가향곡면임을 보인다.

우선 뫼비우스 띠를 다음에 정의된 열린 선분 l_θ의 집합

$$\ddot{M} = \bigcup_{0 \le \theta \le 2\pi} l_\theta$$

으로 보자.

$$\begin{aligned} S^1 &= \{(2\cos\theta, 2\sin\theta, 0) : 0 \le \theta \le 2\pi\}, \\ l_0 &= \{(2, 0, v) : -1 \le v \le 1\}, \\ C_\theta &= (2\cos\theta, 2\sin\theta, 0) \end{aligned}$$

라고 할 때, l_0의 c_0를 S^1을 따라 θ만큼 회전시키고 동시에 S^1을 축으로 $\frac{\theta}{2}$만큼 회전시켜 얻은 선분 l_θ,즉 구면좌표계로 $(\rho, \theta, \theta/2), -1 < \rho = v < 1$인 선분을 C_θ로 평행이동한 선분으로

$$l_\theta = \left\{\left((2 + v\sin\tfrac{\theta}{2})\cos\theta, (2 + v\sin\tfrac{\theta}{2})\sin\theta, v\cos\tfrac{\theta}{2}\right) \mid -1 < v < 1\right\}$$

로 표현된다. $\ddot{M}$를 덮는 사상 $X : \mathbb{R} \times (-1,1) \to \ddot{M}$을

$$X(\theta, v) = \left((2 + v\sin\tfrac{\theta}{2})\cos\theta, (2 + v\sin\tfrac{\theta}{2})\sin\theta, v\cos\tfrac{\theta}{2}\right) = \ l_\theta(v)$$

로 정의하면

$$l_\theta(v) = X(\theta, v) = X(\theta + 2\pi, -v)$$

이다. 이때 $\ddot{M}$의 두 좌표조각 X_1과 X_2를

$$X_1 = X|_{(0,2\pi)\times(-1,1)}, \quad X_2 = X|_{(\pi,3\pi)\times(-1,1)}$$

라고 하자. 이들의 공통영역은 두 개의 연결집합 $M_1 = \{l_\theta : 0 < \theta < \pi\}$과 $M_2 = \{l_\theta : \pi < \theta < 2\pi\}$이다. M_1에서 $0 < \theta < \pi$인 $\theta 11$에 대하여

$$X_1(\theta, v) = X(\theta, v) = X(\theta + 2\pi, -v) = X_2(\theta + 2\pi, -v)$$

이므로

$$X_2^{-1} \circ X_1(\theta, v) = (\theta + 2\pi, -v)$$

이고, 이것의 야코비안은 -1이다. M_2에서 $\pi < \theta < 2\pi$인 θ에 대하여

$$X_1(\theta, v) = X(\theta, v) = X_2(\theta, v)$$

이므로

$$X_2^{-1} \circ X_1(\theta, v) = (\theta, v)$$

이고, 이것의 야코비안은 1이다.

그러므로 두 개의 단위 법벡터는

$$\frac{X_{1\theta} \times X_{1v}}{|\ X_{1\theta} \times X_{1v}\ |} = \begin{cases} -\frac{X_{2\theta} \times X_{2v}}{|X_{2\theta} \times X_{2v}|}, & X_1(\theta, v) \in M_1 \\ +\frac{X_{2\theta} \times X_{2v}}{|X_{2\theta} \times X_{2v}|}, & X_2(\theta, v) \in M_2 \end{cases}$$

이다.

이제 뫼비우스 띠가 유향곡면이라 가정하자. 그러면 $\ddot{M}$ 전체에서 정의된 미분

가능한 단위 법벡터 v가 존재한다. 이제 다음 두 함수 f와 $\bar{f}$를 v를 이용하여

$$f : \ddot{M} \setminus l_0 \to \{-1, +1\}, \quad f(p) = \left\langle v(p), \frac{X_{1\theta} \times X_{1v}}{| X_{1\theta} \times X_{1v} |} \right\rangle$$
$$\bar{f} : \ddot{M} \setminus l_\pi \to \{-1, +1\}, \quad \bar{f}(p) = \left\langle v(p), \frac{X_{2\theta} \times X_{2v}}{| X_{2\theta} \times X_{2v} |} \right\rangle$$

로 정의하자. 이때 f와 $\bar{f}$는 미분가능한 함수이고 $\ddot{M} \setminus l_0$과 $\ddot{M} \setminus l_\pi$는 각각 연결집합이므로 f와 $\bar{f}$는 상수함수이다. $f = c, \bar{f} = \bar{c}$라고 하자.

한편 M_1에서

$$\frac{X_{1\theta} \times X_{1v}}{| X_{1\theta} \times X_{1v} |} = -\frac{X_{2\theta} \times X_{2v}}{| X_{2\theta} \times X_{2v} |}$$

이므로 $c = -\bar{c}$이다. 그러나 M_2에서는

$$\frac{X_{1\theta} \times X_{1v}}{| X_{1\theta} \times X_{1v} |} = +\frac{X_{2\theta} \times X_{2v}}{| X_{2\theta} \times X_{2v} |}$$

이므로 $c = +\bar{c}$가 된다. 이 모순에 의하여 뫼비우스 띠는 비가향곡면이다.

4.4 연습 문제

문제 4.4.1. 주어진 2차곡면 S 위의 사상 X가 좌표조각이 됨을 보이시오.

(a) (타원면) $S = \left\{ \frac{x^2}{a^2} + \frac{y^2}{b^2} + \frac{z^2}{c^2} = 1 \right\}$,
$X(u, v) = (a \sin u \cos v, b \sin u \sin v, c \cos u)$.

(b) (타원포물면) $S = \left\{ \frac{x^2}{a^2} + \frac{y^2}{b^2} = z \right\}$,
$X(u, v) = (au \cos v, bu \sin v, u^2)$.

(c) (쌍곡포물면) $S = \left\{ \frac{x^2}{a^2} - \frac{y^2}{b^2} = \frac{z}{c} \right\}$,
$X(u, v) = (au \cosh v, bu \sinh v, cu^2)$.

(d) (한잎 쌍곡면) $S = \left\{ \frac{x^2}{a^2} + \frac{y^2}{b^2} - \frac{z^2}{c^2} = 1 \right\}$,
$X(u, v) = (a \sin u \cosh v, b \cos u \cosh v, c \sinh v)$.

(e) (두잎 쌍곡면) $S = \left\{ \frac{x^2}{a^2} + \frac{y^2}{b^2} - \frac{z^2}{c^2} = -1 \right\}$,
$X(u, v) = (a \sin u \sinh v, b \cos u \sinh v, c \cosh v)$.

(f) (타원뿔면) $S = \left\{\frac{x^2}{a^2} + \frac{y^2}{b^2} = \frac{z^2}{c^2}, z > 0\right\}$,
$X(u, v) = (au\cos v, bu\sin v, cu)$.

문제 4.4.2. 나선 $\alpha(u) = (\cos u, \sin u, u)$의 각 점에서 x, y 평면에 평행이고 z 축과 만나는 직선들의 집합을 나선면이라고 한다. 나선면의 좌표조각을 구하여 정칙곡면임을 보이시오.

문제 4.4.3. 타원면을 덮는 좌표조각의 모임을 구하여 타원면이 정칙곡면임을 보이시오.

문제 4.4.4. $X(u, v) = (\sqrt{1-u^2}\cos v, \sqrt{1-u^2}\sin v, u), \quad -1 < u < 1, 0 < v < 2\pi$가 좌표조각임을 보이고 X의 상을 구하시오.

문제 4.4.5. $X(\phi, \theta) = (\sin\phi\cos\theta, 2\sin\phi\sin\theta, 3\cos\phi), \quad 0 < \phi < \pi, 0 < \theta < 2\pi$이 좌표조각임을 보이고 X의 상을 구하시오.

문제 4.4.6. $f(x, y, z) = x^3$일 때

(a) f의 임계점을 구하시오.

(b) f의 정칙값을 구하시오.

(c) $f^{-1}(a)$가 정칙곡면이 되는 a를 구하시오.

문제 4.4.7. $\{(x, y, z) \in \mathbb{R}^3 \mid z = x^2 - y^2\}$이 정칙곡면임을 보이고 좌표조각을 구하시오.

문제 4.4.8. 함수 $f : \mathbb{R}^3 \to \mathbb{R}$의 정칙값 c에 대하여 등위곡면 $f^{-1}(c)$ 위의 점 $p = (x_0, y_0, z_0)$에서 $\nabla f(p)$가 곡면과 수직임을 보이고 접평면의 식을 구하시오.

문제 4.4.9. y, z 평면의 현수선 $\alpha(v) = (0, \cosh v, v)$를 z 축으로 회전하여 얻은 회전면을 현수면이라고 한다. 점 $(1, 0, 0)$에서 현수면의 접평면을 구하시오.

문제 4.4.10. 정칙곡면 S에서 정의된 함수 $f : S \to \mathbb{R}$이 $p_0 \in S$에서 극소값을 갖는다면 $df_{p_0} = \mathbf{0}$임을 보이시오.

문제 4.4.11. $z = f(x, y)$의 그래프로 주어진 정칙곡면 위의 점$(x_0, y_0, f(x_0, y_0))$에서의 접평면의 식을 구하시오.

문제 4.4.12. 곡률 $\kappa(t) > 0$인 정칙곡선 $\alpha : I \to \mathbb{R}^3$의 접곡면(tangent surface)을

$$X(t,v) = \alpha(t) + v\alpha'(t), t \in I, v \neq 0$$

로 정의한다. 이때 고정된 t_0에 대하여 곡선 $X(t_0, v)$를 따라 접평면이 일치함을 보이시오.

문제 4.4.13. 단위구면 $\mathbb{S}^2$의 두 좌표조각

$$\begin{aligned} X(u,v) &= (u, v, \sqrt{1-u^2-v^2}), \quad (u,v) \in D, \\ \overline{X}(\bar{u},\bar{v}) &= (\bar{u}, \sqrt{1-\bar{u}^2-\bar{v}^2}, \bar{v}), \quad (\bar{u},\bar{v}) \in D \end{aligned}$$

에 대하여 좌표변환 $\overline{X}^{-1} \circ X$의 정의역과 치역을 정하고 $\overline{X}^{-1} \circ X(u,v)$를 구하여 미분가능한지 확인하시오. 여기서 D는 단위원판이다.

문제 4.4.14. 연결된 정칙곡면 S에서 정의된 함수 $f : S \to \mathbb{R}$의 미분이 모든 점 p에서 $df_p = \mathbf{0}$일 때 f는 상수 함수임을 보이시오.

문제 4.4.15. 정칙곡면 S 위에서 $f(p) = |p - p_0|^2$로 정의되는 함수 $f : S \to \mathbb{R}$에 대하여

$$df_p(w) = \langle 2w, p - p_0 \rangle$$

임을 보이시오.

문제 4.4.16. 현수면의 좌표조각을 구하고 제1기본형식을 계산하시오.

문제 4.4.17. 나선면의 좌표조각을 구하고 제1기본형식을 계산하시오.

문제 4.4.18. 단순 닫힌 평면곡선 $\alpha(s)$의 각 점에서 법선 위의 열린선분

$$(-\varepsilon\overline{T}(s), \varepsilon\overline{T}(s))$$

들의 모임을 α의 ε-관(ε-tube of α)이라고 한다. α의 ε-관이 정칙곡면임을 보이고 넓이가 $2\varepsilon L$임을 보이시오. 여기서 L은 곡선 α의 길이이고 ε은 충분히 작은 양수이다. α가 평면곡선이 아닌 단순 닫힌 곡선일 때 ε-관을 프레네 틀을 이용하여 정의하고 이 관의 넓이가 $2\pi\varepsilon L$임을 보이시오.

문제 4.4.19. x, y 평면에서 원점을 제외한 영역 $\mathbb{R}^2 \setminus \{\mathbf{0}\}$이 정칙곡면임을 보이시오. 이 곡면 전체를 덮는 좌표조각을 구하고, 이것에 의한 제1기본형식을 구하시오.

문제 4.4.20. 단위 구면 $\mathbb{S}^2$의 구면좌표에 대한 제1기본형식을 구하시오.

문제 4.4.21. 단위 구면 $\mathbb{S}^2$의 입체사영에 대한 제1기본형식을 구하시오.

문제 4.4.22. 단위 구면 $\mathbb{S}^2$의 구면좌표 $X(\phi, \theta)$에 대하여 적도

$$\alpha(t) = X(t, \pi/2),\ 0 \leq t < 2\pi$$

의 길이를 제1기본형식을 이용하여 구하시오.

문제 4.4.23. 단위 구면 $\mathbb{S}^2$의 구면좌표 $X(\phi, \theta)$에 대하여

$$R = \{X(\phi, \theta) \mid 0 \leq \phi \leq \pi/2, 0 \leq \theta \leq \pi/2\}$$

의 넓이를 제1기본형식을 이용하여 구하시오.

제 5 장

곡면의 모양

곡선의 기하학적 성질을 탐구하는데는 접선의 존재가 중요하였고, 이 접선이 존재하는 곡선을 정칙곡선이라고 정의하였다. 곡면의 기하를 연구하기 위해서 제 4 장에서 접평면의 존재가 보장되는 정칙곡면을 정의하였다. 그리고 이 접평면의 변화를 이용하여 곡면의 모양을 추정할 것이다. 이때 접평면의 변화를 보는 대신 접평면에 수직인 법벡터의 변화를 연구하는 것이 간단하다. 그런데 각 접평면에 수직한 법벡터의 선택은 두 가지가 있고, 이 중 곡면 전체에서 미분가능하도록 잘 선택될 필요가 있다. 법벡터가 곡면 전체에서 미분가능하도록 선택 가능한 곡면을 §4.3에서 가향곡면이라고 정의하였다. 이 장에서는 곡면에 방향이 주어진 유향곡면만 다룬다.

§5.1에서 곡면의 각 점에서 접평면에 수직인 벡터를 대응하는 사상과 그 미분을 각각 가우스 사상과 모양작용소라고 정의한다. 즉 곡면 위에서 천정점의 변화를 통하여 곡면의 모양을 알 수 있다는 가우스의 착안을 공부한다.

§5.2에서 모양작용소가 자기수반 사상임을 보이고 이것으로부터 정의되는 제2기본형식을 다룬다.

§5.3에서 곡면 위의 곡선의 법곡률을 정의하고, 특히 각 점의 법벡터를 포함하는 평면과 곡면의 교차곡선을 법단면이라고 하는데 법단면의 곡률을 통하여 곡면의 모양을 알 수 있음을 보인다. 그리고 같은 방향에 대한 법곡률과 제2기본형식은 같다. 각 점에서 법곡률이 최대·최소가 되는 방향과 값을 주방향, 주곡률이라고 하는데, 이것들이 중요한 역할을 한다.

§5.4에서 가우스 곡률을 모양작용소의 행렬식으로 정의하고 이를 제1기본형식과 제2기본형식으로 표현하고 주곡률의 곱과 같음을 보인다. 두 주곡률의 평균을 평균곡률 H로 정의하고 $H = 0$인 극소곡면과 비누막, $H = c \neq 0$인 상수 평균곡률

곡면과 비누방울의 관계를 살펴본다. 각 점의 충분히 작은 영역 R의 가우스 상에 부호가 붙은 넓이를 주고, 이 값을 R의 넓이로 나눈 값이 가우스 곡률로 근사함을 보인다. 이 가우스 곡률의 부호를 이용하여 국소적으로 곡면의 모양을 분류하는 방법을 공부한다. 마지막으로 주곡률이 같은 점을 배꼽점이라고 하고, 모든 점이 배꼽점이면 그 곡면은 평면이거나 구면임을 보인다.

5.1 가우스 사상과 모양작용소

이제 유향곡면 (S,ν)의 모양을 국소적으로 알 수 있는 방법에 대하여 알아 보자. 먼저 오일러는 곡면을 평면으로 자른 단면곡선의 곡률을 이용하여 곡면의 형태를 연구하였다. $\nu(p)$를 포함하는 평면으로 곡면을 자를 때 생긴 곡선의 점 p에서의 곡률들 중 최대값과 최소값을 통하여 곡면에 대한 정보를 얻을 수 있다. 한편 가우스는 곡면에서 법벡터 ν의 방향으로 서서 움직인다고 가정하고 머리 위 천정의 방향을 원점으로 평행이동시켜 단위구면으로 보내진 천정점들의 변화로 곡면의 모양에 대한 정보를 얻을 수 있다고 생각했다. 천정점의 변화는 결국 접평면의 변화를 말하고 곡면을 손바닥으로 더듬는 것과 같은 효과가 있다. 먼저 가우스의 착안을 따라 가고 오일러의 결과를 살펴본다.

5.1.1 가우스 사상

가우스가 고안한 천정점(zenith)의 방향은 법벡터 $\nu(p)$와 같다. 유향곡면 (S,ν)에 대하여 $\nu(p)$를 원점으로 평행이동시켜 얻은 사상을 가우스 사상(Gauss map)이라고 한다.

정의 5.1.1 (가우스 사상)**.** 가우스 사상 $\nu : S \to \mathbb{S}^2$는 점 $p \in S$에 법벡터 $\nu(p)$를 대응시키는 관계다.

보기 5.1.1. 반지름이 r인 구면 $S^2(r)$에 밖으로 향하는 방향을 갖을 때 가우스 사상 $\nu(p) = \frac{1}{r}p$이다.

문제 5.1.1. 포물면 $z = x^2 + y^2$이 몽주 조각에 의한 방향을 가질 때 가우스 사상에 의한 상을 S^2에서 구하여라.

5.1.2 모양작용소

점 $p \in S$에서 가우스 사상 $\nu : S \to \mathbb{S}^2$의 미분은 선형사상

$$d\nu_p : T_pS \to T_{\nu(p)}\mathbb{S}^2$$

이다. 여기서 T_pS는 $\nu(p)$에 수직이고 구면 $\mathbb{S}^2$의 성질에 의해 $T_{\nu(p)}\mathbb{S}^2$도 $\nu(p)$에 수직이므로 T_pS와 $T_{\nu(p)}\mathbb{S}^2$는 평행이다. 따라서 평행이동에 의해 $T_pS = T_{\nu(p)}\mathbb{S}^2$라고 하면 사상 $\nu : S \to \mathbb{S}^2$의 미분을

$$d\nu_p : T_pS \to T_pS \tag{1.1}$$

로 T_pS에서의 작용소, 또는 연산자(operator)로 생각할 수 있다.

정의 5.1.2 (모양작용소)**.** (1.1)을 곡면 S의 모양작용소(shape operator), 또는 모양연산자라고 한다.

주. $w \in T_pS$에 대하여, $\alpha(0) = p, \alpha'(0) = w$인 S의 곡선 α를 생각하자. 이때

$$d\nu_p(w) = \frac{d}{dt}\nu \circ \alpha(t)|_{t=0}$$

이므로 $d\nu_p(w)$는 ν가 w 방향으로 어떻게 변하는지를 말한다. 이것은 $\nu(p)$에 수직인 접평면의 변화와 같다. 즉 선형사상 $d\nu_p$는 접평면 T_pS가 점 p 근방의 모든 방향으로 어떻게 변하는지 알려준다. 이 정보로부터 점 p 주위의 곡면의 모양을 알 수 있다.

5.1.3 모양작용소의 계산

보기 5.1.2 (평면의 모양작용소)**.** $ax + by + cz + d = 0$인 평면의 가우스 사상이 $\nu(p) = \frac{(a,b,c)}{\sqrt{a^2+b^2+c^2}}$이면 가우스 사상의 상이 한 점이므로 $d\nu_p \equiv 0$이다.

문제 5.1.2. 유향곡면 (S, ν)의 모양작용소가 모든 점 $p \in S$에서 $d\nu_p = 0$일 때, 곡면 S는 평면(의 일부)임을 보이시오.

보기 5.1.3 (구면의 모양작용소)**.** 반지름이 r인 구면 $S(r)$의 가우스 사상이 $\nu(p) =$

$\frac{1}{r}p$이면 모양작용소

$$d\nu_p(w) = \frac{d}{dt}(\nu_p(\alpha(t))|_{t=0} = \frac{d}{dt}\frac{1}{r}(\alpha(t))|_{t=0} = \frac{1}{r}w$$

이다. 여기서 $\alpha(t)$는 $\alpha(0) = p$이고 $\alpha'(0) = w$인 구면 $\mathbb{S}^2(r)$ 위의 곡선이다.

보기 5.1.4 (원기둥면의 모양작용소)**.** $F(x, y, z) = x^2 + y^2 - r^2$에 대하여 등위곡면 $F^{-1}(0)$는 원기둥면이며 단위법벡터는 $\frac{\nabla F}{|\nabla F|}$이므로 가우스 사상을

$$\nu(x, y, z) = \frac{1}{r}(x, y, 0)$$

로 놓자. $\{(y, -x, 0), (0, 0, 1)\}$는 각각 $\nu(x, y, z)$에 수직이고 일차독립이므로 접평면의 기저이다. 이때 $d\nu_{(x,y,z)}(y, -x, 0)$를 구하기 위하여 $\alpha(0) = (x, y, z)$이고 $\alpha'(0) = (x'(0), y'(0), z'(0)) = (y, -x, 0)$인 원기둥 위의 곡선을

$$\alpha(t) = (x(t), y(t), z(t))$$

라고 놓자. 이때

$$\begin{aligned} d\nu_{(x,y,z)}(y, -x, 0) &= \frac{d}{dt}(\nu(\alpha(t))|_{t=0} \\ &= \frac{d}{dt}\frac{1}{r}(x(t), (y(t), 0)|_{t=0} \\ &= \frac{1}{r}(x'(0), y'(0), 0) \\ &= \frac{1}{r}(y, -x, 0) \end{aligned}$$

이다.

마찬가지로 $d\nu_{(x,y,z)}(0, 0, 1)$를 구하기 위하여

$$\begin{cases} \alpha(0) = (x, y, z) \\ \alpha'(0) = (x'(0), y'(0), z'(0)) = (0, 0, 1) \end{cases}$$

인 곡선 $\alpha(t) = (x(t), y(t), z(t))$를 사용하여

$$\begin{aligned} d\nu_{(x,y,z)}(0,0,1) &= \frac{d}{dt}(v(\alpha(t)))|_{t=0} \\ &= \frac{d}{dt}(x(t), y(t), 0)|_{t=0} \\ &= (x'(0), y'(0), 0) \\ &= (0,0,0) \end{aligned}$$

이다. 그러므로 임의의 접벡터 $w = a(y, -x, 0) + b(0, 0, 1)$에 대한 모양작용소는 $d\nu_{(x,y,z)}(w) = (a/r)(y, -x, 0)$이다.

$(y, -x, 0)$와 $(0, 0, 1)$은 $d\nu_{(x,y,z)}$의 고유벡터이고, 이에 대응하는 고유값은 $1/r$과 0이다.

보기 5.1.5 (쌍곡포물면의 모양작용소). 쌍곡포물면(hyperbolic paraboloid) $z = x^2 - y^2$이 몽주 조각 $X(u,v) = (u, v, u^2 - v^2)$에 의한 방향 ν를 가질 때 점 $p = (0,0,0)$에서 모양작용소를 구해보자.

$$\begin{aligned} X_u &= (1, 0, 2u) \\ X_v &= (0, 1, -2v) \\ \nu &= \frac{1}{\sqrt{u^2 + v^2 + 1/4}}(-u, v, 1/2) \end{aligned}$$

이고 T_pS의 접벡터 ω가 $\alpha(t) = X(u(t), v(t))$에 의하여

$$\omega = u'(0)X_u + v'(0)X_v$$

일 때

$$\begin{aligned} d\nu_p(\omega) &= \frac{d}{dt}\nu \circ \alpha(t)|_{t=0} \\ &= \frac{d}{dt}\left(\frac{1}{\sqrt{u(t)^2 + v(t)^2 + 1/4}}(-u(t), v(t), 1/2)\right)|_{t=0} \\ &= f(0)(-u'(0), v'(0), 0) + f'(0)(-u(0), v(0), 1/2) \\ &= 2(-u'(0), v'(0), 0) \end{aligned}$$

여기서 $f(t) = \frac{1}{\sqrt{u(t)^2+v(t)^2+1/4}}$라고 했을 때 $f(0)=2, f'(0)=0$임을 확인하여라.

따라서 T_pS의 기저 $X_u(p)=(1,0,0), X_v(p)=(0,1,0)$에 대하여

$$d\nu_p(aX_u+bX_v)=2(-a,b,0)$$

이다. 특히 $X_u(p)=(1,0,0)$과 $X_v(p)=(0,1,0)$은 $d\nu_p$의 고유벡터이고, 이에 대응하는 고유값은 -2와 2이다.

5.2 제2기본형식

5.2.1 자기수반사상과 2차형식

모양작용소는 국소적으로 점 p를 지나는 곡면 위의 곡선을 따라서 천정점이 어떻게 변화하는지에 대한 정보를 줌으로써 곡면의 모양을 알 수 있게 해 준다. 이 절에서 우리는 선형사상인 모양작용소의 성질을 알기 위하여, 선형대수의 이론을 써서 모양 작용소의 정보를 모두 가지고 있지만 기하학적으로 다루기가 용이한 제2기본형식을 정의한다. 먼저 일반적인 벡터공간 V에 대한 이론에서 출발하자.

벡터공간 V에 내적 $\langle , \rangle$이 주어졌을 때 선형사상 $T: V \to V$의 수반사상(adjoint) $T^*: V \to V$를

$$\langle Tw_1, w_2\rangle = \langle w_1, T^*w_2\rangle, \quad w_1, w_2 \in V$$

로 정의한다. 선형사상 T가 $T^*=T$를 만족할 때 T를 자기수반(self-adjoint)이라고 한다. 즉 $T: V \to V$가 자기수반사상이면

$$\langle Tw_1, w_2\rangle = \langle w_1, Tw_2\rangle, \quad w_1, w_2 \in V$$

을 만족한다.

자기수반사상 $T: V \longrightarrow V$에 대하여, 대칭이중선형형식(symmetric bilinear form) $B: V\times V \longrightarrow \mathbb{R}$과 2차형식(quadratic form) $\mathrm{II}: V \longrightarrow \mathbb{R}$을

$$\begin{aligned} B(X,Y) &= \langle TX, Y\rangle \\ \mathrm{II}(X) &= \langle TX, X\rangle = B(X,X) \end{aligned}$$

로 정의한다. V의 기저 $\beta = \{X_1, X_2\}$를 고정시키고

$$T(X_1) = a_{11}X_1 + a_{21}X_2$$
$$T(X_2) = a_{12}X_1 + a_{22}X_2$$

라고 하자. β에 대한 T의 행렬은

$$\left(T\right)_\beta = \begin{pmatrix} a_{11} & a_{12} \\ a_{21} & a_{22} \end{pmatrix}$$

이다. 한편

$$\begin{aligned} \mathrm{II}(\xi X_1 + \eta X_2) &= \langle T(\xi X_1 + \eta X_2), \xi X_1 + \eta X_2 \rangle \\ &= \mathrm{II}(X_1)\xi^2 + 2B(X_1, X_2)\xi\eta + \mathrm{II}(X_2)\eta^2) \\ &= \begin{pmatrix} \xi & \eta \end{pmatrix} \begin{pmatrix} \mathrm{II}(X_1) & B(X_1, X_2) \\ B(X_2, X_1) & \mathrm{II}(X_2) \end{pmatrix} \begin{pmatrix} \xi \\ \eta \end{pmatrix} \end{aligned}$$

이고 ξ와 η에 대하여 2차식으로 표현되므로 II를 2차형식이라고 한다.

주.

$$\begin{pmatrix} \mathrm{II}(X_1) & B(X_1, X_2) \\ B(X_2, X_1) & \mathrm{II}(X_2) \end{pmatrix} = \begin{pmatrix} e & f \\ f & g \end{pmatrix}$$

라고 하면

$$\mathrm{II}(\xi X_1 + \eta X_2) = e\xi^2 + 2f\xi\eta + g\eta^2$$

으로 2차형식 II는 e, f, g에 의하여 결정되므로 e, f, g를 2차형식 II의 계수라고 한다.

2차형식의 계수행렬은 T의 행렬과 V의 내적으로 표현됨을 보이자.

$$\begin{pmatrix} \mathrm{II}(X_1) & B(X_1,X_2) \\ B(X_2,X_1) & \mathrm{II}(X_2) \end{pmatrix} = \begin{pmatrix} \langle TX_1, X_1\rangle & \langle TX_1, X_2\rangle \\ \langle TX_2, X_1\rangle & \langle TX_2, X_2\rangle \end{pmatrix} \tag{2.2}$$

(2.3)

$$\begin{pmatrix} e & f \\ f & g \end{pmatrix} = \begin{pmatrix} a_{11}g_{11} + a_{21}g_{21} & a_{11}g_{12} + a_{21}g_{22} \\ a_{12}g_{11} + a_{22}g_{21} & a_{12}g_{12} + a_{22}g_{22} \end{pmatrix} = \begin{pmatrix} a_{11} & a_{21} \\ a_{12} & a_{22} \end{pmatrix} \begin{pmatrix} g_{11} & g_{12} \\ g_{21} & g_{22} \end{pmatrix}$$

여기서 $g_{ij} = \langle X_i, X_j\rangle$이다.

II를 표현하는 행렬은 T의 행렬과 V의 내적에 의하여 결정된다.

마찬가지로, T의 행렬은

$$(T)_\beta = \begin{pmatrix} g_{11} & g_{12} \\ g_{21} & g_{22} \end{pmatrix}^{-1} \begin{pmatrix} e & f \\ f & g \end{pmatrix}$$

로 결정되어 근본적으로 세 사상 T, B, II는 동일시되며 많은 정보를 공유한다. 예를 들면 II를 단위원에 국한시켰을 때 최대값과 최소값이 T의 고유값과 일치한다.

정리 5.2.1. 2차형식 II를 단위원에 국한시켰을 때 최대값과 최소값을 κ_1, κ_2라고 할 때

$$\mathrm{II}(e_2) = \kappa_2 \le \{\mathrm{II}(w) : |w| = 1\} \le \mathrm{II}(e_1) = \kappa_1$$

인 정규직교기저 $\{e_1, e_2\}$가 존재한다. 이때, $B(e_1, e_2) = \langle Te_1, e_2\rangle = 0$이고

$$\mathrm{II}(\cos\theta e_1 + \sin\theta e_2) = \cos^2\theta\kappa_1 + \sin^2\theta\kappa_2$$

이다. 여기서 κ_1, κ_2는 T의 고유값이고, e_1, e_2는 이 고유값에 대응하는 T의 고유벡터이다.

증명 옹골찬 집합 $\{w \in V : |w| = 1\}$에서 정의된 연속함수 II는 최대값을 갖는다. II가 최대값 κ_1을 $e_1 \in V$에서 갖는다고 하자. 즉 $\mathrm{II}(e_1) = \kappa_1$이라 하자. e_1에 수직인 단위 벡터 e_2를 잡고 $\mathrm{II}(e_2) = \kappa_2$로 놓는다.

임의의 단위 벡터 v를 $v = (\cos t)e_1 + (\sin t)e_2$라고 하면

$$\mathrm{II}(v) = \cos^2 t\,\kappa_1 + 2\cos t\sin t\,B(e_1, e_2) + \sin^2 t\,\kappa_2$$

이다.

$$f(t) = \cos^2 t\,\kappa_1 + 2\cos t \sin t\, B(e_1, e_2) + \sin^2 t\,\kappa_2, \quad t \in \mathbb{R}$$

라고 하면 f는 $t = 0$에서 최대값을 갖는다. 따라서 $f'(0) = 0$이므로 $B(e_1, e_2) = 0$이고

$$\mathrm{II}(v) = \cos^2 t\,\kappa_1 + \sin^2 t\,\kappa_2$$

이다. 이때 $\kappa_1 \geq \kappa_2$이므로

$$\mathrm{II}(v) = \cos^2 t\kappa_1 + \sin^2 t\kappa_2 \geq \cos^2 t\kappa_2 + \sin^2 t\kappa_2 = \kappa_2$$

이다. 즉 II는 e_2에서 최소값 κ_2를 갖는다.

$\{e_1, e_2\}$가 정규직교기저이므로 $(g_{ij}) = Id$이고

$$\begin{pmatrix} e & f \\ f & g \end{pmatrix} = \begin{pmatrix} \mathrm{II}(e_1) & B(e_1, e_2) \\ B(e_2, e_1) & \mathrm{II}(e_2) \end{pmatrix} = \begin{pmatrix} \kappa_1 & 0 \\ 0 & \kappa_2 \end{pmatrix}$$

이다. (2.2)에 의하여

$$\begin{pmatrix} T \end{pmatrix}_{\{e_1, e_2\}} = \begin{pmatrix} \kappa_1 & 0 \\ 0 & \kappa_2 \end{pmatrix}$$

이다. 즉

$$Te_1 = \kappa_1 e_1,$$
$$Te_2 = \kappa_2 e_2$$

이다. □

5.2.2 제2기본형식

이제 위의 이론들을 모양작용소에 적용하기 위하여 모양작용소가 자기수반사상임을 보이고 $-d\nu_p$에 대한 2차형식 II를 제2기본형식으로 정의한다.

정리 5.2.2. 가우스 사상 $\nu : S \to \mathbb{S}^2$의 점 p에서의 미분

$$d\nu_p : T_pS \to T_pS \tag{2.4}$$

는 자기수반사상이다.

증명 $p \in S$ 주위의 좌표조각을 $X(u,v)$라고 하고 T_pS의 기저를 $\{X_u, X_v\}$로 고정하자. $w_1, w_2 \in T_pS$를 $w_1 = aX_u + bX_v$와 $w_2 = cX_u + dX_v$로 쓰자.

$$\begin{aligned}\langle d\nu_p(w_1), w_2\rangle &= ac\langle d\nu_p(X_u), X_u\rangle + ad\langle d\nu_p(X_v), X_u\rangle \\ &\quad + bc\langle d\nu_p(X_v), X_u\rangle + bd\langle d\nu_p(X_v), X_v\rangle, \\ \langle w_1, d\nu_p(w_2)\rangle &= ac\langle X_u, d\nu_p(X_u)\rangle + ad\langle X_u, d\nu_p(X_v)\rangle \\ &\quad + bc\langle X_v, d\nu_p(X_u)\rangle + bd\langle X_v, d\nu_p(X_v)\rangle\end{aligned}$$

이므로 $\langle d\nu_p(w_1), w_2\rangle = \langle w_1, d\nu_p(w_2)\rangle$이기 위한 필요충분조건은

$$\langle d\nu_p(X_u), X_v\rangle = \langle X_u, d\nu_p(X_v)\rangle$$

이다.

가우스사상 ν를 $\nu \circ X(u,v) = \nu(u,v)$로 u와 v의 함수로 표기하자. $p = (u_0, v_0)$라고 하면 곡선 $\alpha(t) = X(u_0 + t, v_0)$는 $\alpha(0) = p$이고 $\alpha'(0) = X_u$이다. 따라서

$$\begin{aligned}d\nu_p(X_u) &= \frac{d}{dt}\nu \circ \alpha(t)|_{t=0} \\ &= \frac{d}{dt}\nu \circ X(u_0 + t, v_0)|_{t=0} \\ &= \frac{d}{dt}\nu(u_0 + t, v_0)|_{t=0} \\ &= \nu_u(u_0, v_0)\end{aligned}$$

이다. 마찬가지로 $d\nu_p(X_v) = \nu_v(u_0, v_0)$이다.

한편 $\langle \nu, X_u\rangle = 0$를 v에 대하여 편미분하면 $\langle \nu_v, X_u\rangle + \langle \nu, X_{uv}\rangle = 0$이고 $\langle \nu, X_v\rangle = 0$를 u에 대하여 편미분하면 $\langle \nu_u, X_v\rangle + \langle \nu, X_{vu}\rangle = 0$이다. 그러므로 $X_{uv} = X_{vu}$를 이용하면

$$\langle \nu_v, X_u\rangle = -\langle \nu, X_{vu}\rangle = -\langle \nu, X_{uv}\rangle = \langle \nu_u, X_v\rangle$$

이다. □

정의 5.2.1 (제2기본형식). 자기수반사상 $d\nu_p : T_pS \to T_pS$에 대하여 대칭이중선형함수 B와 2차형식 II를

$$B(u,v) = -\langle d\nu_p(u), v\rangle$$
$$\mathrm{II}(u) = B(u,u) = -\langle d\nu_p(u), u\rangle$$

로 정의한다. 이때 II를 제2기본형식(second fundamental form)이라고 한다.

다음 절에서 $\mathrm{II}(w)$는 w를 접벡터로 갖는 곡선의 법곡률과 같음을 보일 것이다. 이런 이유로 $d\nu_p$대신 $-d\nu_p$에 대한 2차형식을 정의하였다.

보기 5.2.1. 평면의 모양작용소는 $d\nu_p = 0$이므로 $\mathrm{II}_p = 0$이다.

보기 5.2.2. 반지름이 r인 구면의 모양작용소는 $d\nu_p(w) = (1/r)w$이므로

$$\mathrm{II}(w) = -\langle (1/r)w, w\rangle = -(1/r)\langle w, w\rangle = -(1/r)\mathrm{I}_p(w)$$

이다.

보기 5.2.3. 반지름이 r인 원기둥면의 모양작용소는

$$d\nu_p(aw_1 + bw_2) = (a/r)w_1$$

이므로

$$\mathrm{II}_p(aw_1 + bw_2) = -\langle (a/r)w_1, aw_1 + bw_2\rangle = -a^2 r$$

이다. 여기서 $p = (x,y,z)$이고 $w_1 = (y, -x, 0), w_2 = (0,0,1)$는 T_pS의 기저이다.

보기 5.2.4. 쌍곡포물면의 $z = x^2 - y^2$의 점 $p = (0,0,0)$에서의 모양작용소는 $d\nu_p(a,b,0) = 2(-a,b,0)$이므로

$$\mathrm{II}_p(a,b,0) = -\langle 2(-a,b,0), (a,b,0)\rangle = 2a^2 - 2b^2$$

이다.

5.3 법곡률

5.3.1 법곡률과 측지곡률

공간 곡선에 대하여 우리는 프레네 틀 $\{T, N, B\}$를 이용하여 곡률과 꼬임률을 정의하여 곡선을 연구하였다. 이제 유향곡면 (S, ν) 위의 곡선에 대하여 기저

$$\{T, \nu \times T, \nu\}$$

를 이용하여 법곡률과 측지곡률을 정의하고 한 점을 지나는 곡선들의 법곡률을 통하여 곡면의 국소적인 모양을 알아본다.

유향곡면 (S, ν) 위의 단위 속력인 정칙곡선 $\alpha(s)$가 주어졌다고 하자. $\alpha(0) = p, \alpha'(0) \in T_pS$이고 $\mathbf{S} = \nu \times T$라고 하면 $\mathbf{S}$는 ν에 수직이므로 $\mathbf{S} \in T_pS$이다. 따라서 $\{T, \mathbf{S}, \nu\}$이 점 p에서 $\mathbb{R}^3$의 정규직교기저로 틀이 되고 이것을 다부 틀(Darboux frame)이라고 한다.

이제 $\alpha'' = \kappa N$을

$$\alpha'' = aT + b\mathbf{S} + c\nu$$

로 쓸 수 있고

$$a = \langle \alpha'', T\rangle = 0, b = \langle \alpha'', \mathbf{S}\rangle, c = \langle \alpha'', \nu\rangle$$

이다. 즉

$$\alpha'' = \langle \alpha'', \mathbf{S}\rangle\mathbf{S} + \langle \alpha'', \nu\rangle\nu$$

이다.

정의 5.3.1 (법곡률과 측지곡률)**.**

$$\kappa_n(s) = \langle \alpha''(s), \nu\rangle$$

을 α의 법곡률(normal curvature)이라고 하고

$$\kappa_g(s) = \langle \alpha''(s), \mathbf{S}\rangle$$

을 α의 측지곡률(geodesic curvature)이라고 한다.

정의에 의하여 다음 정리는 자명하다.

정리 5.3.1.

$$\kappa(s)N = \kappa_g(s)\mathbf{S} + \kappa_n(s)\nu$$
$$\kappa(s)^2 = \kappa_g(s)^2 + \kappa_n(s)^2$$

주. 유향곡면 (S, ν)의 방향을 $-\nu$로 바꾸면 법곡률과 측지곡률의 부호가 반대가 된다. 그러나 곡선 α의 방향을 바꾸면 측지곡률의 부호만 반대가 된다.

보기 5.3.1. 곡면이 평면인 경우를 생각해 보자. 평면곡선의 가속도벡터는 평면에 있으므로 법곡률은 0이다. $\{\nu, T, \nu \times T\}$가 양의 방향이므로 ν 방향으로 서서 T를 보았을 때 $\nu \times T$는 왼쪽 방향이다. 따라서 평면곡선의 법벡터 $\overline{T}$와 $\nu \times T$는 같다. 그러므로 평면곡선의 측지곡률은 부호가 붙은 곡률과 일치한다.[1]

문제 5.3.1. 반지름이 R이고 안쪽으로 향하는 방향을 가지는 가상의 구면인 지구의 북극점에서 북극곰이 경선을 따라 남극점으로 단위 속력으로 간다고 하자. 이때 법곡률과 측지곡률을 구하여라.

문제 5.3.2. 반달곰이 북위 45°인 위선을 따라 단위 속력으로 움직일 때, 법곡률과 측지곡률을 구하여라.

문제 5.3.3. 반지름이 R인 구면 위의 단위 속력곡선 α의 법곡률이 항상 $\pm(1/R)$임을 보이시오. (여기서 부호는 구면의 방향에 따라 정해진다.) 그리고 이를 이용하여 구면 위의 곡선의 곡률의 절대값은 $1/R$보다 크거나 같음을 보이시오.

주. 곡면 위에서 단위 속력을 갖는 곡선을 입자의 궤적으로 생각할 때, 가속도는 입자의 운동을 변화시키는 힘을 나타낸다. 가속도의 접평면 방향의 성분은 곡면 위에서 운동 방향을 바꾸는 힘을 주는 반면 법벡터 방향의 성분은 입자가 곡면을 벗어나지 않게 속도벡터를 조절하는 힘을 준다.

법벡터 방향의 성분이 없다면 입자는 다음 순간 곡면이 아니라 접평면 위로 움직일 것이다. 그러므로 두 곡선이 한 점에서 속도벡터가 같다면 법곡률은 같아야만 하고 법곡률은 곡면의 형태에 의하여 결정된다. 이 사실은 정리 5.3.2(무니에 정리)에서 증명한다.

[1] 처음부터 평면곡선의 부호가 붙은 곡률을 측지곡률이라고 정의해도 된다.

우리가 곡면에 붙어 살고 있다면 법곡률이 태생적으로 주어진 것이라고 느끼지 못하고 측지곡률만 감지한다. 만약 측지곡률이 0이라면 곡면 위에서는 방향을 바꾸지 않고 직선운동을 하고 있다고 느낄 것이다.

주. 북극곰과 반달곰이 움직일 때 긴 막대기를 배꼽 위에서 진행방향으로 가리키면서 간다면 북극곰은 막대기의 방향을 바꾸지 않고 전진을 할 수 있지만, 반달곰은 움직일 때마다 막대기의 방향을 조절해야만 한다. 이는 측지곡률의 값에 의하여 결정된다.

5.3.2 법곡률과 제2기본형식과의 관계

여기서는 단위 속력 곡선 $\alpha(s)$가 유향곡면 (S, ν) 위에 있을 때 α의 법곡률이 제2기본형식임을 보이고 이로부터 속도벡터가 같다면 법곡률이 같음을 증명한다.

정리 5.3.2 (무니에(Meusnier) 정리)**.** 유향곡면 (S, ν) 위의 단위 속력곡선 α에 대하여, $\alpha(0)$에서의 법곡률 $\kappa_n(0)$은 $\mathrm{II}_{\alpha(0)}(\alpha'(0))$과 같다. 따라서 곡면 S 위의 또 다른 단위 속력곡선 β가 $\beta(0) = \alpha(0)$이고 $\beta'(0) = \alpha'(0)$이면 β의 $\beta(0)$에서의 법곡률은 α의 법곡률 $\kappa_n(0)$와 같다.

증명 $\nu(t) = \nu \circ \alpha(t)$라고 하면

$$\begin{aligned}
\mathrm{II}_{\alpha(0)}(\alpha'(0)) &= -\langle d\nu_p(\alpha'(0)), \alpha'(0)\rangle \\
&= -\langle \frac{d}{dt}\nu(t)|_{t=0}, \alpha'(0)\rangle \\
&= -\frac{d}{dt}\langle \nu(t), \alpha'(t)\rangle|_{t=0} + \langle \nu(t), \frac{d}{dt}\alpha'(t)\rangle|_{t=0} \\
&= \langle \nu(0), \alpha''(0)\rangle \\
&= \kappa_n(0)
\end{aligned}$$

이므로 α의 법곡률은 $\mathrm{II}_{\alpha(0)}(\alpha'(0))$이다.

마찬가지로 β의 법곡률도 $\mathrm{II}_{\beta(0)}(\beta'(0)) = \mathrm{II}_{\alpha(0)}(\alpha'(0))$이므로 α의 법곡률과 같다. □

정리 5.3.2에 의하여 곡선의 법곡률이 아니라 점 p에서 w방향의 법곡률(normal curvature at p along w)을 정의할 수가 있다. 즉, 점 p를 지나고 w를 접벡터로

갖는 곡면 위의 임의의 곡선을 잡아 이 곡선의 법곡률을 w 방향의 법곡률로 놓는다. 이때 임의의 곡선을 법곡률을 구하기 쉬운 다음과 같은 곡선으로 잡으면 편하다.

w와 $\nu(p)$를 포함하는 평면 $\mathcal{P}$와 곡면의 공통부분인 곡선을 법단면(normal section)이라고 한다. 이 곡선을 $\alpha(0) = p, \alpha'(0) = w$인 단위 속력매개곡선 $\alpha(s)$로 표현하자. α''이 평면 $\mathcal{P}$에 속하고 $\alpha''(0)$와 w가 수직이므로 $\alpha''(0)$와 $\nu(p)$가 평행이고 $\alpha''(0) = \kappa(0)N(0) = \kappa_n(0)\nu(p)$이다. 따라서 법단면은 항상 측지곡률 $\kappa_g(0) = 0$이고 법곡률의 크기는 법단면의 곡률과 같고 법단면이 $\nu(p)$ 방향으로 휘면 양수, 반대방향으로 휘면 음수 값을 갖는다.

주.

$$\begin{aligned}\kappa_n(p) &= \langle \nu(p), \alpha''(0)\rangle \\ &= \langle \nu(p), \kappa(p)N(p)\rangle \\ &= \kappa(p)\cos\theta\end{aligned}$$

여기서 θ는 $\nu(p)$와 $N(p)$가 이루는 각이다. 특별히 법단면인 경우 $\theta = 0$이거나 π이다.

주. 법단면의 곡률을 통하여 곡면의 모양을 파악하려는 시도는 18세기 오일러에 의하여 시작되었다. 이 곡률의 극값에 의하여 모든 방향의 법곡률을 구하는 오일러 공식이 있다. 그리고 무니에 정리에 의하여 법단면의 곡률이 가우스 사상에 의한 제2 기본형식과 일치하여 오일러와 가우스의 착안이 결국 같은 결론을 유도함을 알 수 있다.

보기 5.3.2. 곡면이 평면인 경우 평면 위의 점에서 임의의 방향으로의 법단면은 직선이므로 이 직선의 곡률은 $\kappa(t) = 0$이다. 따라서 모든 방향의 법곡률은 $\kappa_n(p) = 0$이다.

보기 5.3.3. 반지름이 r인 구면 위의 점 p에서 바깥쪽으로 향하는 법벡터는 $\nu(p) = p/r$이다. 모든 방향의 법단면은 반지름이 r인 원이고 $\kappa(p) = 1/r$이다. 법단면이 법벡터의 반대 방향으로 휘어져 있으므로 모든 방향의 법곡률은 $\kappa_n(p) = -1/r$이다.

보기 5.3.4. 곡선 $z = y^4$을 z축 주위로 회전하여 얻은 회전곡면의 원점 $p = (0,0,0)$에서의 법곡률을 구해보자. 점 $p = (0,0,0)$에서의 법벡터를

$$\nu(p) = (0,0,1)$$

로 잡자. $\nu(p)$가 회전축에 포함되므로 모든 방향의 법단면은 $\alpha(t) = (t, t^4)$로 표현된다. 이때 곡률은 $\kappa(t) = \frac{12t^2}{(1+16t^6)^{3/2}}$이므로 $\kappa(0) = 0$이다. 따라서 모든 방향의 법곡률은 0이다.

문제 5.3.4. 반지름이 r인 원기둥 위의 점 p에서 안쪽으로 향하는 법벡터에 대하여 모든 방향의 법곡률의 범위를 구하시오.

보기 5.3.5. 반지름이 r인 원기둥 S의 가우스 사상이

$$\nu(x, y, z) = \frac{1}{r}(x, y, 0)$$

로 주어졌을 때, 점 (x, y, z)에서 접벡터 $\omega_1 = \frac{1}{r}(-y, x, 0)$와 $\omega_2 = (0, 0, 1)$ 방향의 법곡률을 구해보자.

우선 ω_1과 $\nu(x, y, z)$를 포함하는 평면으로 자른 법단면을 생각하자. 법단면이 반지름이 r인 원이고 법단면의 가속도방향과 $\nu(x, y, z)$가 반대방향이고 반지름이 r인 원의 곡률은 $1/r$이므로, 법곡률은 $\kappa_n = -1/r$이다. 그리고 ω_2를 포함하는 법단면은 직선이므로 ω_2 방향의 법곡률은 0이다.

한편 $d\nu_p(a\omega_1 + b\omega_2) = \frac{a}{r}\omega_1$으로부터

$$\begin{aligned}
\mathrm{II}_{(x,y,z)}(a\omega_1 + b\omega_2) &= -\langle d\nu_p(a\omega_1 + b\omega_2), a\omega_1 + b\omega_2\rangle \\
&= -\langle \tfrac{a}{r}\omega_1, a\omega_1 + b\omega_2\rangle \\
&= -\tfrac{a^2}{r}
\end{aligned}$$

이므로 ω_1과 ω_2 방향의 제2기본형식의 값은

$$\mathrm{II}_{(x,y,z)}(\omega_1) = -\frac{1}{r}, \quad \mathrm{II}_{(x,y,z)}(\omega_2) = 0$$

이다. 따라서 이 값들은 ω_1과 ω_2 방향의 법곡률과 같다.

5.3.3 주곡률과 주방향

$|\omega| = 1$인 ω 방향의 법곡률이 제2기본형식 $\mathrm{II}_p(\omega)$와 같음을 알았다. 그 중 최대값과 최소값은 p 근방의 기하학적 정보를 제공해 준다.

정의 5.3.2. $\{\omega \in T_pS \mid |\omega| = 1\}$에서 정의된 $\mathrm{II}_p(\omega)$의 최대값과 최소값을 주곡률(principal curvature)이라 하고 대응하는 방향을 주방향(principal direction)이라 한다.

정리 5.2.1에 의하여 다음 정리를 얻는다.

정리 5.3.3. 정칙곡면 S 위의 점 p에서 주곡률을 κ_1, κ_2라고 하고, e_1, e_2를 주방향이라 하면

(a) $\{e_1, e_2\}$는 정규직교기저이고

(b) $d\nu_p(e_1) = -k_1 e_1$, $d\nu_p(e_2) = -k_2 e_2$ 이다. 즉

$$(d\nu_p)_{\{e_1,e_2\}} = \begin{pmatrix} -\kappa_1 & 0 \\ 0 & -\kappa_2 \end{pmatrix}$$

이다.

(c) (Euler 공식) T_pS의 임의의 방향 $w = \cos\theta e_1 + \sin\theta e_2$에 대하여

$$\mathrm{II}_p(\cos\theta e_1 + \sin\theta e_2) = \kappa_1 \cos^2\theta + \kappa_2 \sin^2\theta$$

이다.

주. 주곡률은 유향곡면의 방향에 따라 부호가 변한다. 닫힌 곡면인 경우, 안쪽으로 향하는 방향을 양의 방향이라고 한다. 반지름이 r인 구면인 경우 $\nu(p) = -\frac{1}{r}p$가 양의 방향이다.

보기 5.3.6. 평면은 모든 방향이 주방향이고 주곡률은 0이다.

보기 5.3.7. 반지름이 r 구면은 모든 방향이 주방향이고 주곡률은 $\frac{1}{r}$이다.

보기 5.3.8. 반지름이 r인 원기둥면 위의 점 (x, y, z)에서 주방향은 $(0, 0, 1)$과 $\frac{1}{r}(y, -x, 0)$이고 주곡률은 0과 $\frac{1}{r}$이다. 이때

$$\nu(x, y, z) = -\frac{1}{r}(x, y, 0)$$

이다.

보기 5.3.9. 쌍곡포물면 $z = x^2 - y^2$ 위의 점 $p = (0,0,0)$에서 $\nu(p) = (0,0,-1)$이라고 하면 주방향은 $(1,0,0)$와 $(0,1,0)$이고 주곡률은 -2와 2이다.

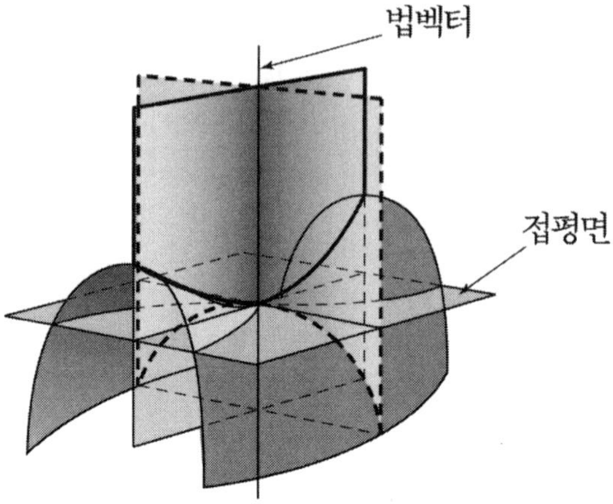

그림 5.1: 쌍곡포물면의 주곡률과 주방향

5.3.4 곡률선과 점근선

정의 5.3.3. 유향곡면 (S,ν) 위의 곡선 α가 각 점 $\alpha(t)$에서 주방향과 같은 접벡터 $\alpha'(t)$를 가질 때 α를 곡률선(line of curvature)이라고 한다.

주. α가 곡률선인 것과 로드리게스(Rodrigues) 식

$$d\nu_{\alpha(t)}(\alpha'(t)) = -\kappa(t)\alpha'(t)$$

를 만족하는 $\kappa(t)$가 존재하는 것은 정의에 의해 동치이다.

정리 5.3.4. 유향곡면 (S,ν)의 좌표조각 $X(u,v)$에 대하여 좌표곡선(coordinate curve) $X(u,v_0)$와 $X(u_0,v)$가 곡률선일 필요충분조건은 $F = 0$이고 $f = 0$인 것이다.

증명 좌표곡선이 곡률선이라고 가정하자. 각 점에서 $\frac{X_u}{\sqrt{E}}$와 $\frac{X_v}{\sqrt{G}}$가 주방향이므로 $F = 0$이다. 제2기본형식

$$\mathrm{II}(aX_u + bX_v) = ea^2 + 2fab + gb^2$$

이므로 $\mathrm{II}(\frac{X_u}{\sqrt{E}}) = e(\frac{1}{\sqrt{E}})^2 = \frac{e}{E}$와 $\mathrm{II}(\frac{X_v}{\sqrt{G}}) = g(\frac{1}{\sqrt{G}})^2 = \frac{g}{G}$는 주곡률이다.

$$K = \frac{eg - f^2}{EG} = \frac{e}{E} \cdot \frac{g}{G}$$

이므로 $f = 0$이다.

역으로 $F = 0$이고 $f = 0$라고 가정하자.

$$(-d\nu)_{\{X_u, X_v\}} = \frac{1}{EG}\begin{pmatrix} G & 0 \\ 0 & E \end{pmatrix}\begin{pmatrix} e & 0 \\ 0 & g \end{pmatrix} = \begin{pmatrix} \frac{e}{E} & 0 \\ 0 & \frac{g}{G} \end{pmatrix}$$

이므로 $d\nu(X_u) = \frac{e}{E}X_u$이고 $d\nu(X_v) = \frac{g}{G}X_v$이다. 따라서 X_u와 X_v가 주방향이고 좌표곡선이 곡률선이다. □

문제 5.3.5. 유향곡면 (S, ν)의 좌표조각 $X(u, v)$에 대하여 정칙곡선

$$\alpha(t) = X(u(t), v(t))$$

가 곡률선일 필요충분조건은

$$(fE - eF)(u')^2 + (gE - eG)u'v' + (gF - fG)(v')^2 = 0 \tag{3.5}$$

임을 보이시오.

정의 5.3.4. 법곡률이 0인 방향을 점근방향(asymptotic direction)이라고 한다. 곡면 위의 곡선 α가 각 점에서 접벡터 $\alpha'(t)$가 점근방향일 때 α를 점근선(asymptotic curve)이라고 한다.

주. α가 점근선일 필요충분 조건은 각 점에서 $\kappa = 0$이거나 접촉평면이 곡면에 접하는 것이다. 따라서 곡면 위에 있는 직선은 점근선이다.

정리 5.3.5. 유향곡면 (S, ν)의 좌표조각 $X(u, v)$에 대하여 정칙곡선

$$\alpha(t) = X(u(t), v(t))$$

가 점근선일 필요충분조건은

$$e(u')^2 + 2fu'v' + g(v')^2 = 0 \tag{3.6}$$

이다. 특히 좌표곡선 $X(u, v_0)$와 $X(u_0, v)$가 점근선일 필요충분조건은

$$e = g = 0$$

이다.

증명 정의에 의해 $\alpha(t)$가 점근선일 필요충분조건은

$$\mathrm{II}(\alpha'(t)) = -\langle d\nu_p(\alpha'(t)), \alpha'(t)\rangle = e(u')^2 + 2fu'v' + g(v')^2 = 0$$

이다.

두 좌표곡선이 점근선인 것은 $u' = 1, v' = 0$인 것과 $u' = 0, v' = 1$인 것인데 (3.6)에 의해 $e = g = 0$이다. 역으로 $e = g = 0$이면 $\mathrm{II}(\alpha'(t)) = 2fu'v' = 0$이므로 $u' = 0$ 또는 $v' = 0$이어서 좌표곡선이 점근선이 된다. □

5.4 가우스 곡률과 평균곡률

5.4.1 가우스 곡률과 평균곡률

모든 방향의 법곡률 중 최대값 κ_1과 최소값 κ_2가 $-d\nu_p$의 고유값으로 그 자체로도 중요하지만 두 값의 곱과 평균이 기하학적으로 갖는 의미가 더 중요하다.

정의 5.4.1 (가우스 곡률과 평균곡률)**.** 가우스 곡률(Gaussian curvature) K와 평균곡률(mean curvature) H는

$$K = \kappa_1\kappa_2 = \det(-d\nu_p)$$
$$H = \tfrac{1}{2}(\kappa_1 + \kappa_2) = \tfrac{1}{2}Tr(-d\nu_p)$$

로 정의한다.

가우스 곡률 K와 평균곡률 H를 좌표조각 $X : U \longrightarrow S$를 이용하여 구해보자. T_pS의 기저를 $\beta = \{X_u, X_v\}$로 놓으면, (2.3)에 의하여,

$$\begin{pmatrix} e & f \\ f & g \end{pmatrix} = -\begin{pmatrix} a_{11} & a_{12} \\ a_{21} & a_{22} \end{pmatrix}^T \begin{pmatrix} E & F \\ F & G \end{pmatrix}$$

이다. 여기서

$$(-d\nu_p)_\beta = -\begin{pmatrix} a_{11} & a_{12} \\ a_{21} & a_{22} \end{pmatrix}$$

이므로

$$(-d\nu_p)_\beta = \frac{1}{EG - F^2}\begin{pmatrix} G & -F \\ -F & E \end{pmatrix}\begin{pmatrix} e & f \\ f & g \end{pmatrix} \tag{4.7}$$

이다.[2] 이 행렬의 행렬식과 대각합을 직접 계산하면

$$\begin{aligned} K &= \det(-d\nu_p) = \frac{eg - f^2}{EG - F^2} \\ H &= \frac{1}{2}Tr(-d\nu_p) = \frac{1}{2}\frac{eG - 2fF + gE}{EG - F^2} \end{aligned}$$

이다. 다음 문제에 의하여 $\kappa_1\kappa_2 = \frac{eg-f^2}{EG-F^2}$임을 알 수 있다.

문제 5.4.1. 벡터공간 V의 기저 β에 대하여 선형사상 $T : V \to V$의 행렬식은 $(T)_\beta$의 행렬식으로 정의한다. 이때 T의 행렬식이 기저의 선택에 상관없음을 보이시오.

주. §6.2에서 가우스 곡률 K는 내재적인 성질임을 보일 것이다. 이 사실은 가우스 곡률이 외재적인 양으로 정의되었기 때문에 직관적으로 당연해 보이지 않는데 가우스 자신도 이 사실을 발견하고 매우 놀랍다고 하였다. 이 성질을 보통 Gauss Théorema Egregium[3]이라고 한다. 반면에 평균곡률은 외재적인 성질이다.

예를 들어, 종이를 말아서 원기둥면을 만들 수 있다는 것은 평면과 원기둥면은 제1기본형식이 같아서 곡면 위에서 느끼는 기하의 성질, 즉 내재적 성질들은 같다는 것이다. 그러나 밖에서 바라보면 두 곡면은 다른 모양을 하고 있다. 평면은 $K =$

---

[2](4.7)을 와인가르텐 식(Weingarten equation)이라고 한다.

[3]라틴어로 distinguished, exceptional, extraordinary, eminent, excellent의 의미를 갖는다.

$H = 0$이고 원기둥면은 $K = 0$, $H \neq 0$이므로 평균 곡률 H는 내재적 성질이 아님을 알 수 있다.

주. 정리 5.3.3에 의하여 선형사상 $-d\nu_p$의 고유값이 주곡률 κ_1과 κ_2임을 보였다. 그러므로 $-d\nu_p$의 특성방정식의 두 근이 κ_1과 κ_2이고 두 근의 합은 $2H$이고 두 근의 곱은 K이다. 특성방정식이

$$(\lambda - \kappa_1)(\lambda - \kappa_2) = \lambda^2 - 2H\lambda + K = 0$$

으로 표현되어

$$\kappa_1, \kappa_2 = H \pm \sqrt{H^2 - K}$$

이다. $H^2 \geq K$이고 등식이 성립할 때는 주곡률이 $\kappa_1 = \kappa_2$일 때이다. K와 H가 E, F, G와 e, f, g로 표현되어 미분가능하므로 주곡률 κ_1과 κ_2도 미분가능하다.

주. 제2기본형식의 계수 $\{e, f, g\}$를 $d\nu_p$ 대신 $X_{uu}, X_{uv}, X_{vv}, \nu$를 이용하여 표현하면

$$e = -\langle d\nu_p(X_u), X_u \rangle = \langle \nu, X_{uu} \rangle$$
$$f = -\langle d\nu_p(X_u), X_v \rangle = \langle \nu, X_{uv} \rangle$$
$$g = -\langle d\nu_p(X_v), X_v \rangle = \langle \nu, X_{vv} \rangle$$

이다.[4] 특히 좌표조각 X가 곡면의 방향과 양립할 때, 즉

$$\nu = \frac{X_u \times X_v}{|X_u \times X_v|}$$

일 때

$$e = \frac{|X_u, X_v, X_{uu}|}{\sqrt{EG - F^2}}$$
$$f = \frac{|X_u, X_v, X_{uv}|}{\sqrt{EG - F^2}}$$
$$g = \frac{|X_u, X_v, X_{vv}|}{\sqrt{EG - F^2}}$$

[4] $\frac{\partial}{\partial u}\langle \nu, X_u \rangle = \langle \nu_u, X_u \rangle + \langle \nu, X_{uu} \rangle$를 이용

으로 쉽게 계산할 수 있다.

보기 5.4.1. 곡면이 $z = f(x, y)$의 그래프로 정의된 경우 몽주 조각

$$X(u, v) = (u, v, f(u, v))$$

로 매개화하면

$$\begin{aligned} X_u &= (1, 0, f_u) \\ X_v &= (0, 1, f_v) \\ \nu &= \frac{(-f_u, -f_v, 1)}{\sqrt{1 + f_u^2 + f_v^2}} \end{aligned}$$

$$\begin{pmatrix} E & F \\ F & G \end{pmatrix} = \begin{pmatrix} 1 + f_u^2 & f_u f_v \\ f_u f_v & 1 + f_v^2 \end{pmatrix}$$

$$\det \begin{pmatrix} E & F \\ F & G \end{pmatrix} = 1 + f_u^2 + f_v^2$$

$$\begin{aligned} X_{uu} &= (0, 0, f_{uu}) \\ X_{uv} &= (0, 0, f_{uv}) = X_{vu} \\ X_{vv} &= (0, 0, f_{vv}) \end{aligned}$$

$$\begin{pmatrix} e & f \\ f & g \end{pmatrix} = \frac{1}{\sqrt{1 + f_u^2 + f_v^2}} \begin{pmatrix} f_{uu} & f_{uv} \\ f_{vu} & f_{vv} \end{pmatrix}$$

이므로

$$\begin{aligned} K &= \frac{eg - f^2}{EG - F^2} = \frac{f_{uu} f_{vv} - f_{uv}^2}{(1 + f_u^2 + f_v^2)^2} \\ H &= \frac{1}{2} \frac{eG - 2fF + gE}{EG - F^2} = \frac{1}{2} \frac{(1 + f_v^2)\, f_{uu} - 2 f_u f_v f_{uv} + (1 + f_u^2)\, f_{vv}}{(1 + f_u^2 + f_v^2)^{3/2}} \end{aligned}$$

이다.

주. $y = f(x)$로 주어진 곡선의 부호가 붙은 곡률

$$\kappa = \frac{f''}{(1 + (f')^2)^{3/2}}$$

와 $z = f(x, y)$로 주어진 곡면의 가우스 곡률

$$K = \frac{f_{uu}f_{vv} - f_{uv}^2}{(1 + f_u^2 + f_v^2)^2} = \frac{\det \begin{pmatrix} f_{uu} & f_{uv} \\ f_{vu} & f_{vv} \end{pmatrix}}{(1 + |\nabla f|^2)^2}$$

를 비교해 보시오.

문제 5.4.2. 포물면 $z = x^2 + y^2$의 각 점에서 가우스 곡률과 평균곡률을 구하시오.

문제 5.4.3. 원기둥면의 각 점에서 가우스 곡률과 평균곡률을 구하시오.

평균곡률은 주곡률의 평균으로 정의되었지만, 사실은 모든 법곡률의 평균과 같음을 오일러 공식을 이용하여 증명할 수 있다.

문제 5.4.4. 주어진 점 p에서의 주방향이 e_1, e_2이고 $\omega = \cos\theta e_1 + \sin\theta e_2$방향의 법곡률이 $\kappa_n(\theta)$일 때, 평균곡률 $H(p)$는 $\frac{1}{2\pi}\int_0^{2\pi} \kappa_n(\theta)d\theta$임을 보이시오.

1847년 벨기에 물리학자 플라토[5]는 철사로 닫힌곡선을 만들어 이 곡선을 경계로 하는 곡면 중 넓이가 최소인 곡면의 존재성에 대한 플라토 문제(Plateau's problem)를 비누막(soap film) 실험을 통하여 해결하였다. 그러나 수학적 증명은 1930년 더글라스[6]와 라도[7]가 증명하였고, 더글라스는 이 업적으로 1936년 첫 필즈 메달을 받았다. 이와 같은 곡면을 극소곡면(minimal surface)이라 하는데 수학적으로는 평균곡률 $H = 0$인 곡면을 말한다.

좌표곡선이 곡률선인 좌표조각 $X(u, v)$에 포함되는 영역 $R = X(Q)$에서 경계 $C = \partial R$을 고정시키고 법벡터 방향으로 변화를 주어 얻은 새로운 곡면 S_t들을 생각해보자.[8] 경계 C에서 $\delta = 0$인 적당한 $\delta(u, v)$와 $-\varepsilon < t < \varepsilon$에 대하여

$$X_t(u, v) = X(u, v) + t\delta(u, v)\nu(u, v)$$

---

[5] Joseph Plateau, 1801–1883, 벨기에 물리학자

[6] Jesse Douglas, 1897–1965, 미국 수학자

[7] Tibor Radó June 2, 1895–1965, 헝가리 태생 미국 수학자

[8] 접평면 방향으로의 변화는 곡면이 옆으로 밀리므로 넓이에는 영향을 못 미친다.

이 좌표조각인 S_t를 생각하자.

$\nu_u = -\kappa_1 X_u$와 $\nu_v = -\kappa_2 X_v$를 이용하면 X_t에 대한 제1기본형식은

$$\begin{aligned} E_t &= \langle X_u - t(\delta\kappa_1 X_u - \delta_u \nu), X_u - t(\delta\kappa_1 X_u - \delta_u \nu)\rangle \\ &= E - 2t\delta\kappa_1 E + t^2(\cdots) \\ F_t &= F - t\delta(\kappa_1 + \kappa_2)F + t^2(\cdots) \\ G_t &= G - 2t\delta\kappa_2 G + t^2(\cdots) \end{aligned}$$

이고,

$$E_t G_t - (F_t)^2 = (EG - F^2)(1 - 2t\delta(\kappa_1 + \kappa_2)) + t^2(\cdots)$$

이므로 곡면 S_t의 넓이는

$$\begin{aligned} A(t) &= \iint_Q \sqrt{E_t G_t - (F_t)^2}\, dudv \\ &= \iint_Q \sqrt{1 - 2t\delta(\kappa_1 + \kappa_2) + t^2(\cdots)}\sqrt{EG - F^2}\, dudv \end{aligned}$$

이고,

$$A'(0) = -\iint_Q \delta(\kappa_1 + \kappa_2)\sqrt{EG - F^2}\, dudv = -\iint_Q 2\delta H d\sigma$$

이므로 곡면 S_0가 극소곡면이 될 필요충분조건은 임의의 δ에 대하여 $A'(0) = 0$, 즉 $H = 0$이다.

이상을 정리하면

정리 5.4.1. 정칙곡면 S가 극소곡면일 필요충분조건은 $H = 0$이다. 여기서 H는 곡면 S의 평균곡률이다.

문제 5.4.5. 위의 증명에서 계산을 간단하게 하기 위해서 좌표조각의 좌표곡선이 곡률선이라고 가정하였다. 이 가정없이 위 정리를 증명하시오.

보기 5.4.2. 평면의 평균곡률 $H = 0$이므로 평면은 극소곡면이다.

보기 5.4.3. 현수선 $y = a\cosh\frac{z}{a}$를 z 축으로 회전시킨 현수면

$$X(u, v) = (a\cosh v\cos u, a\cosh v\sin u, av), \quad u, v \in \mathbb{R}$$

은 회전면 중 유일한 극소곡면이다. 현수면은 원 두 개를 가까이 하여 비누물 속에 넣었을 때 얻어지는 곡면이다.

보기 5.4.4. 나선을 따라 직선들로 이루어진 나선면

$$\mathbf{x}(u,v) = (a\sinh v\cos u, a\sinh v\sin u, au), \quad u,v \in \mathbb{R}$$

는 평면을 제외한 선직면 중 유일한 극소곡면이다.

극소곡면은 주어진 닫힌 곡선을 경계로하는 넓이가 최소인 안정적인 구조이므로 건축에 이용된다. 1972년 뮌헨 올림픽 주경기장의 지붕 디자인에 극소곡면이 사용되었다.

비누막처럼 비누방울(soap bubble)도 평균곡률과 관계가 있다. 물리적으로 비누방울은 곡면의 안과 밖의 압력 차이로 고정된 부피를 갖고, 비누물의 표면장력으로 넓이를 최소화하려는 성질을 갖는다. 이런 곡면은 평균곡률이 영이 아닌 상수이다. 평균곡률이 상수인 곡면을 상수 평균곡률 곡면(constant mean curvature surface, CMC surface)이라고 한다. 2008년 베이징 올림픽 수영 경기장 워터큐브는 비누방울을 응용하여 634개의 비누방울이 뭉쳐 있는 벌집 모양이다.

5.4.2 가우스 곡률의 기하학적 의미

평면 곡선의 곡률은 호의 길이에 대한 속도벡터의 변화율로 정의하였는데 속도벡터를 원점으로 평행이동하여 $T(s) = (\cos\theta(s), \sin\theta(s))$라고 하였을 때 곡률이

$$\kappa(s_0) = \frac{d\theta}{ds} = \lim_{\Delta s \to 0} \frac{\Delta\theta}{\Delta s}$$

임을 보였다. 이때 s_0를 포함하는 작은 구간 I에 대하여 $\Delta\theta$는 단위원 위의 곡선 $\{T(s) \mid s \in I\}$의 길이이고 Δs를 I의 길이로 생각하면

$$\kappa(s_0) = \lim_{I \to s_0} \frac{l(\{T(s) \mid s \in I\})}{l(I)}$$

으로 표현할 수 있다.

이제 곡면의 가우스 곡률에 대한 유사한 표현을 구해보자. 곡선에서 속도벡터의 변화를 살펴본 것처럼 곡면에서는 접평면의 변화를 살펴본다. 접평면의 변화는 법벡터의 변화와 같은데 법벡터는 가우스 사상이었다. 점 p를 포함하는 영역 R을 잡

고 이것의 가우스 사상에 의한 상의 넓이를 영역 R의 넓이로 나눈 값을 생각하자. 그리고 영역 R을 점 p로 보내면 이 값이 가우스 곡률이 됨을 증명할 수 있다.

정리 5.4.2. $K(p) \neq 0$인 점 p에 대하여

$$K(p) = \lim_{R \to p} \frac{\text{Area} \ \ \nu(R)}{\text{Area} \ \ R}$$

이때 가우스 사상을 대응시킨 영역 $\nu(R) = \nu(X(Q))$의 면적은 부호가 있는 면적

$$\text{Area} \ \ \nu(R) = \text{Area} \ \ \nu(X(Q)) = \iint_Q K \, |X_u \times X_v| \, dudv$$

으로 정의된다. 여기서 $X(u, v)$는 K의 부호가 변하지 않는 점 p 근방의 좌표조각이다.

증명 점 p 주위의 좌표조각 $X : U \to S$에 대하여, 미분가능한 사상

$$\overline{X}(u, v) = \nu \circ X(u, v)$$

가 $\mathbb{S}^2$의 $\nu(p)$의 좌표조각이 됨을 보이자.

$\overline{X}_u = d\nu_{X(u,v)}(X_u)$이고 $\overline{X}_v = d\nu_{X(u,v)}(X_v)$이므로

$$\overline{X}_u \times \overline{X}_v = \det(d\nu_{X(u,v)}) X_u \times X_v$$

이다. 이때 $\det(d\nu_{X(u,v)}) = K \neq 0$ 이고 $d\overline{X}(T_q\mathbb{R}^2) = T_{\nu(p)}\mathbb{S}^2, X(q) = p$이다.

$K \neq 0$이므로 $\{\overline{X}_u, \overline{X}_v\}$는 1차독립이다. 점 $X^{-1}(p) = q$에서 $\overline{X}$의 미분 $d\overline{X}_q : T_q\mathbb{R}^2 \to T_{\nu(p)}\mathbb{S}^2$는 선형동형이므로 정리 4.2.4에 의하여 $\overline{X}$는 q 주위에서 미분동형이다. 즉 $q \in U_0 \subseteq U$인 열린집합 U_0에 대하여, $\overline{X} : U_0 \to \mathbb{S}^2$는 $\nu(p)$ 주위의 좌표조각이다.

이제 p를 포함하는 충분히 작은 영역 $R = X(Q), Q \subseteq U_0$에 대해서 $\overline{X}(Q) = \nu(R)$의 넓이는

$$\text{Area} \ \ \nu(R) = \iint_Q | \, \overline{X}_u \times \overline{X}_v \, | \, dudv = \iint_Q | \, K \, || \, X_u \times X_v \, | \, dudv$$

이지만 K의 부호가 양수이거나 음수이므로 K의 부호를 그대로 두고 부호가 붙은 넓이를

$$\text{Area } \nu(R) = \iint_Q K \mid X_u \times X_v \mid dudv$$

로 정의한다.

한편 R에서 K의 최소값과 최대값을 각각 m_R, M_R라고 하면

$$\iint_Q m_R \,|X_u \times X_v|\, dudv \le \iint_Q K \,|X_u \times X_v|\, dudv \le \iint_Q M_R \,|X_u \times X_v|\, dudv$$

$$m_R \cdot \text{Area}\,(R) \le \iint_Q K \,|X_u \times X_v|\, dudv \le M_R \cdot \text{Area}\,(R)$$

$$m_R \le \frac{\text{Area } \nu\,(R)}{\text{Area } R} \le M_R$$

영역 R을 한 점 p로 좁혀간다면, m_R와 M_R는 모두 $K\,(p)$로 수렴하여 압축정리에 의하여

$$K(p) \le \lim_{R \to p} \frac{\text{Area } \nu\,(R)}{\text{Area } R} \le K(p)$$

이므로 극한값이 $K\,(p)$임을 알 수 있다. □

보기 5.4.5 (구면). 반지름이 r인 구면의 가우스 사상은

$$\nu(p) = \frac{1}{r}p$$

으로 R과 $\nu(R)$은 닮음비가 $\frac{1}{r}$인 닮음 영역이므로 $\frac{\text{Area } \nu(R)}{\text{Area } R} = \frac{1}{r^2}$이고 $K(p) = \frac{1}{r^2}$이다.

주. 점 p 근방의 영역 R에 대하여, $\nu(R)$의 넓이가 0일 때 $K(p) = 0$임을 보이자. 만약 $K(p) \neq 0$이라고 하면, 정리 5.4.2에 의하여

$$K(p) = \lim_{R \to P} \frac{\text{Area } \nu(R)}{\text{Area } R} = 0$$

이므로 모순이다.

보기 5.4.6 (평면). $ax+by+cz+d=0$인 평면의 가우스 사상은

$$\nu(p)=\frac{(a,b,c)}{\sqrt{a^2+b^2+c^2}}$$

으로 모든 점이 한 점으로 대응된다. 그러므로 $K(p)=0$이다.

보기 5.4.7 (원기둥면). 반지름이 r인 원기둥면의 가우스 사상은

$$\nu(x,y,z)=\frac{1}{r}(x,y,0)$$

으로 단위원의 적도로 대응된다. 임의의 영역 R에 대하여 $\nu(R)$의 면적은 항상 0이므로 $K=0$이다. 각 점의 접벡터 $(0,0,1)$ 방향의 법곡률이 0이며 $K=0$이므로 0이 주곡률임을 알 수 있다.

5.4.3 가우스 곡률에 의한 점의 분류

정의 5.4.2. 유향곡면 (S,ν)의 가우스 곡률을 K라고 할 때 점 $p\in S$를 다음과 같이 구분한다.

(i) $K(p)>0$인 점 $p\in S$를 타원점(elliptic point)이라고 한다.

(ii) $K(p)<0$인 점 $p\in S$를 쌍곡점(hyperbolic point)이라고 한다.

(iii) $K(p)=0, d\nu_p\neq 0$인 점 $p\in S$를 포물점(parabolic point)이라고 한다.

(iv) $d\nu_p=0$인 점 $p\in S$를 평탄점(planar point)이라고 한다.

(v) 주곡률이 $\kappa_1(p)=\kappa_2(p)$일 때 점 $p\in S$를 배꼽점(umbilical point)이라고 한다.

주. 이 분류는 곡면의 방향의 선택에 상관없다. 방향이 바뀌면 주곡률 κ_1과 κ_2의 부호도 바뀌지만, 가우스 곡률 K는 $K=\kappa_1\cdot\kappa_2=(-\kappa_1)\cdot(-\kappa_2)$로 변하지 않는다.

보기 5.4.8. 타원점 p에서는 주곡률의 부호가 같으므로 주방향의 법단면이 $\nu(p)$와 같은 방향으로 휘거나 반대 방향으로 휘므로 접평면에 대하여 어느 한쪽에 p의 근방이 존재한다. 구면이나 포물면의 모든 점은 타원점이다

보기 5.4.9. 쌍곡점 p에서는 주곡률의 부호가 반대이므로 주방향의 법단면이 하나는 $\nu(p)$와 같은 방향으로 휘고, 다른 하나는 반대 방향으로 휘므로 곡면과 접평면이 서로 교차한다. 포물쌍곡면 $z = x^2 - y^2$ 위의 점 $(0,0,0)$에서 접평면은 $z = 0$이고 곡면과 $y = \pm x$에서 교차한다. 이와 같이 T_pS의 양쪽으로 p의 근방이 존재하는 점을 안장점(saddle point)[9]이라고 한다.

보기 5.4.10. 원기둥면의 모든 점은 포물점이다.

보기 5.4.11. 평면의 각 점은 평탄점이다.

보기 5.4.12 (원숭이 안장(monkey saddle))**.** $z = x^3 - 3y^2x$의 그래프 S에서 $p = (0,0,0)$는 평탄점이다. 보기 5.4.1의 식을 이용하면 $K(0,0) = H(0,0) = 0$이므로 $\kappa_1 = \kappa_2 = 0$이다. 그리고 T_pS는 $z = 0$이고 곡면과 $x = 0, y = \pm\frac{1}{3}x$에서 만나므로 안장점이다.

보기 5.4.13. 평면과 구면의 모든 점과 포물면 $z = x^2 + y^2$의 원점은 배꼽점이다.

보기 5.4.14. 곡선 $z = y^3, -1 < y < 1$을 $z = 1$ 주위로 회전하여 얻은 회전면을 S라고 하자. 이때 원점 $p = (0,0,0)$는 포물점이다. 회전면 S의 경선과 위선이 주곡률선이고 경선 $z = y^3$의 $y = 0$에서 곡률이 $\kappa_1 = 0$이고 위선의 곡률은 $\kappa_2 = 1$이다. 그러므로 $K(p) = 0$이고 p는 포물점이다. 이때 접평면 T_pS의 양쪽으로 p의 근방이 존재한다. 왜냐하면 경선 $z = y^3$이 $y = 0$에서 곡률이 0이지만 $\nu(p)$와 같은 방향과 다른 방향으로 휘고 있기 때문이다.

점 p 근방에서 $K(p)$의 부호에 따라 곡면 S의 모양이 어떻게 달라지는지 살펴보자. 곡면은 국소적으로 그래프로 표현 가능하므로 점 p 근방에서 곡면 S가 $z = h(x,y)$의 그래프로 표현된다고 하자. 점 p를 원점으로 놓고 T_pS를 xy평면이 되도록 좌표를 잡는다. 즉

$$h(0,0) = 0, \quad h_x(0,0) = 0, \quad h_y(0,0) = 0$$

이다. 서로 수직인 주방향을 x축과 y축이 되도록 좌표축을 회전하여

$$F(0,0) = 0, \quad f(0,0) = h_{xy}(0,0) = 0$$

[9] $z = f(x,y)$의 임계점이지만 극값이 아닌 점을 f의 안장점이라고 정의한다.

이라고 할 수 있다. 보기 5.4.1에서

$$K = h_{xx}(0,0)h_{yy}(0,0), \quad 2H = h_{xx}(0,0) + h_{yy}(0,0)$$

이고

$$K = \kappa_1\kappa_2, \quad 2H = \kappa_1 + \kappa_2$$

이므로 $h_{xx}(0,0)$와 $h_{yy}(0,0)$는 주곡률이다.

한편 $h(x,y)$를 $(0,0)$ 근방에서 테일러 전개를 하면

$$h(x,y) = \frac{1}{2}(\kappa_1(0,0)x^2 + \kappa_2(0,0)y^2) + R_3$$

이다. 여기서 R_3는 x와 y의 3차 이상의 항이다.

문제 5.4.6. x 축과 y 축이 $(0,0)$에서 주방향이면

$$F(0,0) = 0, \quad f(0,0) = 0$$

임을 보이시오.

$K(0,0) > 0$라면 κ_1과 κ_2는 같은 부호를 갖는다. 충분히 작은 (x,y)에 대하여 R_3의 항을 무시하면 $h(x,y)$의 부호는 같고 등위선은 접평면의 한쪽에서 타원이다.

$K(0,0) < 0$일 때, 등위선은 접평면의 양쪽에서 쌍곡선이다.

타원점과 쌍곡점에서 κ_1과 κ_2는 0이 아니어서 $h(x,y)$의 부호를 결정할 수 있지만 포물점이나 평탄점인 경우 $h(x,y)$의 부호를 알 수 없다.

예를 들면 $h(x,y) = x^2$일 때와 $h(x,y) = x^2 + y^3$일 때를 비교해 보자. 모두 원점 $(0,0,0)$이 포물점이지만 T_pS에 대하여 한쪽 또는 양쪽에 존재할 수 있다. 그리고 $h(x,y) = x^4 + y^4$과 $h(x,y) = x^3 - 3y^2$를 비교하면, 원점은 모두 평탄점이지만 T_pS에 대하여 한쪽 또는 양쪽에 존재할 수 있다. 즉 주곡률 κ_1과 κ_2는 2차항까지의 정보를 가지므로 만일 이것이 0이 되면 $h(x,y)$의 부호는 3차항 이상에서 결정되어 주곡률의 제한을 받지 않는다.

§2.4.2에서 기둥면 나선을 공부할 때 기둥면을 정의하였다. 기둥면은 평면곡선의 각 점에서 평행인 직선들의 집합으로 정의한다. 그리고 평행한 직선 대신 평면곡

선의 각 점과 주어진 점을 지나는 직선들의 집합을 뿔(cone)이라고 한다. 이와 같이 직선들로 이루어진 곡면을 정의하자.

정의 5.4.3 (선직면). 주어진 곡선 $\alpha(t)$와 벡터 $\omega(t) \neq 0, a < t < b$에 대하여 $X(t,v) = \alpha(t) + v\omega(t), a < t < b, v \in \mathbb{R}$를 선직면(ruled surface)이라고 한다.

주. 선직면은 원뿔처럼 X가 정칙이 아닌 점들이 존재할 수도 있다.

보기 5.4.15. $\alpha(s) = (\cos s, \sin s, 0)$이고, $\omega(s) = \alpha'(s) + e_3$라고 하면, 선직면은 $X(s,v) = \alpha(s) + v(\alpha'(s) + e_3) = (\cos s - v\sin s, \sin s + v\cos s, v)$이다. 이 곡면은 $x^2 + y^2 - z^2 = 1$을 만족하므로 한잎 쌍곡면이고 매끄러운 곡면이지만 직선들로 만들 수 있어 건축물에서 응용되고 있다.

문제 5.4.7. 선직면의 모든 점은 타원점이 아님을 보이시오.

문제 5.4.8. 나선면을 선직면으로 볼 때, $\alpha(t)$와 $\omega(t)$를 구하시오.

보조정리 5.4.3. 유향곡면 (S, ν) 위의 점 $p \in S$가 배꼽점일 때

$$-d\nu_p(\omega) = \kappa(p)\omega \tag{4.8}$$

이다.

증명 정리 5.3.3에 의해

$$-d\nu_p(e_1) = \kappa_1 e_1, \quad -d\nu_p(e_2) = \kappa_2 e_2$$

인 정규직교기저 $\beta = \{e_1, e_2\}$가 존재한다. 임의의 접벡터 $\omega = ae_1 + be_2$에 대하여

$$\begin{aligned} -d\nu_p(\omega) &= -ad\nu_p(e_1) - bd\nu_p(e_2) \\ &= a\kappa_1 e_1 + b\kappa_2 e_2 \\ &= \kappa(p)\omega \end{aligned}$$

이다. □

정리 5.4.4. 모든 점이 배꼽점인 곡면은 구면이나 평면의 일부이다.

증명 곡면 위의 점 p가 배꼽점이므로

$$-d\nu_p(w) = \kappa(p)w$$

를 만족하는 $\kappa(p)$가 존재한다. p 근방에서 κ가 상수임을 보이기 위하여 p 근방의 좌표조각을 $X : U \to \mathbb{R}^3$라고 놓자.

이제 $\kappa : X(U) \to \mathbb{R}$가 상수함수임을 보이자. $\kappa \circ X(u,v)$와 $\nu \circ X(u,v)$를 (u,v)의 함수 $\kappa(u,v)$와 $\nu(u,v)$라 표현하면

$$-d\nu_p(X_u) = -\nu_u(u,v) = \kappa(u,v)X_u$$

이고 양변을 v에 대하여 편미분을 하면

$$-\nu_{uv} = \kappa_v X_u + \kappa X_{uv}$$

이다. 그리고 $-d\nu_p(X_v) = -\nu_v(u,v) = \kappa(u,v)X_v$를 u에 대하여 편미분을 하면 $-\nu_{vu} = \kappa_u X_v + \kappa X_{vu}$이다. $\nu_{uv} = \nu_{vu}$와 $X_{uv} = X_{vu}$이므로 $\kappa_v X_u - \kappa_u X_v = 0$이다. 그런데 $\{X_u, X_v\}$는 일차독립이므로 $\kappa_u = \kappa_v = 0$이다. 즉 κ는 $X(U)$에서 상수함수이다.

이제 $\kappa = 0$ 인 경우:

$$\nu_u = \nu_v = 0$$

이므로 $\nu = \nu_0$ 는 상수 벡터이다.

$$\frac{\partial}{\partial u}\langle X(u,v), \nu_0\rangle = \langle X_u, \nu_0\rangle = 0$$
$$\frac{\partial}{\partial u}\langle X(u,v), \nu_0\rangle = \langle X_v, \nu_0\rangle = 0$$

따라서 $\langle X(u,v), \nu_0\rangle$ 는 상수이다. 즉 곡면 S의 열린집합 $X(U)$는 ν_0 에 수직인 평면의 일부이다.

$\kappa \neq 0$ 인 경우: $Y(u,v) = X(u,v) + \frac{1}{\kappa}\nu(u,v)$ 라고 놓자.

$$Y_u = X_u + \frac{1}{\kappa}\nu_u = 0, \quad Y_v = X_v + \frac{1}{\kappa}\nu_v = 0$$

이므로 $Y(u,v) = y_0$ 이고

$$X(u,v) - y_0 = -\frac{1}{\kappa}\nu(u,v).$$

즉 $|X(u,v) - y_0| = \frac{1}{|\kappa|}$. 따라서 $X(U)$ 는 y_0 가 중심이고 반지름이 $\frac{1}{|\kappa|}$ 인 구면의 부분집합이다.

다음으로 곡면 S 전체가 평면의 일부이거나 구면의 일부임을 보이자. S위의 점 p를 고정하고 임의의 점 q를 선택하자. S가 연결되어 있으므로

$$\alpha(0) = p,\ \alpha(1) = q$$

인 S위의 곡선 $\alpha : [0,1] \longrightarrow S$가 존재한다.

곡선 위의 점 $\alpha(t)$를 포함하는 구면이나 평면의 일부인 V_t가 존재한다. $\alpha^{-1}(V_t)$는 $[0,1]$의 열린집합이고

$$\bigcup_{t\in[0,1]} \alpha^{-1}(V_t) = [0,1]$$

이다. $[0,1]$이 옹골진 집합이므로

$$\alpha^{-1}(V_{t_1}) \cup \alpha^{-1}(V_{t_2}) \cup \cdots \cup \alpha^{-1}(V_{t_n}) = [0,1]$$

인 $t_1, t_2, \cdots, t_n \in [0,1]$이 존재한다. 만약 p 근방은 평면의 일부이고 q 근방은 구면의 일부라면 V_{t_i}는 평면의 일부이고 V_{t_j}는 원의 일부이면서 $V_{t_i} \cap V_{t_j} \neq 0$인 $t_i \neq t_j$가 존재할 것이다. 그러나 $V_{t_i} \cap V_{t_j}$에 속하는 점 r의 법곡률 κ는 $\kappa = 0$이면서 $\kappa \neq 0$이므로 모순이 발생한다. 그러므로 V_{t_i}와 V_{t_j}는 둘 다 평면의 일부이거나 구면의 일부이다. 그런데 $V_{t_i} \cap V_{t_j}$가 열린집합이므로 V_{t_i}와 V_{t_j}는 한 평면에 속하거나 한 구면에 속한다. 즉 p 근방과 q 근방은 같은 평면의 일부이거나 같은 구면의 일부이어야 한다. 점 p와 q는 임의로 점들이므로, 곡면 S 전체가 한 평면 또는 한 구면의 일부이어야 한다. □

5.5 연습 문제

문제 5.5.1. 유향곡면 (S,ν)의 모양작용소가 모든 점 p에서 $d\nu_p = \mathbf{0}$일 때 S는 평면(의 일부)임을 보이시오.

문제 5.5.2. 다음 2차곡면의 가우스 사상의 상을 단위 구면 위에 나타내시오.

(a) (타원면) $S = \{x^2 + y^2 + z^2 = 1\}$

(b) (타원포물면) $S = \{x^2 + y^2 = z\}$

(c) (쌍곡포물면) $S = \{x^2 - y^2 = z\}$

(d) (한잎 쌍곡면) $S = \{x^2 + y^2 - z^2 = 1\}$

(e) (두잎 쌍곡면) $S = \{x^2 + y^2 - z^2 = -1\}$

(f) (타원뿔면) $S = \{x^2 + y^2 = z^2, z \neq 0\}$

문제 5.5.3. 현수면의 가우스 사상의 상에 속하지 않는 단위 구면 위의 점을 구하시오.

문제 5.5.4. 포물면 $z = x^2 + y^2$ 위의 곡선 $\alpha(t) = (t^2, t, t^4 + t^2)$의 법곡률을 구하시오. 여기서 포물면의 방향은 $\nu(0,0,0) = (0,0,1)$이다.

문제 5.5.5. 곡면 $z = xy$의 점근선을 구하시오.

문제 5.5.6. 곡면 위의 곡선 α가 점근선이면 α의 주법선이 곡면에 접함을 보이시오.

문제 5.5.7. 곡면 위의 단위 속력 곡선 $\alpha(s)$를 따라 다부 틀과 프레네 틀을 비교해 보자. 각 틀에 T는 공통으로 들어가고 N과 B를 법평면에서 θ만큼 회전하여 $\mathbf{S}$와 ν를 얻는다. 그러므로 행렬을 이용하여

$$\begin{pmatrix} T \\ \mathbf{S} \\ \nu \end{pmatrix} = \begin{pmatrix} 1 & 0 & 0 \\ 0 & \cos\theta & \sin\theta \\ 0 & -\sin\theta & \cos\theta \end{pmatrix} \begin{pmatrix} T \\ N \\ B \end{pmatrix}$$

으로 쓸 수 있다. 프레네 공식을 이용하여

$$\begin{pmatrix} T' \\ \mathbf{S}' \\ \nu' \end{pmatrix} = \begin{pmatrix} 0 & \kappa\cos\theta & -\kappa\sin\theta \\ -\kappa\cos\theta & 0 & \tau + \theta' \\ \kappa\sin\theta & -\tau - \theta' & 0 \end{pmatrix} \begin{pmatrix} T \\ \mathbf{S} \\ \nu \end{pmatrix} = \begin{pmatrix} 0 & \kappa_g & \kappa_n \\ -\kappa_g & 0 & \tau_g \\ -\kappa_n & -\tau_g & 0 \end{pmatrix} \begin{pmatrix} T \\ \mathbf{S} \\ \nu \end{pmatrix}$$

을 증명하시오. 여기서 τ_g는 측지꼬임률(geodesic torsion)로

$$\tau_g = -\left\langle \mathbf{S}, \frac{d\nu}{ds} \right\rangle$$

로 정의된다.

문제 5.5.8. 곡면 S가 $z = xy^2$로 주어졌을 때,

(a) 몽주 조각에 의한 제1기본형식을 구하시오.

(b) 몽주 조각에 의한 방향이 주어졌을 때 제2기본형식을 구하시오.

(c) S의 가우스 곡률 K와 평균곡률 H를 구하시오.

(d) 원점이 S의 평탄점인지 포물점인지 결정하시오.

(e) $K = 0$인 점에서 주방향을 결정하시오.

(f) $\alpha(t) = (x_0 + t, y_0, z_0 + ty_0^2)$과 $\beta(t) = (e^t x_0, e^{-2t} y_0, e^{-3t} z_0)$가 (x_0, y_0, z_0)를 지나는 점근선임을 보이시오.

문제 5.5.9. 쌍곡 포물면 S가 $z = x^2 - y^2$로 주어졌을 때,

(a) 몽주 조각에 의한 제1기본형식을 구하시오.

(b) 몽주 조각에 의한 방향이 주어졌을 때 제2기본형식을 구하시오.

(c) S의 가우스 곡률 K와 평균곡률 H를 구하시오.

(d) 원점을 지나는 곡선의 원점에서의 법곡률 κ_n이 $-2 \leq \kappa_n \leq 2$임을 보이시오.

문제 5.5.10. 견인곡선 $\alpha(\theta) = (0, \ln(\tan\frac{\theta}{2}) + \cos\theta, \sin\theta)$를 y 축으로 회전하여 얻은 회전면 S를 의구라고 한다.

(a) 좌표조각 $X(u,\theta) = (\sin\theta\cos u, \ln(\tan\frac{\theta}{2}) + \cos\theta, \sin\theta\sin u)$에 의한 가우스 사상 $N : S \to \mathbb{S}^2$을 구하시오.

(b) S의 모양작용소를 T_pS의 기저 $\{X_u, X_v\}$로 나타내는 행렬을 구하시오.

(c) S의 가우스 곡률 K와 평균곡률 H가

$$K = -1, \quad H = -\cot 2\theta$$

임을 보이시오.

문제 5.5.11. 유향곡면의 주곡률 $\kappa_1(p)$와 $\kappa_2(p)$가 곡면에서 연속 함수임을 보이시오.

문제 5.5.12. 곡면 위의 점 p가 배꼽점일 필요충분조건은 점 p에서 $E = e/\kappa$, $F = f/\kappa$, $G = g/\kappa$인 좌표조각이 존재하는 것임을 보이시오. 여기서 $\kappa = \kappa_1 = \kappa_2$이다.

문제 5.5.13. 두잎 쌍곡면 $\{x^2 + y^2 - z^2 = -1\}$의 배꼽점을 모두 구하시오.

문제 5.5.14. 다음 곡면들의 원점 $(0, 0, 0)$이 타원점, 쌍곡점, 포물점 또는 평탄점인지 결정하시오.

(a) $xy - z = 0$

(b) $x^2 + y^3 - z = 0$

(c) $x + y + z - x^2 - y^2 - z^3 = 0$

문제 5.5.15. 유향곡면의 가우스 곡률 K와 평균곡률 H가 $H^2 \geq K$임을 보이고 등호가 성립하는 경우를 구하시오.

문제 5.5.16. 곡면 위의 점 p에서의 단위 접벡터 w_1과 w_2가 서로 수직일 때 평균곡률 H는

$$H(p) = \frac{1}{2}\left(\mathrm{II}(w_1) + \mathrm{II}(w_2)\right)$$

임을 보이시오.

문제 5.5.17. S가 극소곡면일 필요충분조건은

$$gE - 2fF + eG = 0$$

임을 보이시오.

문제 5.5.18. $E = G = \lambda^2(u, v), F = 0$인 좌표조각 $X(u, v)$를 등온좌표(isothermal coordinate)라고 한다. 등온좌표인 경우 다음을 보이시오.

(a) 평균곡률이 $X_{uu} + X_{vv} = 2\lambda^2 H\nu$을 만족한다.

(b) X의 상이 극소곡면일 필요충분조건이 $X_{uu} + X_{vv} = 0$이다.

(c) 현수면이 극소곡면이다(문제 4.4.16 참조).

(d) 나선면이 극소곡면이다(문제 4.4.17 참조).

문제 5.5.19. 단위 속력 평면곡선 $\alpha(s) = (x(s), y(s))$에 대하여, 기둥면 $X(u,v) = (x(u), y(u), v)$의 가우스 곡률과 주방향을 구하시오.

문제 5.5.20. 쌍곡점에서 주방향이 점근방향을 이등분함을 보이시오.

문제 5.5.21. 몽주 조각 $X(u,v) = (u, v, (u^2/4) - v^2)$의 원점을 지나는 점근선이 직선임을 보이시오.

문제 5.5.22. 유향곡면 (S, ν)의 좌표조각 X에 대하여 와인가르텐 식을 이용하여

$$\nu_u \times \nu_v = K X_u \times X_v = \sqrt{EG - F^2} K\nu$$

임을 보이시오.

문제 5.5.23. 쌍곡 포물면 $z = x^2 - y^2$이 좌표조각

$$X : \mathbb{R}^2 \to \mathbb{R}^3,$$
$$X(u,v) = \alpha(u) + v w(u), \quad (u,v) \in \mathbb{R}^2$$

로 표현되는 곡선 $\alpha(u), w(u)$ 두 쌍을 구하시오. 이런 곡면을 이중 선직면(double ruled surface)라고 한다.

문제 5.5.24. 유향곡면 (S, ν) 위의 단위 속력 곡선 $\alpha(s)$의 측지꼬임률 τ_g를 문제 5.5.7에서

$$\tau_g = -\left\langle \mathbf{S}, \frac{d\nu}{ds} \right\rangle, \quad \mathbf{S} = \nu \times \alpha'$$

로 정의하였다.

(a) $\tau_g = 0$일 필요충분조건이 $\alpha(s)$가 곡률선임을 보이시오.

(b) $\alpha(s)$가 측지선이면 $\tau = \tau_g$임을 보이시오.

(c) 역으로 $\tau = \tau_g$이면 $\alpha(s)$가 측지선인지 아닌지를 밝히시오.

제 6 장

곡면 이론

가우스 곡률은 모양작용소에 의해 정의되었기 때문에 곡면이 공간 속에 들어 있는 모양에 따라 다른 값을 가질 것으로 예상된다. 그런데 평면, 원기둥면, 원뿔면은 모두 다른 모양을 가지고 있지만 가우스 곡률은 0으로 같다. §6.1에서 이들 곡면이 국소적으로 등장적임을 보인다. 등장사상이란 곡면 위의 두 점 사이의 거리가 보존되는 사상으로 근본적으로 제1기본형식이 같은 두 좌표조각 사이의 사상과 같다. 그러므로 제1기본형식으로부터 유도되는 성질은 등장사상에 의해 보존된다. 이런 성질을 곡면의 내재적 성질이라고 하였다.

제 5 장에서는 가우스 곡률을 제 1 기본형식 E, F, G와 제2기본형식 e, f, g로 표현하였는데 §6.2에서는 제1기본형식 E, F, G만으로 나타낼 수 있음을 보인다. 이는 가우스 곡률이 내재적 성질에 속하며 곡면 안에서 결정됨을 의미한다.

§6.3에서는 곡률과 꼬임률이 주어진 함수인 곡선이 (강체이동을 무시하면) 유일하게 결정된다는 정리 1.3.8 (국소적 곡선 이론의 기본정리)를 곡면으로 확장한다. 곡면을 결정하는 중요한 불변량이 E, F, G와 e, f, g임을 정리 6.3.1에서 보인다. 이때 곡면이 편미분방정식에 의해 결정되므로 해가 존재하기 위한 필요조건으로 양립방정식이 필요하다.

6.1 등장사상

§1.3.1에서 $\mathbb{R}^3$의 거리를 보존하는 등장사상을 살펴보았다. 이 절에서 곡면 사이의 거리를 보존하는 사상이 제1기본형식에 의하여 정의됨을 보인다. 우선 접벡터의 길이를 보존하는 사상이 곡선의 길이와 곡면 위의 두 점 사이의 거리를 보존함을 보

이자.

정의 6.1.1 (등장사상). 두 곡면 $S, \overline{S}$ 사이의 미분동형사상 $\phi : S \to \overline{S}$가 모든 점 $p \in S$에서

$$|w| = |d\phi_p(w)|, \quad w \in T_pS$$

을 만족할 때, ϕ를 등장사상(isometry)이라고 하고 S와 $\overline{S}$가 등장적이라고 한다.

보조정리 6.1.1. 곡면 S 위의 곡선 $\alpha : [a,b] \to S$는 등장사상 ϕ에 의하여 길이가 보존된다.

증명 등장사상 ϕ의 정의에 따라

$$|\alpha'(t)| = |d\phi_{\alpha(t)}(\alpha'(t))| = |(\phi \circ \alpha)'(t)|$$

이므로

$$L(\alpha) = \int_a^b |\alpha'(t)|dt = \int_a^b |(\phi \circ \alpha)'(t)|dt = L(\phi \circ \alpha)$$

이다. □

곡면 S 위의 두 점 p, q에 대하여, 두 점을 연결하는 곡면 위의 곡선들의 길이 중 최대하계(infimum)을 곡면 S에서 p와 q사이의 거리 $d_S(p,q)$라고 한다. 즉

$$d_S(p,q) = \inf \{L(\alpha) : \alpha : [a,b] \longrightarrow S, \alpha(a) = p, \alpha(b) = q\}$$

이다.

문제 6.1.1. 여기서 정의한 함수 $d_S : S \times S \to \mathbb{R}$이 27쪽의 (i), (ii), (iii)을 만족하는 거리임을 보이시오.

보조정리 6.1.2. 곡면 S 위의 두 점 사이의 거리가 등장사상 $\phi : S \to \overline{S}$에 의하여 보존된다.

증명 곡면 S 위의 곡선 $\alpha : [a,b] \to S$가 보조정리 6.1.1에 의하여 $L(\alpha) = L(\phi \circ \alpha)$

이므로

$$\begin{aligned} d(p,q) &= \inf\{L(\alpha) \mid \alpha : [a,b] \longrightarrow S, \alpha(a)=p, \alpha(b)=q\} \\ &= \inf\{L(\phi\circ\alpha) \mid \alpha : [a,b] \longrightarrow S, \alpha(a)=p, \alpha(b)=q\} \\ &\geq d(\phi(p),\phi(q)) \end{aligned}$$

이다.

마찬가지로, 곡면 $\overline{S}$ 위의 곡선 β에 대하여 $\alpha = \phi^{-1}\circ\beta$라고 하면, 보조정리 6.1.1에 의하여 $L(\alpha) = L(\phi\circ\alpha) = L(\beta)$이므로

$$\begin{aligned} d(\phi(p),\phi(q)) &= \inf\left\{L(\beta) \mid \beta : [a,b] \longrightarrow \overline{S}, \beta(a)=\phi(p), \beta(b)=\phi(q)\right\} \\ &= \inf\left\{L(\phi^{-1}\circ\beta) \mid \beta : [a,b] \longrightarrow \overline{S}, \beta(a)=\phi(p), \beta(b)=\phi(q)\right\} \\ &\geq d(p,q) \end{aligned}$$

이다.

따라서 $d(p,q) = d(\phi(p),\phi(q))$이다. □

문제 6.1.2. 두 곡면 $S, \overline{S}$ 사이의 등장사상 $\phi : S \to \overline{S}$가 내적을 보존함을 보이시오. 즉 $w_1, w_2 \in T_pS$에 대하여

$$\langle w_1, w_2\rangle_p = \langle d\phi_p(w_1), d\phi_p(w_2)\rangle_{\phi(p)}$$

이다.

등장사상이 미분동형이어야 하는 조건은 너무 강하므로 다음과 같은 국소적 등장사상을 정의한다.

정의 6.1.2 (국소적 등장사상). S와 $\overline{S}$를 곡면이라고 하자. $p \in S$의 근방 V에서 정의된 미분가능한 사상 $\phi : V \to \overline{S}$에 대하여 $\phi(p) \in \overline{S}$의 근방 $\overline{V}$가 존재하여 $\phi : V \to \overline{V}$가 등장사상일 때 ϕ를 p에서 국소적 등장사상(local isometry)이라고 한다. S의 모든 점에서 $\overline{S}$로의 국소적 등장사상이 존재할 때 S에서 $\overline{S}$로 국소적 등장이라고 한다. S에서 $\overline{S}$로 국소적 등장이고 $\overline{S}$에서 S로 국소적 등장일 때 S와 $\overline{S}$가 국소적으로 등장이라고 한다.

정리 6.1.3. S에서 $\overline{S}$로 국소적으로 등장일 필요충분조건은 모든 $p \in S$에 대하여, 열린집합 $U \subseteq \mathbb{R}^2$와 p 근방의 좌표조각 $X : U \to S$와 좌표조각 $\overline{X} : U \to \overline{S}$가 존재하여 X에 의한 제1기본형식 E, G, F와 $\overline{X}$에 의한 제1기본형식 $\overline{E}, \overline{G}, \overline{F}$가

$$E = \overline{E}, F = \overline{F}, G = \overline{G}$$

를 만족하는 것이다.

증명 (⇒의 증명) 고정된 점 $p \in S$에 대하여 등장사상 $\phi : V \to \overline{V}$가 존재한다고 하자. p 근방의 좌표조각 $X : U \to S, X(U) \subseteq V$을 선택하고 $\overline{X} : U \to \overline{S}$를 $\overline{X}(u,v) = \phi \circ X(u,v)$로 정의하자. 이때

$$\begin{aligned}
\overline{E} &= |\overline{X}_u|^2 = |d\phi_{X(u,v)}(X_u)|^2 = |X_u|^2 = E \\
\overline{F} &= \langle \overline{X}_u, \overline{X}_v \rangle = \langle d\phi_{X(u,v)}(X_u), d\phi_{X(u,v)}(X_v) \rangle = \langle X_u, X_v \rangle = F \\
\overline{G} &= |\overline{X}_v|^2 = |d\phi_{X(u,v)}(X_v)|^2 = |X_v|^2 = G
\end{aligned}$$

이다.

$$|\overline{X}_u \times \overline{X}_v| = \sqrt{\overline{EG} - \overline{F}^2} = \sqrt{EG - F^2} = |X_u \times X_v| \neq 0$$

이고 ϕ가 미분동형이므로, $\overline{X}$는 좌표조각이다.

(⇐의 증명) 역으로 임의의 점 $p \in S$에 대하여 $E = \overline{E}, F = \overline{F}, G = \overline{G}$인 좌표조각 $X : U \to S, \overline{X} : U \to \overline{S}$가 존재한다고 하자. 이때 $\phi(X(u,v)) = \overline{X}(u,v)$로 정의되는 사상 $\phi : X(U) \to \overline{X}(U)$이 등장사상임을 보인다. ϕ를 좌표조각을 이용하여 표현하면

$$\overline{X}^{-1} \circ \phi \circ X : U \to U, \quad \overline{X}^{-1} \circ \phi \circ X(u,v) = (u,v)$$

이므로 ϕ는 두 곡면 $S, \overline{S}$ 사이의 사상으로 미분가능하고 일대일, 위로의 사상이므로 미분동형사상이다. $X(U)$ 위의 접벡터 $w = aX_u + bX_v$에 대하여

$$d\phi_{X(u,v)}(w) = ad\phi_{X(u,v)}(X_u) + bd\phi_{X(u,v)}(X_v) = a\overline{X}_u + b\overline{X}_v$$

이다. 따라서

$$|w|^2 = a^2E + 2abF + b^2G,$$
$$|d\phi_{X(u,v)}(w)|^2 = a^2\overline{E} + 2ab\overline{F} + b^2\overline{G}$$

이므로

$$|w| = |d\phi_{X(u,v)}(w)|$$

이다. □

원기둥면이나 원뿔면은 평면 $\mathbb{R}^2$를 '말아서(rolling up)' 얻을 수 있는데 이 마는 과정에서 거리의 변화가 일어나지 않는다. 따라서 이 두 곡면은 $\mathbb{R}^2$와 국소적으로 등장적이다. 이 결과를 다음 보기에서 엄밀하게 증명한다.

보기 6.1.1. 평면 $\mathcal{P} = \{(x, y, 0)|(x, y) \in \mathbb{R}^2\}$와 원기둥면 $S : x^2 + y^2 = 1$은 국소적으로 등장적이다. 임의의 $p \in \mathcal{P}$와 $q = (\cos u_0, \sin u_0, v_0) \in S$에 대하여, $\mathbb{R}^2$의 열린집합 $U = (-\pi, \pi) \times (-1, 1)$에서 정의된

$$X(u, v) = p + (u, v, 0),$$
$$\overline{X}(u, v) = (\cos(u + u_0), \sin(u + u_0), v + v_0)$$

를 생각하자. 직접 계산하면

$$E = 1 = \overline{E}, \quad F = 0 = \overline{F}, \quad G = 1 = \overline{G}$$

이다.

문제 6.1.3. 평면 $\mathcal{P}$와 원기둥면 S는 대역적으로는 등장적이지 않음을 보이시오.

6.2 가우스 정리

가우스 정리를 증명하는 과정은 곡선에 관한 이론의 프레네 공식을 유도하는 과정을 따라간다. 곡선의 각 점에서 움직이는 프레네 틀을 정의하고 이 틀의 미분을 프레네 틀의 일차결합으로 나타내어 계수들을 찾았는데 이 계수들이 곡선의 연구에 중요한 불변량이 되었다.

이제 곡면에서도 적당한 틀을 선택하고 미분해 보자. 유향곡면 (S, ν)의 좌표조각 $X(u, v)$에 대하여 각 점에서 틀 $\{X_u, X_v, \nu\}$을 잡고 편미분하여 다시 이 틀의 일차결합으로 표시해 보자.

$\{X_u, X_v\}$이 T_pS의 기저이고 $\{X_u, X_v, \nu\}$이 $\mathbb{R}^3$의 기저이다. 이 틀을 편미분하여 X_u, X_v, ν의 일차결합으로 표시하면

$$X_{uu} = \Gamma_{11}^1 X_u + \Gamma_{11}^2 X_v + L_1 \nu \tag{2.1}$$

$$X_{uv} = \Gamma_{12}^1 X_u + \Gamma_{12}^2 X_v + L_2 \nu \tag{2.2}$$

$$X_{vu} = \Gamma_{21}^1 X_u + \Gamma_{21}^2 X_v + L_3 \nu \tag{2.3}$$

$$X_{vv} = \Gamma_{22}^1 X_u + \Gamma_{22}^2 X_v + L_4 \nu \tag{2.4}$$

로 쓸 수 있고 §5.4에서

$$\nu_u = a_{11} X_u + a_{21} X_v \tag{2.5}$$

$$\nu_v = a_{12} X_u + a_{22} X_v \tag{2.6}$$

이었다. 여기서 계수 $a_{ij}, i, j = 1, 2$는 제5장의 와인가르텐 식 (4.7)에 의해서 결정된다.계수 $\Gamma_{ij}^k, i, j, k = 1, 2$는 곡면 이론에서 중요한 역할을 하는데, 이 함수들을 좌표조각 X에 대한 크리스토펠 기호(Christoffel symbol)라고 한다.

이제부터 크리스토펠 기호 $\Gamma_{ij}^k, i, j, k = 1, 2$가 제1기본형식 E, F, G에 의하여 결정됨을 보이자.

우선 $X_{uv} = X_{vu}$이므로 (2.2)–(2.3)에 의해

$$\Gamma_{12}^1 = \Gamma_{21}^1, \Gamma_{12}^2 = \Gamma_{21}^2, L_2 = L_3$$

이다.

다음으로 (2.1)–(2.4)의 양변을 ν와 내적을 하면

$$\langle \nu, X_{uu} \rangle = L_1, \quad \langle \nu, X_{uv} \rangle = L_2, \quad \langle \nu, X_{vu} \rangle = L_3, \quad \langle \nu, X_{vv} \rangle = L_4$$

이고 다른 한편

$$\langle \nu, X_{uu} \rangle = e, \quad \langle \nu, X_{uv} \rangle = f, \quad \langle \nu, X_{vu} \rangle = f, \quad \langle \nu, X_{vv} \rangle = g$$

이므로

$$L_1 = e, \quad L_2 = L_3 = f, \quad L_4 = g$$

이다. 따라서 (2.1)–(2.4)는

$$X_{uu} = \Gamma_{11}^1 X_u + \Gamma_{11}^2 X_v + e\nu \tag{2.7}$$

$$X_{uv} = \Gamma_{12}^1 X_u + \Gamma_{12}^2 X_v + f\nu \tag{2.8}$$

$$X_{vu} = \Gamma_{21}^1 X_u + \Gamma_{21}^2 X_v + f\nu \tag{2.9}$$

$$X_{vv} = \Gamma_{22}^1 X_u + \Gamma_{22}^2 X_v + g\nu \tag{2.10}$$

이다.

이제 (2.7)–(2.10)의 양변을 X_u, X_v와 내적을 하여 크리스토펠 기호를 제1기본 형식(과 그 미분)을 이용하여 나타내 보자.

먼저 (2.7)의 양변을 X_u와 내적을 하면

$$\langle X_u, X_{uu} \rangle = \Gamma_{11}^1 E + \Gamma_{11}^2 F$$

이고 다른 한편

$$\langle X_u, X_{uu} \rangle = \frac{1}{2}\frac{\partial}{\partial u}\langle X_u, X_u \rangle = \frac{1}{2}E_u$$

이다. 따라서

$$\Gamma_{11}^1 E + \Gamma_{11}^2 F = \frac{1}{2}E_u \tag{2.11}$$

이다.

다음으로 (2.7)의 양변을 X_v와 내적을 하면

$$\langle X_v, X_{uu} \rangle = \Gamma_{11}^1 F + \Gamma_{11}^2 G$$

이다. 한편

$$\langle X_v, X_{uu} \rangle = \frac{\partial}{\partial u} \langle X_v, X_u \rangle - \langle X_{vu}, X_u \rangle$$

이고

$$\langle X_{vu}, X_u \rangle = \frac{1}{2} \frac{\partial}{\partial v} \langle X_u, X_u \rangle$$

이므로

$$\langle X_v, X_{uu} \rangle = F_u - \frac{1}{2} E_v$$

이다. 따라서

$$\Gamma_{11}^1 E + \Gamma_{11}^2 G = F_u - \frac{1}{2} E_v \tag{2.12}$$

이다.

(2.11)와 (2.12)를 얻은 것처럼, $\langle X_{uv}, X_u \rangle$와 $\langle X_{uv}, X_v \rangle$를 계산하면

$$\Gamma_{12}^1 E + \Gamma_{12}^2 F = \frac{1}{2} E_v \tag{2.13}$$

$$\Gamma_{12}^1 F + \Gamma_{12}^2 G = \frac{1}{2} G_u \tag{2.14}$$

를 얻는다.

마찬가지로 $\langle X_{vv}, X_u \rangle$와 $\langle X_{vv}, X_v \rangle$를 계산하면

$$\Gamma_{22}^1 E + \Gamma_{22}^2 F = F_v - \frac{1}{2} G_u \tag{2.15}$$

$$\Gamma_{22}^1 F + \Gamma_{22}^2 G = \frac{1}{2} G_v \tag{2.16}$$

이다.

(2.11)–(2.16)를 행렬로 표현하면

$$\begin{pmatrix} \Gamma_{11}^1 & \Gamma_{11}^2 \\ \Gamma_{12}^1 & \Gamma_{12}^2 \\ \Gamma_{22}^1 & \Gamma_{22}^2 \end{pmatrix} \begin{pmatrix} E & F \\ F & G \end{pmatrix} = \begin{pmatrix} \frac{1}{2} E_u & F_u - \frac{1}{2} E_v \\ \frac{1}{2} E_v & \frac{1}{2} G_u \\ F_v - \frac{1}{2} G_u & \frac{1}{2} G_v \end{pmatrix}$$

이다. 따라서

$$\begin{pmatrix}\Gamma_{11}^1 & \Gamma_{11}^2\\ \Gamma_{12}^1 & \Gamma_{12}^2\\ \Gamma_{22}^1 & \Gamma_{22}^2\end{pmatrix} = \begin{pmatrix}\frac{1}{2}E_u & F_u - \frac{1}{2}E_v\\ \frac{1}{2}E_v & \frac{1}{2}G_u\\ F_v - \frac{1}{2}G_u & \frac{1}{2}G_v\end{pmatrix}\begin{pmatrix}E & F\\ F & G\end{pmatrix}^{-1}$$

$$= \frac{1}{2(EG-F^2)}\begin{pmatrix}E_uG - 2F_uF + E_vF & -E_uF + 2F_uE - E_vE\\ E_vG - G_uF & -E_vF + G_uE\\ 2F_vG - G_uG - G_vF & -2F_vF + G_uF + G_vE\end{pmatrix}$$

이다. 특별히 $F = 0$이면

$$\begin{pmatrix}\Gamma_{11}^1 & \Gamma_{11}^2\\ \Gamma_{12}^1 & \Gamma_{12}^2\\ \Gamma_{22}^1 & \Gamma_{22}^2\end{pmatrix} = \begin{pmatrix}E_u/2E & -E_v/2G\\ E_v/2E & G_u/2G\\ -G_u/2E & G_v/2G\end{pmatrix} \tag{2.17}$$

이다. 이상을 종합하면 다음과 같다.

정리 6.2.1. 크리스토펠 기호 $\Gamma_{ij}^k, i, j = 1, 2$는 제1기본형식 E, F, G와 이것들의 미분으로 표현할 수 있다.

문제 6.2.1. (2.13), (2.14), (2.15), (2.16)을 증명하시오.

보기 6.2.1 (문제 4.2.5의 연속). p_0를 지나고 $\langle w_i, w_j\rangle = \delta_{ij}, i, j = 1, 2$인 $\mathbb{R}^3$의 두 벡터 w_1과 w_2를 포함하는 평면 $\mathbb{P}$의 좌표조각 $X(u, v) = p_0 + uw_1 + vw_2$의 제1기본형식의 계수는 $E = 1, F = 0, G = 1$이므로 크리스토펠 기호 $\Gamma_{ij}^k = 0, i, j = 1, 2$이다.

보기 6.2.2 (문제 4.2.6의 연속). 원기둥면 $\{(x, y, z) \in \mathbb{R}^3 \mid x^2 + y^2 = r^2\}$의 좌표조각 $X(u, v) = (r\cos u, r\sin u, v)$에 대한 제1기본형식의 계수는 $E = r^2, F = 0, G = 1$이다. 따라서 크리스토펠 기호 $\Gamma_{ij}^k = 0, i, j = 1, 2$이다.

보기 6.2.3 (문제 4.4.20의 연속). 단위 구면의 구면좌표

$$X(\phi, \theta) = (\sin\theta\cos\phi, \sin\theta\sin\phi, \cos\theta), \quad 0 < \phi < 2\pi, 0 < \theta < \pi \tag{2.18}$$

에 대한 제1기본형식의 계수는 $E = \sin^2\theta, F = 0, G = 1$이다. 따라서 크리스토펠 기호는

$$\begin{pmatrix} \Gamma^1_{11} & \Gamma^2_{11} \\ \Gamma^1_{12} & \Gamma^2_{12} \\ \Gamma^1_{22} & \Gamma^2_{22} \end{pmatrix} = \begin{pmatrix} 0 & -\sin\theta\cos\theta \\ \frac{\cos\theta}{\sin\theta} & 0 \\ 0 & 0 \end{pmatrix}$$

이다.

보기 6.2.4. 회전면의 좌표조각

$$X(u, v) = (f(v)\cos u, f(v)\sin u, g(v))$$

에 대한 제1기본형식의 계수는 $E = f^2, F = 0, G = (f')^2 + (g')^2$이다. 따라서 크리스토펠 기호는

$$\begin{pmatrix} \Gamma^1_{11} & \Gamma^2_{11} \\ \Gamma^1_{12} & \Gamma^2_{12} \\ \Gamma^1_{22} & \Gamma^2_{22} \end{pmatrix} = \begin{pmatrix} 0 & \frac{-ff'}{(f')^2+(g')^2} \\ \frac{f'}{f} & 0 \\ 0 & \frac{f'f''+g'g''}{(f')^2+(g')^2} \end{pmatrix}$$

이다.

클레로(Clairaut)의 정리에 의해

$$(X_{uu})_v - (X_{uv})_u = 0 \tag{2.19}$$

$$(X_{vu})_v - (X_{vv})_u = 0 \tag{2.20}$$

$$\nu_{uv} - \nu_{vu} = 0 \tag{2.21}$$

이다.

(2.19)에 (2.7)와 (2.8)를 대입하면

$$(\Gamma^1_{11}X_u + \Gamma^2_{11}X_v + e\nu)_v - (\Gamma^1_{12}X_u + \Gamma^2_{12}X_v + f\nu)_u = 0$$

이고 미분을 하면

$$\begin{aligned}&\Gamma^1_{11v}X_u + \Gamma^1_{11}X_{uv} + \Gamma^2_{11v}X_v + \Gamma^2_{11}X_{vv} + e_v\nu + e\nu_v \\ &- \Gamma^1_{12u}X_u - \Gamma^1_{12}X_{uu} - \Gamma^2_{12u}X_v - \Gamma^2_{12}X_{vu} - f_u\nu - f\nu_u = 0\end{aligned}$$

이다.

다시 (2.5)–(2.10)를 이용하면

$$\begin{aligned}&(\Gamma^1_{11v} - \Gamma^1_{12u} + \Gamma^1_{11}\Gamma^1_{12} - \Gamma^1_{12}\Gamma^1_{11} + \Gamma^2_{11}\Gamma^1_{22} - \Gamma^2_{12}\Gamma^1_{21} + ea_{12} - fa_{11})X_u \\ &+ (\Gamma^2_{11v} - \Gamma^2_{12u} + \Gamma^1_{11}\Gamma^2_{12} - \Gamma^1_{12}\Gamma^2_{11} + \Gamma^2_{11}\Gamma^2_{22} - \Gamma^2_{12}\Gamma^2_{21} + ea_{22} - fa_{21})X_v \\ &+ (e_v - f_u + \Gamma^1_{11}f - \Gamma^1_{12}e + \Gamma^2_{11}g - \Gamma^2_{12}f)\nu = 0\end{aligned}$$

이다. 이제 $\{X_u, X_v, \nu\}$가 일차독립이므로

$$\Gamma^1_{11v} - \Gamma^1_{12u} + \Gamma^1_{11}\Gamma^1_{12} - \Gamma^1_{12}\Gamma^1_{11} + \Gamma^2_{11}\Gamma^1_{22} - \Gamma^2_{12}\Gamma^1_{21} + ea_{12} - fa_{11} = 0 \tag{2.22}$$

$$\Gamma^2_{11v} - \Gamma^2_{12u} + \Gamma^1_{11}\Gamma^2_{12} - \Gamma^1_{12}\Gamma^2_{11} + \Gamma^2_{11}\Gamma^2_{22} - \Gamma^2_{12}\Gamma^2_{21} + ea_{22} - fa_{21} = 0 \tag{2.23}$$

$$e_v - f_u + \Gamma^1_{11}f - \Gamma^1_{12}e + \Gamma^2_{11}g - \Gamma^2_{12}f = 0 \tag{2.24}$$

이다.

다른 한편 §5.4에서 구한 와인가르텐 식 (4.7)

$$(d\nu_p)_{\{X_u,X_v\}} = \begin{pmatrix} a_{11} & a_{12} \\ a_{21} & a_{22} \end{pmatrix} = \frac{1}{EG - F^2}\begin{pmatrix} -G & F \\ F & -E \end{pmatrix}\begin{pmatrix} e & f \\ f & g \end{pmatrix}$$

에 의하여

$$\begin{aligned}ea_{12} - fa_{11} &= FK \\ ea_{22} - fa_{21} &= -EK\end{aligned}$$

이다.[1] 따라서 (2.22)과 (2.23)를 다시 쓰면

$$(2.25)\qquad -FK = \Gamma^1_{11v} - \Gamma^1_{12u} + \Gamma^1_{11}\Gamma^1_{12} - \Gamma^1_{12}\Gamma^1_{11} + \Gamma^2_{11}\Gamma^1_{22} - \Gamma^2_{12}\Gamma^1_{21}$$

$$(2.26)\qquad EK = \Gamma^2_{11v} - \Gamma^2_{12u} + \Gamma^1_{11}\Gamma^2_{12} - \Gamma^1_{12}\Gamma^2_{11} + \Gamma^2_{11}\Gamma^2_{22} - \Gamma^2_{12}\Gamma^2_{21}$$

이다.

한편 (2.20)으로부터 마찬가지 과정을 거쳐

$$(2.27)\qquad \Gamma^1_{21v} - \Gamma^1_{22u} + \Gamma^1_{21}\Gamma^1_{12} - \Gamma^1_{22}\Gamma^1_{11} + \Gamma^2_{21}\Gamma^1_{22} - \Gamma^2_{22}\Gamma^1_{21} + fa_{12} - ga_{11} = 0$$

$$(2.28)\qquad \Gamma^2_{21v} - \Gamma^2_{22u} + \Gamma^1_{21}\Gamma^2_{12} - \Gamma^1_{22}\Gamma^2_{11} + \Gamma^1_{21}\Gamma^2_{21} - \Gamma^2_{22}\Gamma^2_{21} + fa_{22} - ga_{21} = 0$$

$$(2.29)\qquad f_v - g_u - \Gamma^1_{22}e + (\Gamma^1_{12} - \Gamma^2_{22})f + \Gamma^2_{12}g = 0$$

을 얻는다. 여기서 와인가르텐 식 (4.7)을 이용하여 (2.27)와 (2.28)를 다시 쓰면

$$(2.30)\qquad -GK = \Gamma^1_{21v} - \Gamma^1_{22u} + \Gamma^1_{21}\Gamma^1_{12} - \Gamma^1_{22}\Gamma^1_{11} + \Gamma^2_{21}\Gamma^1_{22} - \Gamma^2_{22}\Gamma^1_{21}$$

$$(2.31)\qquad FK = \Gamma^2_{21v} - \Gamma^2_{22u} + \Gamma^1_{21}\Gamma^2_{12} - \Gamma^1_{22}\Gamma^2_{11} + \Gamma^1_{21}\Gamma^2_{21} - \Gamma^2_{22}\Gamma^2_{21}$$

이다.

(2.25), (2.26), (2.30), (2.31)를 가우스 공식(Gauss formula)이라고 한다. 한편 (2.24)과 (2.29)는 마이나르디-코다치 식(Mainardi-Codazzi equation)이라고 한다. 특히 (2.26)와 (2.30)으로부터 가우스의 놀라운 정리라고 알려진 다음 정리를 얻는다.

정리 6.2.2 (Gauss Theorema Egregium). 가우스 곡률 K는

$$K = \frac{1}{E}\left\{\Gamma^2_{11v} - \Gamma^2_{12u} + \Gamma^1_{11}\Gamma^2_{12} - \Gamma^1_{12}\Gamma^2_{11} + \Gamma^2_{11}\Gamma^2_{22} - \Gamma^2_{12}\Gamma^2_{21}\right\}$$

또는

$$K = -\frac{1}{G}\left\{\Gamma^1_{21v} - \Gamma^1_{22u} + \Gamma^1_{21}\Gamma^1_{12} - \Gamma^1_{22}\Gamma^1_{11} + \Gamma^2_{21}\Gamma^1_{22} - \Gamma^2_{22}\Gamma^1_{21}\right\}$$

---

[1] $ea_{22} - fa_{21} = e\frac{fF-gE}{EG-F^2} - f\frac{eF-fE}{EG-F^2} = \frac{E(f^2-eg)}{EG-F^2} = -E\frac{eg-f^2}{EG-F^2} = -EK$

로 쓸 수 있다. 즉 가우스 곡률 K는 제1기본형식 E, F, G와 이것들의 미분으로 표현할 수 있다.

따름정리 6.2.3. 가우스 곡률 K는 등장사상에 의하여 보존된다.

따름정리 6.2.4. 좌표조각 X의 제1기본형식의 계수 $F = 0$일 때

$$K = \frac{-1}{2\sqrt{EG}} \left\{ \left(\frac{E_v}{\sqrt{EG}} \right)_v + \left(\frac{G_u}{\sqrt{EG}} \right)_u \right\}$$

이다.

증명 $F = 0$일 때 크리스토펠 기호는 (2.17)에 의하여 주어지고, 정리 6.2.2에 주어진 가우스 곡률의 표현에 대입하여 원하는 식을 얻는다. □

보기 6.2.5. 평면과 구면은 곡률이 다르므로 등장적이지 않다. 그러므로 거리가 왜곡되지 않은 지도는 만들 수 없다.

6.3 보네 정리

국소적 곡선 이론의 기본정리에 의하면 곡률과 꼬임률이 주어진 함수인 곡선이 (강체이동을 무시하면) 유일하게 결정된다. 이와 같은 정리를 곡면에서도 구해 본다. 그러나 곡면에서는 편미분방정식을 다루고 이때 해가 존재할 필요조건이 필요하다. 즉 $\{X_u, X_v, \nu\}$을 찾는 편미분방정식을 (2.5)–(2.10)로부터 유도하고 이 편미분방정식의 해가 존재할 필요조건이 가우스 공식과 마이나르디-코다치식인 것을 살펴보았다. 이렇게 구한 X_u와 X_v에 다시 편미분방정식 이론을 사용하여 X를 구한다. 이때 사용되는 편미분방정식의 계수 Γ^i_{jk}와 a_{ij}는 E, F, G와 e, f, g로부터 유도되므로 결국 X가 가우스 공식과 마이나르디-코다치 식을 만족하는 E, F, G와 e, f, g에 의하여 결정되는 것을 볼 수 있다.

좌표조각 $X(u, v)$에 클레로 정리를 적용하여 구한 가우스 식과 마이나르디-코다치 식은 $X(u, v)$가 좌표조각이기 위한 필요조건일 뿐 아니라 충분조건임을 다음 정리가 말하고 있다. 이런 이유로 가우스 식과 마이나르디-코다치 식을 곡면 이론의 양립방정식(compatibility equations of the theory of surfaces)이라고 한다.

정리 6.3.1 (보네(Bonnet) 정리). 열린집합 $V \subseteq \mathbb{R}^2$에서 정의된 미분가능한 함수들 $E > 0, F, G > 0, e, f, g$가 가우스 식과 마이나르디-코다치 식을 만족하고

$EG - F^2 > 0$이라고 가정하자. $q \in V$에 대하여, q 근방 $U \subseteq V$와 미분동형 $X : U \to X(U) \subseteq \mathbb{R}^3$가 존재하여 정칙곡면 $X(U)$의 제1기본형식과 제2기본형식이 각각 E, F, G와 e, f, g가 된다. 만일 U가 연결집합이고, 다른 미분동형 $\overline{X} : U \to \overline{X}(U) \subseteq \mathbb{R}^3$가 있다면 $\overline{X} = \phi \circ X$인 $\mathbb{R}^3$의 강체운동 $\phi = T \circ \rho$가 존재한다. T는 평행이동이고 ρ는 $\mathbb{R}^3$의 직교변환이다.

주. 곡선 이론에서 곡률 $\kappa > 0$와 꼬임률 τ에 의하여 곡선이 (강체운동을 무시하면) 유일하게 존재하였던 것과 비교해 보자. 곡면에서는 제1기본형식과 제2기본형식에 의하여 곡면이 (강체운동을 무시하면) 유일하게 존재하는데 이때 이들이 만족해야 하는 식들이 더 필요하였다.

곡선 이론에서 $\{T, N, B\}$를 먼저 구한 후 곡선 α를 얻었듯이, X_u, X_v, ν를 미분방정식의 해로 구한 후 X를 얻는다. 이때 미분방정식의 해가 존재하려면

$$X_{uuv} = X_{uvu}, X_{vvu} = X_{vuv}, \nu_{uv} = \nu_{vu}$$

이 필요하고, 이 조건이 바로 가우스식과 마이나르디-코다치 식과 동치이다. 또 다른 고계 편도함수는 같은 식을 유도하므로 위의 조건이 필요충분조건이다.

증명 좌표조각 $X(u, v)$를 구하기 위하여, 우선 (2.5)–(2.10)를 만족하는 움직이는 틀 $\{X_u, X_u, \nu\}$를 생각하자. 이때, Γ_{ij}^k와 a_{ij}는 E, F, G와 e, f, g로 표현되고 가우스식 (2.25), (2.26), (2.30), (2.31)과 마이나르디-코다치 식 (2.24), (2.29)을 만족한다.

$$\boldsymbol{a} = (a_1, a_2, a_3) = X_u, \quad \boldsymbol{b} = (b_1, b_2, b_3) = X_v, \quad \boldsymbol{c} = (c_1, c_2, c_3) = \nu$$

라고 놓으면, (2.5)–(2.10)은

$$\text{(3.32)} \qquad \begin{cases} \boldsymbol{a}_u = (f_1, f_2, f_3) & \boldsymbol{a}_v = (f_4, f_5, f_6) \\ \boldsymbol{b}_u = (f_4, f_5, f_6) & \boldsymbol{b}_v = (f_7, f_8, f_9) \\ \boldsymbol{c}_u = (f_{10}, f_{11}, f_{12}) & \boldsymbol{c}_v = (f_{13}, f_{14}, f_{15}) \end{cases}$$

이 된다. 이때 $\Gamma_{ij}^k = \Gamma_{ji}^k$이므로 $\boldsymbol{a}_v = \boldsymbol{b}_u$이다. 여기서 f_i, $i = 1, \cdots, 15$는 변수 $a_1, \cdots, c_3$의 선형함수이고 $a_1, \cdots, c_3$는 u, v의 함수이다.

주어진 초기조건을 만족하는 편미분방정식의 해의 존재성과 유일성을 보장하는 필요충분조건은

$$\boldsymbol{a}_{uv} = \boldsymbol{a}_{vu}, \boldsymbol{b}_{uv} = \boldsymbol{b}_{vu}, \boldsymbol{c}_{uv} = \boldsymbol{c}_{vu}$$

이고, 이는 가우스 식과 마이나르디-코다치 식에 해당한다. 따라서 $q = (u_0, v_0)$에서

$$\begin{gathered} |\boldsymbol{a}_0|^2 = E(u_0, v_0), \quad \langle \boldsymbol{a}_0, \boldsymbol{b}_0 \rangle = F(u_0, v_0), \quad |\boldsymbol{b}_0|^2 = G(u_0, v_0), \\ |\boldsymbol{c}_0|^2 = 1, \quad \langle \boldsymbol{a}_0, \boldsymbol{c}_0 \rangle = 0, \quad \langle \boldsymbol{b}_0, \boldsymbol{c}_0 \rangle = 0 \end{gathered}$$

을 만족하는 $\boldsymbol{a}_0, \boldsymbol{b}_0, \boldsymbol{c}_0$에 대해서, 초기조건

$$\boldsymbol{a}(u_0, v_0) = \boldsymbol{a}_0, \quad \boldsymbol{b}(u_0, v_0) = \boldsymbol{b}_0, \quad \boldsymbol{c}(u_0, v_0) = \boldsymbol{c}_0$$

을 만족하는 미분방정식의 해 $\boldsymbol{a}(u, v), \boldsymbol{b}(u, v), \boldsymbol{c}(u, v)$가 q 근방에서 유일하게 존재한다.

이제 새로운 편미분방정식

$$\begin{cases} X_u = \boldsymbol{a}(u, v), \\ X_v = \boldsymbol{b}(u, v) \end{cases} \tag{3.33}$$

의 해 $X(u, v)$를 생각하자. 근이 존재할 필요충분조건인 $X_{uv} = X_{vu}$는 $\boldsymbol{a}_v = \boldsymbol{b}_u$로부터 보장된다. 따라서 초기조건 $X(u_0, v_0) = p_0$를 만족하는 유일한 해 $X(u, v)$가 (u_0, v_0) 근방 $\overline{V}$에서 존재한다.

다음으로

$$\begin{gathered} \langle \boldsymbol{a}, \boldsymbol{a} \rangle = E, \quad \langle \boldsymbol{a}, \boldsymbol{b} \rangle = F, \quad \langle \boldsymbol{b}, \boldsymbol{b} \rangle = G, \\ \langle \boldsymbol{c}, \boldsymbol{c} \rangle = 1, \quad \langle \boldsymbol{a}, \boldsymbol{c} \rangle = 0, \quad \langle \boldsymbol{b}, \boldsymbol{c} \rangle = 0 \end{gathered}$$

임을 증명하자. 이제

$$\begin{gathered} \langle \boldsymbol{a}, \boldsymbol{a} \rangle = g_1, \quad \langle \boldsymbol{a}, \boldsymbol{b} \rangle = g_2, \quad \langle \boldsymbol{b}, \boldsymbol{b} \rangle = g_3, \\ \langle \boldsymbol{c}, \boldsymbol{c} \rangle = g_4, \quad \langle \boldsymbol{a}, \boldsymbol{c} \rangle = g_5, \quad \langle \boldsymbol{b}, \boldsymbol{c} \rangle = g_6 \end{gathered}$$

이라고 하면 (2.5)–(2.10)에 의하여

$$(3.34)\quad \begin{cases} (g_1)_u = h_1(g_1,g_2,g_3,g_4,g_5,g_6), & (g_1)_v = k_1(g_1,g_2,g_3,g_4,g_5,g_6), \\ (g_2)_u = h_2(g_1,g_2,g_3,g_4,g_5,g_6), & (g_2)_v = k_2(g_1,g_2,g_3,g_4,g_5,g_6), \\ (g_3)_u = h_3(g_1,g_2,g_3,g_4,g_5,g_6), & (g_3)_v = k_3(g_1,g_2,g_3,g_4,g_5,g_6), \\ (g_4)_u = h_4(g_1,g_2,g_3,g_4,g_5,g_6), & (g_4)_v = k_4(g_1,g_2,g_3,g_4,g_5,g_6), \\ (g_5)_u = h_5(g_1,g_2,g_3,g_4,g_5,g_6), & (g_5)_v = k_5(g_1,g_2,g_3,g_4,g_5,g_6), \\ (g_6)_u = h_6(g_1,g_2,g_3,g_4,g_5,g_6), & (g_6)_v = k_6(g_1,g_2,g_3,g_4,g_5,g_6) \end{cases}$$

을 얻는다.[2] $(g_i)_{uv} = (g_i)_{vu}$이므로 주어진 초기조건을 만족하는 편미분방정식 (3.34)의 해가 유일하게 존재한다. 그런데

$$g_1 = E, g_2 = F, g_3 = G, g_4 = 1, g_5 = 0, g_6 = 0$$

가 편미분방정식 (3.34)을 만족하므로 E, F, G가 X에 의한 제1기본형식이고

$$\boldsymbol{c}(u,v)$$

가 단위 법벡터이다.

한편 $|X_u \times X_v|^2 = EG - F^2 > 0$이므로 $X(u,v)$는 정칙사상이다. 만일

$$\frac{\partial(x,y)}{\partial(u,v)}(u_0,v_0) \neq 0$$

라면 $\pi \circ X : \overline{V} \to \mathbb{R}^2$에 대하여 (u_0,v_0)에서 역함수 정리를 적용하여 (u_0,v_0)의 근방 U와 $\pi \circ X(U)$가 미분동형으로 역함수 $F : \pi \circ X(U) \to U$가 존재한다. 즉 $X : U \to \mathbb{R}^3$의 역함수 $X^{-1} : X(U) \to U, X^{-1}(x,y,z) = F \circ \pi(x,y,z)$가 존재하고 연속이다. 따라서 $X : U \to \mathbb{R}^3$는 좌표조각이다.

그리고 E, F, G가 X의 제1기본형식이고 단위법벡터 $\boldsymbol{c}(u,v)$는 $\frac{X_u \times X_v}{|X_u \times X_v|}$이다. 만

---

[2] $h_1, \cdots, h_6$는 $g_1, g_2, g_3, g_4, g_5, g_6$의 함수로 정의된다. 예를 들어

$$(g_1)_u = 2\langle X_{uu}, X_u\rangle = 2\langle \Gamma_{11}^1 X_u + \Gamma_{11}^2 X_u + e\nu, X_u\rangle = 2(\Gamma_{11}^1 g_1 + \Gamma_{11}^2 g_2 + e g_5)$$

이므로 $h_1(g_1,g_2,g_3,g_4,g_5,g_6) = 2(\Gamma_{11}^1 g_1 + \Gamma_{11}^2 g_2 + e g_5)$으로 정의된다.

일 아니라면 변수 u, v의 순서를 바꾼다.

(2.5)–(2.10)에 의해서

$$\langle X_{uu}, \boldsymbol{c}\rangle = e, \quad \langle X_{uv}, \boldsymbol{c}\rangle = f, \quad \langle X_{vv}, \boldsymbol{c}\rangle = g$$

이므로 e, f, g는 X에 대한 제2기본형식이다.

마지막으로 X가 강체이동을 무시하면 유일하다는 것을 증명하자. 만일 또 다른 $\overline{X} : U \to \mathbb{R}^3$가 존재한다고 하자. 두 기저 $\{\overline{X}_u(u_0, v_0), \overline{X}_v(u_0, v_0), \overline{\nu}_u(u_0, v_0)\}$와 $\{X_u(u_0, v_0), X_v(u_0, v_0), \nu_u(u_0, v_0)\}$가 같은 크기, 사이각과 방향을 가지므로 $\overline{X}$를 평행이동과 회전을 통하여 $X(u_0, v_0)$에서 같은 틀을 갖게 할 수 있다. 즉 위의 평행이동과 회전에 의한 강체이동을 ρ라고 하면 $\rho \circ \overline{X}$와 X는 (u_0, v_0)에서 초기조건이 같고 편미분방정식 (3.32)와 (3.33)에 대한 해이므로 유일성에 의하여 $\rho \circ \overline{X} = X$이다. □

6.4 연습 문제

문제 6.4.1. 사상 $f : S \to \overline{S}$가 등장사상이면 $f^{-1} : \overline{S} \to S$도 등장사상임을 보이시오.

문제 6.4.2. 사상 $f : S \to \overline{S}$가 S에서 $\overline{S}$로의 국소적 등장사상일 때

$$d_S(p, q) \geq d_{\overline{S}}(f(p), f(q)), \quad p, q \in S$$

임을 보이시오.

문제 6.4.3. 원뿔면 $z = \sqrt{x^2 + y^2}, (x, y) \neq (0, 0)$과 평면이 국소적으로 등장임을 보이시오.

문제 6.4.4. 곡률 $\kappa > 0$인 정칙곡선 α의 접곡면 $X(s, v) = \alpha(s) + v\alpha'(s)$이 평면과 국소적으로 등장임을 보이시오.

문제 6.4.5. 현수면과 나선면이 국소적으로 등장임을 보이시오. (도움말: 재매개화 $g(x, y) = (y - \pi + x_0, \sinh x)$를 이용한다.)

문제 6.4.6. 회전면 $X(\phi, v) = (v\cos\phi, v\sin\phi, \log v)$과 나선면

$$\overline{X}(\phi, v) = (v\cos\phi, v\sin\phi, v)$$

에 대하여

(a) 제1기본형식이 각각 $E = \frac{v^2+1}{v^2}, F = 0, G = v^2$과 $\overline{E} = 1, \overline{F} = 0, \overline{G} = 1 + v^2$ 임을 보이시오.

(b) 가우스 곡률이 $K(\phi, v) = -\frac{1}{1+v^2} = \overline{K}(\phi, v)$임을 보이시오.

문제 6.4.7. 평균곡률이 등장사상에 의하여 보존되는지 밝히시오.

문제 6.4.8. 구면, 원뿔면, 쌍곡 포물면들이 서로 국소적으로 등장이지 않은 이유를 밝히시오.

문제 6.4.9. 평면의 열린 집합에 대하여 직교좌표와 극좌표를 이용하여 각각 크리스토펠 기호 Γ_{ij}^k와 가우스 곡률 K를 구하시오.

문제 6.4.10. 좌표조각 $X(u, v)$가 $E = G = \lambda^2(u, v), F = 0$인 등온좌표인 경우,

(a) $X(u, v)$에 대하여 크리스토펠 기호 Γ_{ij}^k와 가우스 곡률 K를 구하시오.

(b) (쌍곡기하의 상반평면 모델) $E = G = \frac{1}{v^2},\ F = 0$인 좌표조각 $X : \{(u, v) \in \mathbb{R}^2 \mid v > 0\} \to \mathbb{R}^3$에 대하여 가우스 곡률 K를 구하시오.

(c) (쌍곡기하의 원판 모델) $E = G = \frac{1}{(1-u^2-v^2)^2},\ F = 0$인 좌표조각 $X : \{(u, v) \in \mathbb{R}^2 \mid u^2 + v^2 < 1\} \to \mathbb{R}^3$에 대하여 가우스 곡률 K를 구하시오.

문제 6.4.11. 다음과 같은 제1기본형식과 제2기본형식을 갖는 좌표조각 $X(u, v)$가 존재하는지 판정하시오.

(a) $E = 1,\ F = 0,\ G = 1,\ e = 1,\ f = 0,\ g = -1.$

(b) $E = 1,\ F = 0,\ G = \cos^2 u,\ e = \cos^2 u,\ f = 0,\ g = 1.$

제 7 장

측지선

평면에서 두 점을 연결하는 곡선 중 최단곡선은 직선뿐임을 문제 1.4.11에서 증명하였다. 그러나 곡면에서 이런 곡선이 항상 유일하게 존재하는 것은 아니다. 예를 들면 곡면 $\mathbb{R}^2 \setminus \{\mathbf{0}\}$에서 $(-1, 0)$과 $(1, 0)$을 연결하는 최단곡선은 곡면 위에 존재하지 않는다. 반면에 단위 구면 위의 북극점과 남극점을 연결하는 최단곡선은 무수히 많이 존재한다. 따라서 평면의 직선과 같은 역할을 하는 곡면 위의 최단곡선을 찾는 것이 이 장의 주제이다.

직선의 특징은 곡률이 0으로 가속도벡터가 영벡터인 것이다. 그러나 곡면에서 가속도벡터가 영벡터라면 대개의 경우 곡선은 곡면 밖으로 나간다. 그러므로 곡선이 곡면에 포함되려면 가속도벡터의 법벡터 방향 성분이 영이 아니어야 하고 이 성분의 크기가 부호를 무시하면 법곡률이었다(§5.3 참조). 그리고 가속도벡터의 접평면 성분은 곡면에서 느끼는 내재적 가속도라고 생각할 수 있다. 그러므로 직선의 가속도벡터가 영벡터인 사실로부터 우리가 곡면에서 원하는 곡선은 가속도벡터를 접평면으로 수직사영시킨 성분이 영벡터인 것이다. 즉 곡면에서 이 곡선은 속도벡터가 변하지 않는 직선 운동을 하고 있다고 보인다.

가속도벡터를 접평면으로 수직사영시킨 성분은 속도벡터를 곡면에서 미분한 것으로 공변미분이라고 한다. §7.1에서 임의의 벡터장을 곡면에서 미분하는 방법인 공변미분을 소개한다.

§7.2에서 두 점을 연결하는 곡선을 따른 공변미분을 이용하여 두 점의 접평면들 사이의 일대일 대응을 정의한다. 이 대응은 내적을 보존하는 선형동형이며 위 곡선에 따른 평행이동이라고 한다. 평행이동을 이용하여 푸코 진자가 주어진 위도에서 하루 동안 얼마나 회전하는지 계산할 수 있다.

§7.3에서 특별히 단위 속력 곡선을 따른 벡터장이 그 곡선의 속도벡터장일 때를 다룬다. 이 속도벡터장이 평행할 때 이 곡선을 측지선이라고 한다. 그리고 속도벡터장의 공변미분의 크기는 부호를 무시하면 측지곡률인데 이는 곡면에서 느끼는 곡률로 내재적 성질임을 보인다. 그러므로 등장변환에 의해서 측지선과 측지곡률이 보존된다는 중요한 사실을 밝힐 수 있다. 이를 이용하면 평면의 측지선인 직선을 원기둥면으로 대응시켜 원기둥면의 모든 측지선을 구할 수 있다.

곡면에서 측지선이 직선의 역할을 하듯이 곡면 위의 두 점을 연결하는 최단곡선이 측지선임을 증명한다. 그러나 역으로 모든 측지선이 두 점을 연결하는 최단곡선은 아니다. 이는 국소적으로만 사실이다. 예를 들면 구면에서 북극점 N과 적도의 한 점 P를 포함하는 대원의 일부로 N과 P를 연결하는 측지선이 두 개가 생기는데 이 두 측지선의 길이는 같지 않다.

7.1 공변미분

평면 위에서 정의된 벡터장의 개념을 곡면으로 확장하고 벡터장의 미분을 정의하자. 미분적분학의 방향도함수처럼 주어진 방향에 대하여 접벡터장을 $\mathbb{R}^3$의 값을 갖는 사상으로 보고 미분하였을 때 미분한 사상이 접벡터장이 아닐 수도 있다. 우리는 곡면 위의 내재적 기하에 관심이 있으므로 이것을 접평면으로 수직사영시킨 성분만을 취한다. 그리고 가우스가 곡면 밖의 개념을 이용하여 정의한 가우스 곡률이 결국 내재적 성질임을 증명한 것처럼 이 곡면 위의 미분법도 제1기본형식 E, F, G만으로 표현됨을 보인다.

정의 7.1.1 (곡면 위의 벡터장)**.** 곡면 S의 열린집합 V에 대하여, 각 점 $p \in V$를 점 p에서 S의 접벡터로 대응시키는 사상

$$w : V \longrightarrow \cup_{p \in V} T_pS, \quad w(p) \in T_pS$$

를 V 위에서의 벡터장(vector field)이라고 한다.

$X(U) \subseteq V$인 점 p 주위의 좌표조각 X에 대하여 w가 $X(U)$에서 $w = aX_u + bX_v$로 표현되는 함수 $a, b : X(U) \to \mathbb{R}$가 존재한다. 함수 a와 b가 점 p에서 미분가능할 때 w를 점 p에서 미분가능한 벡터장이라고 한다. w가 V의 모든 점에서 미분가능할 때 w가 V에서 미분가능하다고 한다.

문제 7.1.1. 곡면 S의 열린집합 V에서 정의된 벡터장 w가 점 $p \in V$에서 미분가능하다는 것은 점 $p \in V$ 주위의 좌표조각의 선택에 무관함을 보이시오.

정의 7.1.2 (벡터장의 공변미분). w를 V에서 정의된 미분가능한 벡터장이라 하자. $p \in V$와 $y \in T_pS$를 고정시키고 $\alpha(0) = p$이고 $\alpha'(0) = y$인 곡선 $\alpha : (-\epsilon, \epsilon) \to V$를 선택하여 $w(t) = w(\alpha(t))$라고 놓자. $w(t)$의 미분 $\frac{dw}{dt}(0)$를 접평면 T_pS로 수직 사영시킨 벡터를 p에서 y에 대한 w의 공변미분(covariant differentiation at p of w relative to the vector y)이라고 하고 $\frac{Dw}{dt}(0)$ 또는 $(D_yw)(p)$로 나타낸다.

공변미분 D_yw를 국소적으로 좌표조각 $X(u, v)$를 이용하여 표현해 보자. $w = aX_u + bX_v$이고 $\alpha(t) = X(u(t), v(t))$라고 하면

$$w(t) = a(t)X_u(u(t), v(t)) + b(t)X_v(u(t), v(t))$$

이다. 이때

$$\frac{dw}{dt} = a'X_u + b'X_v + a(X_{uu}u' + X_{uv}v') + b(X_{vu}u' + X_{vv}v')$$

이다. 여기서 §7.3.2의

$$\begin{aligned} X_{uu} &= \Gamma_{11}^1 X_u + \Gamma_{11}^2 X_v + e\nu \\ X_{uv} &= \Gamma_{12}^1 X_u + \Gamma_{12}^2 X_v + f\nu \\ X_{vv} &= \Gamma_{22}^1 X_u + \Gamma_{22}^2 X_v + g\nu \end{aligned}$$

를 대입하고 접평면 성분을 취하기 위해 X_u와 X_v의 성분만 쓰면

$$\begin{aligned} \frac{D\omega}{dt} &= (a' + \Gamma_{11}^1 au' + \Gamma_{12}^1 av' + \Gamma_{12}^1 bu' + \Gamma_{22}^1 bv')X_u \\ &\quad + (b' + \Gamma_{11}^2 au' + \Gamma_{12}^2 av' + \Gamma_{12}^2 bu' + \Gamma_{22}^2 bv')X_v \end{aligned} \tag{1.1}$$

이다.

주. (1.1)으로부터 $\frac{Dw}{dt}(0)$는 a, b와 $y = u'(0)X_u + v'(0)X_v$ 그리고 Γ_{ij}^k에 의하여 결정됨을 알 수 있다. 그러므로 $\frac{Dw}{dt}(0)$는 곡선 α의 선택에 부관하다.

주. 크리스토펠 기호는 곡면의 제1기본형식에 의하여 결정되므로 공변미분은 내재적 성질에 속한다.

주. 평면 $\mathbb{R}^2$의 좌표조각 $X(u,v) = (u,v)$에 대하여 $E = G = 1, F = 0$이고 $\Gamma_{ij}^k = 0$이다. $\mathbb{R}^2$의 벡터장 $w = (a,b) = aX_u + bX_v$일 때 (1.1)으로부터 $\frac{Dw}{dt} = a'X_u + b'X_v = (a',b')$이므로 곡면에서의 공변미분은 평면의 벡터장의 미분을 일반화시킨 것이다.

주. (1.1)에서 $\frac{Dw}{dt}$는 $\alpha(t)$ 위의 w 값만으로 결정된다. 그러므로 열린집합 V에서 정의된 벡터장 대신 곡선 위에서만 정의된 벡터장에 대한 공변미분도 똑같이 정의할 수 있다.

정의 7.1.3 (곡선을 따른 벡터장)**.** 곡면 S 위의 곡선 $\alpha : [a,b] \to S$에 대하여

$$w(t) \in T_{\alpha(t)}S, \quad a \le t \le b$$

을 만족하는 미분가능한 사상 $w(t), a \le t \le b$를 곡선 α를 따른 벡터장이라고 한다. 즉 곡선을 따른 벡터장은 곡선 위의 각 점에 이 점의 접벡터를 대응시키는 사상이다.

보기 7.1.1. 곡면 S 위의 곡선 $\alpha : [a,b] \to S$에 대하여 $w(t) = \alpha'(t)$라고 하면 $w(t)$는 곡선 α를 따른 벡터장이고 이를 α의 속도장이라고 한다.

주. 곡선 $\alpha(t)$에서 정의된 벡터장 $w(t)$의 공변미분을 $\frac{Dw}{dt} = D_{\alpha'(t)}w$로 정의하고 (1.1)에 의하여 잘 정의됨을 알 수 있다.

특별히 S 위의 곡선 α를 따라 정의된 벡터장 w가 단위 벡터장일 때, $|w| = 1$이므로 $\frac{Dw}{dt}$는 w와 수직이고 정의에 의하여 $\frac{Dw}{dt}$는 ν과 수직이다. 따라서 $\frac{Dw}{dt}$는 $\nu \times w$와 평행하다. 즉 $\frac{Dw}{dt} = \lambda\nu \times w$이고 $\lambda = \langle \frac{Dw}{dt}, \nu \times w \rangle$임을 알 수 있다. 한편 $\frac{dw}{dt} = \frac{Dw}{dt} + \mu\nu$이므로 $\lambda = \langle \frac{dw}{dt}, \nu \times w \rangle$이다.

보기 7.1.2. 단위 속력 곡선 α를 따라 정의된 속도벡터장 $\alpha'(s)$의 공변미분 $\frac{D\alpha'}{ds}$는 가속도벡터장 $\alpha''(s)$를 $T_{\alpha(t)}S$로 수직사영시킨 성분이다.

문제 7.1.2. α가 단위 속력 곡선일 때 $\frac{D\alpha'}{ds} = \lambda\nu \times \alpha'$이고 λ가 α의 측지곡률 κ_g와 같음을 보이시오.

7.2 평행이동

이제부터 일반적인 곡면 위에서 경로를 따라서 접벡터를 평행이동시키는 방법을 공변미분을 이용하여 정의하자. 곡선 $\alpha(t)$를 따른 백터장 $w(t)$를 미분하여

$$\frac{dw}{dt} = \frac{Dw}{dt} + \mu\nu(t)$$

로 쓸 수 있다. 여기서 ν 성분은 벡터장 w가 곡면의 접벡터를 유지시키는 변화량이고, 공면미분 $\frac{Dw}{dt}$는 곡면 위에서 벡터장 w의 방향과 크기가 어떻게 변화하는지를 보여주는 성분이다. 그러므로 평행이동이란 곡면 위에서 $w(t)$가 방향과 크기의 변화하지 않도록 해야 하므로 $\frac{Dw}{dt} = 0$을 만족해야 한다.

정의 7.2.1 (평행). 곡면 위의 곡선 α를 따른 벡터장 $w(t)$가 $D_{\alpha'(t)}w = 0$일 때, w가 α를 따라 평행(parallel)하다라고 한다.

주. 곡면 S 위의 곡선 α를 따라 벡터장 $w(t)$가 평행인 것과

$$\frac{dw}{dt}\text{가 } \nu\text{에 평행}$$

인 것은 동치이다. 즉 평행인 벡터장은 곡면에서 보았을 때 모든 변화는 법벡터 방향으로만 일어나므로 변하지 않는 것처럼 보인다.

명제 7.2.1. 곡면 위의 곡선 α를 따라 평행인 벡터장 w와 z에 대하여 $\langle w(t), z(t)\rangle$는 상수이다. 특별히 $|w(t)|$와 $|z(t)|$ 그리고 $w(t)$와 $z(t)$가 만드는 각이 모두 상수이다.

증명 곡선 α를 따른 벡터장 w와 z가 평행이므로 $w'(t) = \lambda\nu$이고 $z'(t) = \tilde{\lambda}\nu$이다. 따라서

$$\frac{d}{dt}\langle w(t), z(t)\rangle = \langle w'(t), z\rangle + \langle w, z'(t)\rangle = \langle \lambda\nu, z(t)\rangle + \langle w(t), \tilde{\lambda}\nu\rangle = 0$$

이므로 $\langle w(t), z(t)\rangle$는 상수이다.

$w(t)$가 곡선 α를 따른 평행인 벡터장이면

$$|w(t)| = \sqrt{\langle w(t), w(t)\rangle}$$

가 상수가 된다.

$w(t)$와 $z(t)$가 곡선 α를 따른 평행인 벡터장이면 $\langle w(t), z(t)\rangle$와 $|w(t)|$, $|z(t)|$가 상수이고

$$\langle w(t), z(t)\rangle = |w(t)||z(t)|\cos\theta(t)$$

이므로 $\theta(t)$도 상수이다. □

보기 7.2.1. 단위 구면의 적도는 $\alpha(t) = (\cos t, \sin t, 0)$로 매개화할 수 있다. 적도 위의 각 점에서 접벡터 $w(t) = (0, 0, 1)$를 생각하자. 이 벡터는 상수벡터이므로 $w'(t) = (0, 0, 0)$. 따라서 $w(t)$는 $\alpha(t)$를 따라 평행이다.

보기 7.2.2. 다음으로 적도를 따라 접벡터장

$$w(t) = (-\sin t, \cos t, 0)$$

을 생각하면

$$\frac{dw}{dt} = (-\cos t, -\sin t, 0) = -\nu$$

이므로 $\frac{dw}{dt}$가 ν과 평행이어서 $\mathbf{w}$가 $\alpha(t)$를 따라 평행이다.

보기 7.2.3. 이제 단위 구면 위의 소원

$$\alpha(t) = \left(\frac{1}{\sqrt{2}}\cos t, \frac{1}{\sqrt{2}}\sin t, \frac{1}{\sqrt{2}}\right)$$

을 따른 접벡터장

$$w(t) = \left(-\frac{\sin t}{\sqrt{2}}, \frac{\cos t}{\sqrt{2}}, 0\right)$$

을 생각해보자.

$$\frac{dw}{dt} = \left(-\frac{\cos t}{\sqrt{2}}, -\frac{\sin t}{\sqrt{2}}, 0\right)$$

이고 단위법벡터는

$$\nu = \left(\frac{\cos t}{\sqrt{2}}, \frac{\sin t}{\sqrt{2}}, \frac{1}{\sqrt{2}}\right)$$

이므로 w는 α 를 따라 평행이 아니다.

정리 7.2.2. 곡면 S 위의 곡선 $\alpha(t) = X(u(t), v(t))$를 따른 벡터장

$$w(t) = a(t)X_u(u(t), v(t)) + b(t)X_v(u(t), v(t))$$

가 α를 따라 평행일 필요충분조건은

$$\begin{cases} a' + \Gamma^1_{11}au' + \Gamma^1_{12}av' + \Gamma^1_{12}bu' + \Gamma^1_{22}bv' = 0 \\ b' + \Gamma^2_{11}au' + \Gamma^2_{12}av' + \Gamma^2_{12}bu' + \Gamma^2_{22}bv' = 0 \end{cases} \tag{2.2}$$

이다.

증명 (1.1)에 의하여 X_u와 X_v는 일차독립이므로 $\frac{Dw}{dt} = 0$와 (2.2)는 동치이다. □

정리 7.2.3. 곡면 위의 곡선 $\alpha : I \to S$와 $w_0 \in T_{\alpha(t_0)}S$에 대하여 $w(t_0) = w_0$인 α 를 따라 평행인 벡터장 $w(t)$가 유일하게 존재한다.

증명 일반성을 잃지 않고 $\alpha(I)$가 좌표근방 $X(U)$에 포함된다고 하자. $\alpha(t) = X(u(t), v(t))$ 이고 $w(t_0) = a_0X_u + b_0X_v$라고 하면 정리 7.2.2에 에 의하여 평행인 벡터장 $w(t) = a(t)X_u + b(t)X_v$는 미분방정식 (2.2)와 초기조건

$$a(t_0) = a_0, b(t_0) = b_0$$

를 만족한다. 그러므로 $a(t)$와 $b(t)$는 초기조건을 만족하는 미분방정식의 해이고 미분방정식의 기본정리에 의하여 해가 유일하게 존재한다. □

정의 7.2.2 (평행이동). 곡면 S 위의 두 점 p, q를 지나는 곡선 α와 $w_0 \in T_pS$가 주어졌다고 하자. 여기서 $\alpha(t_0) = p, \alpha(t_1) = q$라고 하자. $w(t_0) = w_0$인 α를 따라 평행인 벡터장을 $w(t)$라 할 때 $P_\alpha(w_0) = w(t_1)$로 정의하는 사상

$$P_\alpha : T_p(S) \longrightarrow T_q(S)$$

를 곡선 α를 따른 평행이동(parallel transport)이라고 한다.

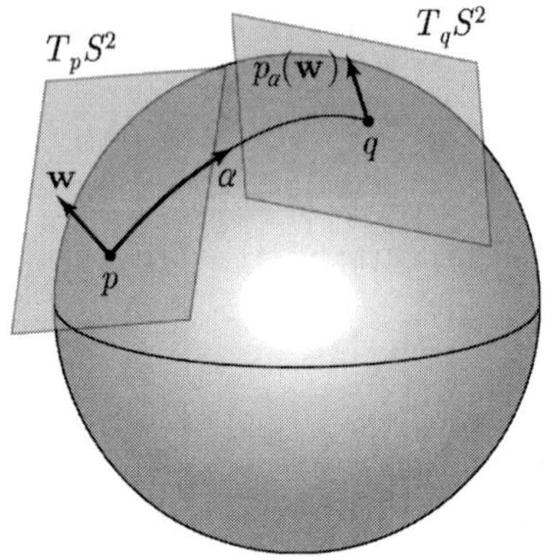

그림 7.1: 구면 위에서의 평행이동 $P_\alpha : T_p\mathbb{S}^2 \longrightarrow T_q\mathbb{S}^2$

정리 7.2.4. $\alpha(t_0) = p, \alpha(t_1) = q$인 곡선 α를 따른 평행이동

$$P_\alpha : T_p(S) \longrightarrow T_q(S)$$

는 내적을 보존하는 선형동형사상이다.

문제 7.2.1. 정리 7.2.4를 증명하시오.

문제 7.2.2. 구면 S^2의 점 $N = (0,0,1)$에서 접벡터 $w_0 = (1,0,0) \in T_NS^2$를 $\alpha(t) = (\sin t, 0, \cos t)$를 따라 $S = (0,0,-1)$로 평행이동을 시키면 $(-1,0,0)$임을 보이시오.

문제 7.2.3. 구면 S^2의 점 $N = (0,0,1)$에서 접벡터 $w_0 = (1,0,0) \in T_NS^2$를 $\beta(t) = (0, \sin t, \cos t)$를 따라 $S = (0,0,-1)$로 평행이동을 시키면 $(1,0,0)$임을 보이시오.

주. α에 의한 평행이동 $P_\alpha : T_p(S) \to T_q(S)$은 명제 7.2.1에 의하여 등장사상이다.

문제 7.2.4. 동경 $100°$의 반원을 따라 북극 $N(0,0,1)$에서 남극 $S(0,0,-1)$으로의 평행이동 $P_{100} : T_NS^2 \to T_sS^2$과 동경 $135°$를 따른 평행이동 $P_{135} : T_NS^2 \to T_sS^2$에 대하여, N에서의 임의의 접벡터 w_0를 P_{100}과P_{135}에 의하여 평행이동시키면 $P_{100}(w_0)$와 $P_{135}(w_0)$가 이루는 각도가 $70°$임을 보이시오.

주. 두 곡면 S_1과 S_2가 곡선 α를 따라 서로 접하고 있을 때, 즉 $T_{\alpha(t)}S_1 = T_{\alpha(t)}S_2$라면, $\frac{dw}{dt}$를 $T_{\alpha(t)}S_1 = T_{\alpha(t_2)}S_2$으로 정사영시키는 값이 같기 때문에 α에 의한 평행이동 $P^1_\alpha : T_p(S_1) \longrightarrow T_q(S_1)$와 $P^2_\alpha : T_p(S_2) \longrightarrow T_q(S_2)$이 같다. 예를 들면 구면의

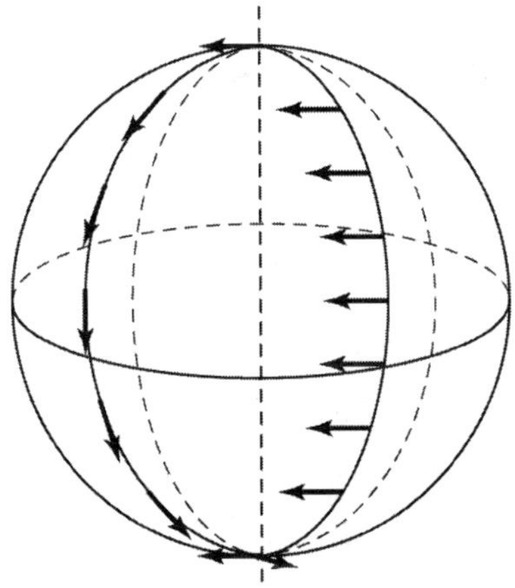

그림 7.2: 구면의 두 곡선을 따른 평행이동

적도를 따른 평행이동은 적도에서 구면에 접하는 원기둥면의 평행이동으로도 생각할 수 있다. 이 사실은 다음 보기에서도 이용한다.

보기 7.2.4 (푸코 진자). 푸코[1] 진자(Foucault pendulum)는 지구가 자전하는 것을 확인할 수 있는 장치이다. 시간이 경과함에 따라 진자가 진동하는 평면이 회전한다. 이런 현상이 지구의 자전 때문에 일어난다는 것을 평행인 벡터장을 이용하여 보일 수 있다. $w(t)$를 진자가 진동하는 방향이라고 하자. $w(t)$는 지구 표면에 접하는 벡터이다. 진자의 운동을 해석하기 위하여 지구가 고정되어 있고 진자가 경선 주위를 회전한다고 생각하고 $w(t)$를 소원을 따른 평행이동이라고 하자. 소원은 측지선이 아니기 때문에 진자가 경선을 따라 회전함에 따라 $w(t)$와 경선이 만드는 각은 변한다. 진자의 운동은 뉴턴의 운동 제2법칙

$$\mathbf{F} = m\boldsymbol{a}$$

에 의해 결정된다. 여기서 $\mathbf{F}$는 힘, m은 진자의 질량, $\boldsymbol{a}$는 진자의 가속도이다. 진자에 작용하는 힘은 중력인데 이 힘은 법벡터 방향으로 작용한다. 즉

$$\mathbf{F} = -g\nu$$

이다. 따라서 속도의 변화는 항상 법벡터 방향이고 정의에 의하여 $w(t)$는 평행이다.

[1]Jean Bernard Léon Foucault, 1819–1868, 프랑스의 물리학자로 푸코의 진자를 만들어 지구의 자전을 증명하였다.

북위 38도의 위선은 반지름이 $R\cos 38°$인 소원으로 소원의 접벡터가 법벡터와 평행이 아니므로 접벡터는 평행하지 않다. 그러므로 소원에 접하는 한 접벡터 w_0를 소원을 따라 평행이동시켜서 제자리로 왔을 때, w는 w_0와 일치하지 않을 수가 있다. w_0와 w가 이루는 각도가 $2\pi\sin 38°$임을 보이자. 이는 적도에서 푸코 진자의 각도가 변하지 않고 북극에서는 한 바퀴 도는 현상을 설명해준다.

소원에서 구면과 접하는 원뿔면을 만들면 소원을 따라서 구면에서 평행이동을 하는 것과 원뿔면에서 하는 것이 같은 값을 갖는다. 그리고 원뿔면은 부채꼴과 등장적으로 같고 부채꼴에서의 평행이동은 평면처럼 항상 상수벡터이다.

구면과 소원에서 접하는 원뿔면은 중심각이 $2\pi\sin 38°$인 부채꼴을 둥굴게 말아서 만들 수 있다. 이제 부채꼴에서 소원에 해당하는 곡선을 중심각으로 매개화하여 $\alpha : [0, 2\pi\sin 38°] \to \mathbb{R}^2$로 놓자. 이때 $\alpha(\theta)$와 $w(\theta)$가 이루는 각도는 중심각 θ와 같음을 알 수 있다.

특히 $\alpha'(2\pi\sin 38°) = \alpha'(0) = w_0$와 $w(2\pi\sin 38°)$가 이루는 각은 $2\pi\sin 38°$이다. 그러므로 구면 상에서도 소원의 접선과 이 접선이 평행이동하여 되돌아온 벡터가 이루는 각이 $2\pi\sin 38°$이고 이는 푸코 진자가 움직이는 각도이다.

7.3 측지선

가상의 구면인 지구 위의 북극점에 있는 북극곰이 남극점에 있는 펭귄을 걸어서 방문하려 할 때 가장 짧은 길을 생각해 보자. 평면이라면 두 점을 연결하는 곡선 중 직선이 가장 짧은데 구면에서 이런 직선의 역할을 할 곡선을 찾아야 한다.

평면 위의 직선은 가속도가 영벡터로 속도벡터가 일정하다. 그러나 구면인 경우 속도벡터가 일정하다면 경로가 구면 밖으로 나가게 된다. 그러므로 구면 위에 있도록 유지시키면서 속도벡터의 변화를 구면에서 느끼지 못하게 하려면 속도벡터의 공변미분이 영벡터가 되어야 한다. 단위 구면 $\mathbb{S}^2$ 위의 곡선

$$\alpha(t) = (\sin t, 0, \cos t), 0 \le t \le \pi$$

의 속도벡터는 $\alpha'(t) = (\cos t, 0, -\sin t)$이며, 속도벡터의 공변미분은

$$\frac{d\alpha'}{dt} = (-\sin t, 0, -\cos t)$$

을 $T_{\alpha(t)}S^2$으로 수직사영시킨 벡터이다. 그런데 $T_{\alpha(t)}\mathbb{S}^2$는 $\alpha(t)$에 수직한 평면이므

로 $\frac{D\alpha'}{dt} = \mathbf{0}$이다. 따라서 이 곡선 $\alpha(t)$는 북극점에서 남극점으로 가는 최단곡선이다. 그러므로 일반적인 곡면에서도 곡선의 속도벡터장을 이 곡선을 따라 공변미분한 것이 영벡터가 되는 곡선이 직선 역할을 한다.

정의 7.3.1 (측지선). 곡면 S 위의 매개곡선 $\alpha(t)$가 $\frac{D\alpha'}{dt} = \mathbf{0}$일 때 α를 측지선(geodesic)이라고 한다. 일반적으로 연속인 곡선 C에 대하여, C위의 각 점 p의 근방이 측지선인 매개곡선 $\alpha(t)$로 표현될 때 C를 측지선이라고 한다.

정리 7.3.1. 단위 속력 곡선 α가 측지선일 필요충분조건은 $\kappa_g = 0$이다.

증명 문제 7.1.2에서 단위 속력 곡선 α를 따른 α'의 공변미분 $\frac{D\alpha'}{ds}$이

$$\frac{D\alpha'}{ds} = \kappa_g \nu \times \alpha'$$

임을 보였다. 따라서 $\frac{D\alpha'}{ds} = \mathbf{0}$일 필요충분조건은 $\kappa_g = 0$이다. □

정리 7.3.2. 좌표조각 $X(u,v)$에 대해서 $\alpha(t) = X(u(t), v(t))$가 측지선일 필요충분조건은 $u(t), v(t)$가 상미분방정식

$$\begin{cases} u'' + \Gamma_{11}^1 (u')^2 + 2\Gamma_{12}^1 u'v' + \Gamma_{22}^1 (v')^2 = 0 \\ v'' + \Gamma_{11}^2 (u')^2 + 2\Gamma_{12}^2 u'v' + \Gamma_{22}^2 (v')^2 = 0 \end{cases} \tag{3.3}$$

을 만족하는 것이다.

증명 (1.1)에서 α를 따른 벡터장

$$\alpha'(t) = u'(t)X_u + v'(t)X_v$$

이 평행일 필요충분조건은 (2.2)에 $a = u', b = v'$를 대입하여 얻은 (3.3)이다. □

주. 미분방정식의 계수 Γ_{ij}^k가 제1기본형식에 의해 결정되므로 주어진 곡선이 측지선인 것은 내재적 성질이다. 즉 측지선은 국소적 등장변환에 의하여 보존된다.

정리 7.3.3. 곡면 S 위의 점 p와 p에서의 단위접벡터 $w_0 \in T_pS$가 주어지면 $\alpha(0) = p, \alpha'(0) = w_0$인 단위 속력 측지선이 유일하게 존재한다.

증명 p 근방의 좌표조각 $X(u,v)$에 대하여 우리가 구하는 측지선을

$$\alpha(t) = X(u(t), v(t))$$

라고 하고 $u(t), v(t)$를 구하자. $w_0 = a_0X_u + b_0X_v$라고 하면 $\alpha'(0) = u'(0)X_u + v'(0)X_v = w_0$이므로 $u'(0) = a_0, v'(0) = b_0$이다.

초기조건 $(u(0), v(0)) = X^{-1}(p), (u'(0), v'(0)) = (a_0, b_0)$를 가진 2계 상미분방정식인 측지선 방정식의 근은 항상 유일하게 존재한다. 그리고 측지선 $\alpha(t)$는 $\alpha'(t)$가 α를 따라 평행하므로 $|\alpha'(t)|$를 보존한다. 즉 $|\alpha'(t)| = |w_0| = 1$이다. □

곡면 위에 붙어 있는 생명체를 상상해보자. 어느 한 점에서 한 방향으로 계속 앞만 보고 가는 경로가 측지선이 되는 것으로 간주할 수 있다. 지구에서 방향을 바꾸지 않고 앞으로만 가면 측지선인 대원으로 가게 된다.

보기 7.3.1. 단위 구면 위의 대원을 매개곡선 $\alpha(s)$로 나타내면 가속도 $\alpha''(s)$는 원점을 향하고 $\nu(\alpha(s)) = \pm\alpha(s)$이므로 α''과 ν는 평행하다. 따라서 구면 위의 대원은 측지선이다. 역으로 초기조건이

$$\alpha(0) = p, \quad \alpha'(0) = w$$

인 측지선 α가 존재할 때, w에 접하는 대원은 측지선인데 정리 7.3.3에 의하여 w에 접하는 측지선은 유일하기 때문에 α는 대원(의 일부)이어야 한다. 그러므로 구면 위의 측지선은 대원(의 일부)뿐이다.

§6.1에서 곡면 S 위의 두 점 p와 q사이의 거리 $d_S(p,q)$를

$$d_S(p,q) = \inf\{L(\alpha) \mid \alpha\text{는 } p,q\text{를 연결하는 곡면 } S \text{ 위의 곡선}\}$$

로 정의하였다. 여기서 최소값이 아니라 최대하계를 취하는 이유는 다음 문제에서 알 수 있다.

문제 7.3.1. 곡면 $S = \mathbb{R}^2 \setminus \{(0,0)\}$ 위의 두 점 $(-1,0)$과 $(1,0)$에 대하여

(a) 이 두 점 $(-1,0)$과 $(1,0)$ 사이의 거리가 2임을 보이시오

(b) 이 두 점을 연결하는 S 위의 곡선 중 길이가 2인 곡선이 존재하지 않음을 보이시오.

문제 7.3.2. 단위 속력 곡선 $\gamma : [a,b] \to S$가 두 점 $\gamma(a)$와 $\gamma(b)$ 사이의 거리를 최소화하는 곡선이라면, $a \le c < d \le b$인 c, d에 대하여

$$d(\gamma(c), \gamma(d)) = L\left(\gamma|_{[c.d]}\right)$$

임을 보이시오.

다음 정리에서 보는 것처럼 특별히 곡선 γ가 두 점 p와 q를 연결하는 곡선으로 두 점 사이의 거리를 최소화하면 즉 $L(\gamma) = d_S(p,q)$를 만족하면 γ는 측지선이다.

정리 7.3.4. 곡선 γ가 두 점 $p = \gamma(a)$와 $q = \gamma(b)$를 연결하는 곡면 S 위의 단위 속력 곡선으로 두 점 p와 q 사이의 거리를 최소화하면 γ는 측지선이다.

증명 $a < s_0 < b$인 s_0를 임의로 잡아 고정하고 $\kappa_g(s_0) = 0$임을 보이자.

$X : U \to S$가 $\gamma(s_0)$를 포함하는 좌표조각이라고 하고 $\gamma(s) \in X(U), c \le s \le d$이 되도록 $a < c < s_0 < d < b$인 c, d를 잡자. 다음으로 $\gamma(c)$와 $\gamma(d)$를 고정하면서 $\gamma|_{[c.d]}$를 변화시키는 곡선족을 잡자.

$\lambda(c) = \lambda(d) = 0$인

$$\lambda(s) = -(s-c)(s-d)\kappa_g(s)$$

를 이용하여 γ를 따라 정의되는 벡터장 $\lambda\mathbf{S}$를 생각하자. 여기서 $\mathbf{S} = \nu(s) \times \gamma'(s)$이다. $\lambda\mathbf{S}$를 X_u와 X_v의 일차결합으로 표현하면

$$\lambda(s)\mathbf{S}(\gamma(s)) = \lambda(s)\nu(s) \times \gamma'(s) = \xi(s)X_u + \eta(s)X_v$$

인 함수 $\xi(s)$와 $\eta(s)$이 존재한다.

이제 충분히 작은 t에 대해서

$$\alpha(s,t) = X(u(s) + t\xi(s), v(s) + t\eta(s))$$

로 놓자. 여기서 $t = 0$일 때는 원래의 곡선 γ이다. 각 t에 대하여 $\alpha(s,t)$는 $\gamma(c)$와

$\gamma(d)$를 연결하는 곡선이다. 이 곡선의 길이 $L(t)$는

$$L(t) = L(\alpha(\cdot, t)) = \int_c^d \left\langle \frac{\partial \alpha}{\partial s}, \frac{\partial \alpha}{\partial s} \right\rangle^{1/2} ds$$

이다. $\gamma|_{[c.d]}$가 두 점 $\gamma(c)$와 $\gamma(d)$를 연결하는 최단곡선이므로 모든 t에 대해서 $L(0) \le L(t)$이다. 즉 $L(t)$가 $t = 0$에서 최소값을 갖는다. 따라서 $L'(0) = 0$이다.

한편

$$\begin{aligned} L'(t) &= \frac{d}{dt} \int_c^d \left\langle \frac{\partial \alpha}{\partial s}, \frac{\partial \alpha}{\partial s} \right\rangle^{1/2} ds \\ &= \int_c^d \frac{d}{dt} \left\langle \frac{\partial \alpha}{\partial s}, \frac{\partial \alpha}{\partial s} \right\rangle^{1/2} ds \\ &= \int_c^d \left\langle \frac{\partial \alpha}{\partial s}, \frac{\partial \alpha}{\partial s} \right\rangle^{-1/2} \left\langle \frac{\partial^2 \alpha}{\partial s \partial t}, \frac{\partial \alpha}{\partial s} \right\rangle ds \end{aligned}$$

이다. $t = 0$일 때 $\alpha(s, 0) = \gamma(s)$는 단위 속력 곡선이므로

$$\left| \frac{\partial \alpha}{\partial s}(s, 0) \right| = \left| \frac{\partial \gamma}{\partial s} \right| = 1 \tag{3.4}$$

이다. 그러므로

$$0 = L'(0) = \int_c^d \left\langle \frac{\partial^2 \alpha}{\partial t \partial s}(s, 0), \gamma'(s) \right\rangle ds \tag{3.5}$$

이다. 곱의 미분법에 의해

$$\left\langle \frac{\partial^2 \alpha}{\partial s \partial t}(s, 0), \gamma'(s) \right\rangle = \frac{\partial}{\partial s} \left\langle \frac{\partial \alpha}{\partial t}(s, 0), \gamma'(s) \right\rangle - \left\langle \frac{\partial \alpha}{\partial t}(s, 0), \gamma''(s) \right\rangle$$

이므로

$$\begin{aligned} 0 &= \int_c^d \left\langle \frac{\partial^2 \alpha}{\partial t \partial s}(s, 0), \gamma'(s) \right\rangle ds && (3.6) \\ &= \left\langle \frac{\partial \alpha}{\partial t}(s, 0), \gamma'(s) \right\rangle \Big|_{s=c}^{s=d} - \int_c^d \left\langle \frac{\partial \alpha}{\partial t}(s, 0), \gamma''(s) \right\rangle ds && (3.7) \end{aligned}$$

이다.

$$\alpha(s,t) = X(u(s) + t\xi(s), v(s) + t\eta(s))$$

를 t로 미분하고 $t = 0$로 놓으면

$$\left.\frac{\partial \alpha}{\partial t}\right|_{t=0} = \xi X_u + \eta X_v = \lambda(s)\mathbf{S} \tag{3.8}$$

이고 $\lambda(c) = \lambda(d) = 0$이므로

$$\left\langle \frac{\partial \alpha}{\partial t}(s,0), \gamma'(s) \right\rangle \Big|_{s=c}^{s=d} = 0$$

이다.

(3.8)를 (3.7)에 대입하면

$$0 = \int_c^d \lambda(s) \langle \mathbf{S}, \kappa_n \nu + \kappa_g \mathbf{S} \rangle \, ds$$

이다. 여기서 κ_n와 κ_g는 γ의 법곡률과 측지곡률이다. $\mathbf{S} = \nu \times T$와 ν는 수직이므로

$$0 = \int_c^d \lambda(s)\kappa_g \langle \mathbf{S}, \mathbf{S} \rangle \, ds = \int_c^d \lambda(s)\kappa_g(s) ds = \int_c^d (s-c)(d-s)\kappa_g^2 ds$$

이다. 여기서 모든 $s \in (c,d)$에 대해서 피적분함수는 $(s-c)(d-s)\kappa_g^2 \geq 0$이므로

$$(s-c)(d-s)\kappa_g^2 = 0$$

이다. $c < s < d$인 모든 s에 대하여 $(s-c)(d-s) \neq 0$이므로 $\kappa_g = 0$이다. 특히 $\kappa_g(s_0) = 0$이고 s_0는 열린 구간 (a,b)에 속하는 임의의 점이므로 구간 (a,b)에서 $\kappa_g = 0$이고 κ_g가 연속이므로 닫힌 구간 $[a,b]$에서 $\kappa_g = 0$이다. 따라서 γ는 측지선이다. □

주. 이 정리의 역은 참이 아니다. 원기둥면 $x^2 + y^2 = 1$ 위의 곡선

$$\alpha(t) = (\cos t, \sin t, t)$$

는 $\alpha'' = (-\cos t, -\sin t, 0)$이고 $\nu(\alpha(t)) = (\cos t, \sin t, 0)$이다. $\alpha''(t)$는 $\nu(\alpha(t))$와 평행이므로 $\alpha(t)$는 측지선이다. 그러나 $\alpha(0) = (1,0,0)$과 $\alpha(2\pi) = (1,0,2\pi)$ 사이의 거리는 2π이지만

$$L(\alpha|_{[0,2\pi]}) = \int_0^{2\pi} \sqrt{\sin^2 t + \cos^2 t + 1}dt = 2\sqrt{2}\pi \neq d(\alpha(0), \alpha(2\pi))$$

이다.

단위 속력 곡선 α를 따라 정의된 벡터장 중 특별히 $w(s)$가 α의 접벡터 $\alpha'(s)$인 경우, $\alpha'' = \kappa_g \nu \times \alpha' + \kappa_n \nu$에 의하여, α'의 공변미분 $\frac{D\alpha'}{dt}$는 α''의 접평면성분인 $\kappa_g \nu \times \alpha'$과 같으므로 $\kappa_g = [\frac{D\alpha'}{dt}]$이다.

이제 κ_g가 내재적 성질임을 보이자. 곡선 $\alpha(s) = X(u(s), v(s))$라고 하고 (1.1)를 이용하면

$$\begin{aligned}
\kappa_g &= \left\langle \frac{D\alpha'}{dt}, \nu \times \alpha' \right\rangle \\
&= \langle (u'' + (u')^2\Gamma_{11}^1 + 2u'v'\Gamma_{12}^1 + (v')^2\Gamma_{22}^1)X_u \\
&+ (v'' + (u')^2\Gamma_{11}^2 + 2u'v'\Gamma_{12}^2 + (v')^2\Gamma_{22}^2)X_v, \nu \times (u'X_u + v'X_v)\rangle \\
&= u'(v'' + (u')^2\Gamma_{11}^2 + 2u'v'\Gamma_{12}^2 + (v')^2\Gamma_{22}^2)\langle X_v, \nu \times X_u\rangle \\
&+ v'(u'' + (u')^2\Gamma_{11}^1 + 2u'v'\Gamma_{12}^1 + (v')^2\Gamma_{22}^1)\langle X_u, \nu \times X_v\rangle
\end{aligned}$$

이다. 이때 좌표조각 X가 곡면의 방향과 양립한다면, 즉 $\nu = \frac{X_u \times X_v}{|X_u \times X_v|}$라면

$$\langle X_v, \nu \times X_u\rangle = \sqrt{EG - F^2}$$

이다.

마찬가지로 $\langle X_u, \nu \times X_v\rangle = -\sqrt{EG - F^2}$이다.

그러므로

$$\begin{aligned}
\kappa_g = \sqrt{EG - F^2}\,\{&u'(v'' + (u')^2\Gamma_{11}^2 + 2u'v'\Gamma_{12}^2 + (v')^2\Gamma_{22}^2) \\
&-v'(u'' + (u')^2\Gamma_{11}^1 + 2u'v'\Gamma_{12}^1 + (v')^2\Gamma_{22}^1)\}
\end{aligned}$$

이다. 따라서 Γ_{ij}^k가 E, F, G에 의하여 결정됨으로 κ_g가 내재적임을 알 수 있다. 이 사실에 의해 다음 정리를 얻는다.

정리 7.3.5. 측지곡률 κ_g는 등장변환에 의하여 보존된다. 따라서 측지선은 등장변환에 의하여 측지선으로 대응된다.

문제 7.3.3. 원기둥면 위의 측지선을 모두 구하시오.

보기 7.3.2. 회전면의 자오선은 측지선이다. 그러나 평행원이 측지선인 경우는 $f(v)$의 임계점인 경우뿐이다. 평행원은 원이므로 평행원의 주법선벡터 N은 반지름 방향으로 곡면의 안쪽을 향하고 있으므로 주법선벡터의 접성분이 $\mathbf{0}$인 경우는 접평면이 반지름 방향의 성분이 없는 경우, 즉 $f(v)$의 임계점인 경우이다.

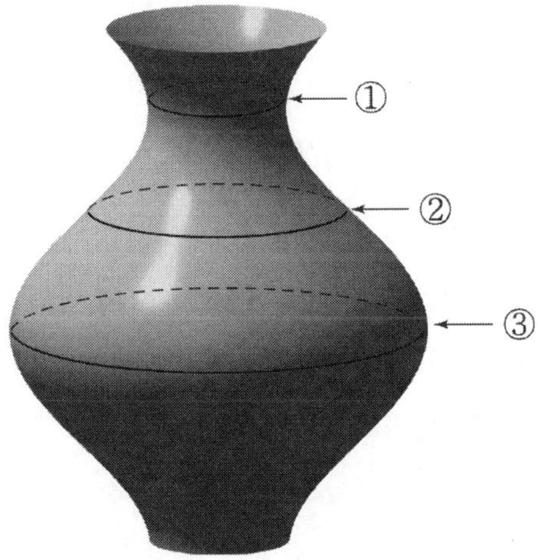

그림 7.3: 회전면의 평행원이 측지선인 경우

증명 회전면의 좌표조각을

$$X(u,v) = (f(v)\cos u, f(v)\sin u, g(v)), \quad f > 0, \quad (f')^2 + (g')^2 = 1$$

라고 하면 제1기본형식은

$$\begin{pmatrix} E & F \\ F & G \end{pmatrix} = \begin{pmatrix} (f(v))^2 & 0 \\ 0 & 1 \end{pmatrix}$$

이고 크리스토펠 기호 Γ_{ij}^k는

$$\begin{pmatrix}\Gamma_{11}^1 & \Gamma_{11}^2\\ \Gamma_{12}^1 & \Gamma_{12}^2\\ \Gamma_{22}^1 & \Gamma_{22}^2\end{pmatrix} = \begin{pmatrix}\frac{1}{2}E_u & F_u - \frac{1}{2}E_v\\ \frac{1}{2}E_v & \frac{1}{2}G_u\\ F_v - \frac{1}{2}G_u & \frac{1}{2}G_v\end{pmatrix}\begin{pmatrix}E & F\\ F & G\end{pmatrix}^{-1} = \begin{pmatrix}0 & -ff'\\ f'/f & 0\\ 0 & 0\end{pmatrix}$$

이다.

이제 측지선 $\alpha(t) = X(u(t), v(t))$가 만족하는 미분방정식 (3.3)에 위에서 구한 Γ_{ij}^k를 대입하면

$$\begin{cases} u'' + 2(f'/f)u'v' = 0 \\ v'' - ff'(u')^2 = 0 \end{cases} \tag{3.9}$$

를 얻는다.

임의의 경선을 $\alpha(t) = X(u_0, v_0 + t)$라고 하면 위의 두 식을 만족하므로 모든 자오선은 측지선이다. 또는 임의의 평행원을 $\alpha(t) = X(u_0 + t, v_0)$로 놓으면 (3.9)은 $ff' = 0$이므로 $f'(v_0) = 0$인 평행원만이 측지선이다. □

보기 7.3.3. 현수면을

$$f(v) = \cosh v, \quad g(v) = v$$

인 회전면으로 볼 때 $f'(v) = \sinh v = 0$인 $v = 0$일 때만 평행원이 측지선이다.

7.4 연습 문제

문제 7.4.1. 원환면은 생성곡선 $(y-a)^2 + z^2 = r^2$을 z 축으로 회전한 곡면이다. 생성곡선 위의 점 $(0, a+r, 0)$, $(0, a-r, 0)$,$(0, a, r)$를 포함하는 평행원을 각각 최대 평행원, 최소 평행원, 최상 평행원이라고 하자.

(a) 이들 중 어느 평행원들이 측지선, 점근선, 곡률선인지를 판정하시오.

(b) 최상 평행원의 측지곡률을 구하시오.

문제 7.4.2. x 축을 포함하고 x, y 평면과 이루는 각이 θ인 평면과 원기둥면 $x^2 + y^2 = 1$과의 교차곡선 C에 대하여

(a) 교차곡선 C가 타원임을 보이시오.

(b) 교차곡선 C 위의 점 중에서 축과 만나는 점에서 측지곡률을 계산하시오. 여기서 점 $(1,0,0)$에서의 방향은 $(1,0,0)$이라고 하자.

문제 7.4.3. 곡면 위의 곡선 위의 점 p의 측지곡률은 곡선을 p의 접평면으로 수직사영시킨 곡선의 곡률과 같음을 보이시오.

문제 7.4.4. 곡면 위의 곡선 α가 측지선이고 점근선일 필요충분조건은 α가 직선임을 보이시오.

문제 7.4.5. 곡면 위의 곡선 α가 측지선이고 곡률선이면 α는 평면곡선임을 보이시오.

문제 7.4.6. 평면곡선 α가 직선이 아닌 측지선이면 α는 곡률선임을 보이시오. 역으로 곡률선인 평면곡선이 측지선이 아닌 예를 드시오.

문제 7.4.7. 좌표조각 $X(u,v)$의 제1기본형식이 하나의 매개변수 u에 의하여 $E = E(u),\ F = 0,\ G = G(u)$로 표현될 때 다음을 증명하시오.

(a) $v = v_0$인 u-좌표곡선은 측지선이다.

(b) $u = u_0$인 v-좌표곡선이 측지선일 필요충분조건은 $G_u(u_0) = 0$이다.

(c) 곡선 $\alpha(u) = X(u, v(u))$이 측지선일 필요충분조건은

$$v = \pm \int \frac{c\sqrt{E}}{\sqrt{G}\sqrt{G-c^2}}du, \quad (c = \text{상수})$$

이다.

문제 7.4.8. 곡선 α_1은 경도 0인 경선을 따라 북극점 N에서 적도의 점 p까지의 곡선이고, 곡선 α_2는 점 p에서 적도를 따라 경도 $\pi/4$인 경선과 만나는 점 q까지의 곡선이고, 곡선 α_3는 점 q에서 경도 $\pi/4$인 경선을 따른 점 N까지의 곡선이다. P_{α_i}를 α_i를 따른 평행이동이라고 하자.

(a) 북극점 N에서 α_1의 접벡터 $\alpha_1'(0) = w_0$를 차례로 $P_{\alpha_1}, P_{\alpha_2}, P_{\alpha_3}$를 적용시켜 얻은 벡터를 w_3라고 하자. 이때 w_0와 w_3 사이의 각을 구하시오.

(b) 북극점 N의 임의의 접벡터 w_0에 대하여 $P_{\alpha_3} \circ P_{\alpha_2} \circ P_{\alpha_1}(w_0)$와 w_0 사이의 각을 구하시오.

(c) 이번엔 p와 q가 적도 대신에 여위도가 $\pi/4$인 평행원에 있다고 할 때 N의 임의의 접벡터 w_0에 대하여 $P_{\alpha_3} \circ P_{\alpha_2} \circ P_{\alpha_1}(w_0)$와 w_0 사이의 각을 구하시오.

제 8 장

가우스-보네 정리

가우스-보네 정리는 가우스 곡률과 측지곡률 같은 국소적인 미분기하의 불변량과 위상수학의 대역적 개념과의 관계를 보여주는 중요한 정리이다. 단순연결인 작은 영역에 대한 국소적 가우스-보네 정리를 증명하고, 이 정리를 이용하여 모든 영역으로 확장한다. 임의의 곡면의 영역을 충분히 작게 삼각분할하여 각 삼각형에 국소적 가우스-보네 정리를 적용하고 모두 더하여 대역적 가우스-보네 정리를 유도한다. 이때 삼각분할에 사용된 삼각형의 수, 변의 수와 꼭지점의 수에 의하여 정의된 오일러 지표가 나타난다.

주어진 영역이 옹골찬 곡면 전체인 경우, 가우스-보네 정리에 의하면 전곡률이 오일러 지표의 2π배가 된다. 이 사실은 닫힌 평면곡선의 전곡률이 회전지표의 2π 배인 것과 같은 결과이다. 그리고 주어진 영역이 측지삼각형인 경우, 세 내각의 합이 평면에서는 2π이고, 구면에서는 2π보다 크고, 의구에서는 2π보다 작다는 것을 보일 수 있다.

§8.1에서 $E = 1$이고 $F = 0$인 좌표조각을 측지좌표조각이라고 정의하는데 이 좌표조각을 이용하면 가우스 곡률을 쉽게 계산을 할 수 있다. 이런 좌표조각이 항상 국소적으로 존재함을 보인다. 평면곡선에서 접벡터와 양의 x 축이 이루는 각의 호의 길이에 대한 미분이 곡률이었다. 곡면에서는 곡선을 따라 평행인 벡터장을 고정시키고, 이 벡터장과 접벡터가 이루는 각을 미분하면 측지곡률이 됨을 보인다. 준비의 마지막 단계로 가우스-보네 정리를 서술하는데 필요한 위상수학의 개념들을 소개한다. 단순 닫힌 조각적 정칙곡선에 양의 방향을 정의하고 이 곡선을 경계로 갖는 영역을 삼각화하여 오일러 지표를 정의한다. 특별히 옹골찬 곡면의 위상적(사실은 미분동형적) 분류는 오일러 지표에 따라 정해짐을 증명없이 서술한다.

§8.2에서 회전지표 정리와 가우스-그린 정리를 사용하여 국소적 가우스-보네 정리를 증명한다. 특별히 측지좌표조각을 사용하여 복잡한 계산을 간단하게 할 수 있다.

§8.3에서 국소적 가우스-보네 정리로부터 대역적 가우스-보네 정리를 증명한다.

§8.4에서 가우스-보네 정리의 응용으로 옹골찬 곡면의 가우스 곡률의 부호에 따른 곡면의 위상적 성질을 연구하고 측지선의 성질을 알아본다. 그리고 구면의 모든 벡터장에는 영점이 존재한다는 푸앵카레 정리를 증명한다.

8.1 가우스-보네 정리의 준비

8.1.1 측지좌표조각

지금까지는 좌표조각이 어떤 성질을 만족할 필요가 없었는데, 복잡한 계산을 하기 위하여 특별한 조건을 만족하는 좌표조각의 개념이 필요하다. 특별히 u-곡선이 측지선이고 u-곡선과 v-곡선이 항상 수직으로 만나는 좌표조각 $X(u,v)$이 $E=1, F=0$이 되어 가우스 곡률 K를 간단하게 표현할 수 있다.

정의 8.1.1 (측지좌표조각). 좌표조각 $X: U \to \mathbb{R}^3$가

$$E=1, \quad F=0$$

을 만족할 때 X를 측지좌표조각(geodesic coordinate patch)이라고 한다.

주. 측지좌표조각 $X(u,v)$의 u-곡선은 측지선이다.

증명 u-곡선 $\alpha(u)=X(u,v_0)$의 가속도 $\alpha''=X_{uu}$는 X_u와 X_v에 수직임을 보이자. 우선 $|X_u|=1$이므로 $\langle X_{uu}, X_u\rangle = 0$이다. 다음으로

$$\langle X_{uu}, X_v\rangle = \frac{\partial}{\partial u}\langle X_u, X_v\rangle - \langle X_u, X_{vu}\rangle = F_u - (1/2)E_v = 0$$

이다. 따라서 α''의 접평면 성분이 0이므로 측지곡률이 0이다. □

역으로 어떤 좌표조각의 u-곡선이 측지선이고 $F(u(v),v)=0$인 $u(v)$가 존재하면 이 좌표조각이 측지좌표조각임을 다음 정리의 증명 과정에서 알 수 있다.

보기 8.1.1. 단위 속력곡선 $\alpha(u) = (0, g(u), h(u)), g(u) > 0$을 z-축으로 회전시켰을 때 생기는 회전면에 대하여 좌표조각

$$X(u, v) = (g(u)\cos v, g(u)\sin v, h(u))$$

의 u-곡선인 경선이 측지선이고 $F = 0$이므로 X는 측지좌표조각이다.

다음 정리에 의하면 정칙곡선을 따라 측지좌표조각이 존재함을 알 수 있다.

정리 8.1.1. 단순 정칙곡선 $\alpha : [a, b] \to S$가 $\alpha(a) \neq \alpha(b)$ 이면 곡선 α를 따라 측지좌표조각 $X : U \to S$가 존재한다.

증명 이 증명의 중요한 아이디어는 곡선 α 위의 각 점에서 α에 수직인 곡선을 만드는데 있다.

$T = \frac{\dot{\alpha}}{|\dot{\alpha}|}$라고 하자. $\mathbf{S} = \nu \times T$로 정의된 내재접벡터 $\mathbf{S}$는 접평면에 있고 T에 수직이다.

$a \leq t \leq b$에 대해서 $\alpha(s, t)$를

$$\alpha(0, t) = \alpha(t), \quad \frac{\partial \alpha}{\partial s}(0, t) = -\mathbf{S}(t)$$

를 만족하는 측지선이라고 하자.[1]

이제 좌표조각 X를

$$X(u, v) = \alpha(u, v)$$

로 정의한다. X는 u를 충분히 작게 잡으면 측지선이 서로 만나지 않으므로 X는 잘 정의된다.

$X_v(0, v) = \alpha'(v) \neq 0$이므로 $\delta > 0$를 충분히 작게 잡으면, 모든 $u \in (-\delta, \delta)$에 대하여 $X_v(u, v) \neq 0$이고 $G = \langle X_v, X_v \rangle = h^2 > 0$ 이다. $|X_u \times X_v| = \sqrt{EG - F^2} = h \neq 0$이고 $X(u, v)$가 일대일이므로 미분가능한 함수 X가 좌표조각임을 정리 4.1.2에 의하여 알 수 있다.

[1]여기서 왜 $\mathbf{S}$가 아니고 $-\mathbf{S}$로 잡았는지 생각해 보시오.

이제 이 좌표조각이 측지좌표조각임을 보이자.

$$X_u = \frac{\partial \alpha}{\partial u}(u, v)$$

이고 v를 고정하면 $u \mapsto \alpha(u, v)$가 측지선이므로

$$|X_u| = \left|\frac{\partial \alpha}{\partial u}(u, v)\right| = \left|\frac{\partial \alpha}{\partial u}(0, v)\right| = |S(v)| = 1$$

이다. 따라서

$$E = \langle X_u\,, X_u \rangle = |X_u|^2 = 1$$

이다.

다음으로

$$\frac{\partial F}{\partial u} = \frac{\partial}{\partial u}\langle X_u\,, X_v \rangle = \langle X_{uu}\,, X_v \rangle + \langle X_u\,, X_{uv} \rangle$$

이다. $u \mapsto \alpha(u, v)$가 측지선이므로

$$X_{uu} = \frac{\partial^2 \alpha}{\partial u^2}(u, v)$$

는 곡면에 수직이다. X_v는 접벡터이므로 $\langle X_{uu}\,, X_v \rangle = 0$이다. 또

$$\langle X_u\,, X_{uv} \rangle = \frac{1}{2}\frac{\partial}{\partial v}\langle X_u\,, X_u \rangle = 0$$

이다. 따라서 $\frac{\partial}{\partial u}F = 0$이므로

$$F(u, v) = F(0, v) = \langle X_u(0, v)\,, X_v(0, v) \rangle = \langle -S\,, T \rangle = 0$$

이다. □

주. 위의 증명에 의하면 $X(U)$ 위의 곡선 α 주위에서 측지좌표조각을 만들 수 있고 이 좌표에 의하여 곡선 α는 v-곡선이다.

문제 8.1.1. 측지좌표조각에 대한 크리스토펠 기호가

$$\begin{pmatrix} \Gamma_{11}^1 & \Gamma_{11}^2 \\ \Gamma_{12}^1 & \Gamma_{12}^2 \\ \Gamma_{22}^1 & \Gamma_{22}^2 \end{pmatrix} = \begin{pmatrix} 0 & 0 \\ 0 & h_u/h \\ -hh_u & h_v/h \end{pmatrix}$$

임을 보이시오. 여기서 $G = h^2$이다

보조정리 8.1.2. 측지좌표조각에 대하여 X의 2계편도함수와 가우스 곡률은

$$\begin{aligned} X_{uu} &= e\nu, \\ X_{uv} &= \frac{h_u}{h}X_v + f\nu, \\ X_{vv} &= -hh_uX_u + \frac{h_v}{h}X_v + g\nu, \\ K &= -\frac{h_{uu}}{h} \end{aligned}$$

이다. 여기서 $G = h^2$이다

증명 따름정리 6.2.4를 이용한다. □

8.1.2 각의 변화

가우스-보네 정리의 증명에 두 곡선이 만드는 각에 대한 개념이 필요하다. 두 곡선이 만나는 점에서 두 곡선이 만드는 각을 곡선의 접벡터가 이루는 각으로 정의하는데 이때 각에 부호를 주어 더 자세한 정보를 포함시킨다.

정의 8.1.2 (부호가 붙은 각)**.** $\mathbf{X}$와 $\mathbf{Y} \in T_pS$가 영이 아닌 접벡터일 때 $\mathbf{X}$와 $\mathbf{Y}$ 사이의 각 $\theta = \sphericalangle(\mathbf{X}, \mathbf{Y})$을

(i) $-\pi < \theta \leq \pi$

(ii) $\cos\theta = \frac{\langle \mathbf{X}, \mathbf{Y} \rangle}{|\mathbf{X}||\mathbf{Y}|}$

(iii) $\theta \neq 0, \pi$일 때 θ의 부호는 $[\mathbf{X}, \mathbf{Y}, \nu]$의 부호와 같다

을 만족하는 값으로 정의한다.

주. $\theta \neq 0, \pi$일 때 $\sphericalangle(\mathbf{X}, \mathbf{Y}) = -\sphericalangle(\mathbf{Y}, \mathbf{X})$ 이다.

주. 접평면 T_pS의 원점에서 곡면의 주어진 ν_p 방향으로 X를 바라보고 서 있을 때, Y가 왼쪽에 있으면 $\sphericalangle(\mathbf{X}, \mathbf{Y})$는 양수이고 오른쪽에 있으면 $\sphericalangle(\mathbf{X}, \mathbf{Y})$는 음수이다. 그리고 Y가 앞쪽이나 뒤쪽일 때는 $\sphericalangle(\mathbf{X}, \mathbf{Y})$는 0이거나 π가 된다.

평면곡선에서 $\sphericalangle(\mathbf{e}_1, T)$의 변화율이 곡률과 같다는 사실을 일반적인 곡면으로 확장해 보자. $\mathbf{e}_1$과 같은 기준이 되는 벡터는 곡선을 따라 변화가 최소인 평행한 벡터장으로 선택하고, 이 벡터장과 접벡터 사이의 각의 변화율이 측지곡률 κ_g와 같음을 보이자.

보조정리 8.1.3. 단위 속력인 곡선 α를 따라 단위 길이이고 평행인 벡터장을 P라고 하자. $\theta = \sphericalangle(P, T)$라고 하면

$$\theta'(s) = \kappa_g$$

이다.

증명 $|P| = |T| = 1$이기 때문에

$$\cos\theta = \langle P, T\rangle \tag{1.1}$$

이다.

$$P = (\cos\theta)T + \varepsilon(\sin\theta)\nu \times T, \quad \varepsilon = \pm 1$$

이라고 하면

$$\operatorname{sgn}\theta = \operatorname{sgn}[P, T, \nu] = \operatorname{sgn}[\varepsilon(\sin\theta)\nu \times T, T, \nu] = -\varepsilon \operatorname{sgn}(\sin\theta)$$

이고 $\operatorname{sgn}\theta = \operatorname{sgn}(\sin\theta)$이므로 $\varepsilon = -1$이다. 즉

$$P = (\cos\theta)T - (\sin\theta)\nu \times T$$

이다.

이제 (1.1)의 양 변을 s로 미분하면

$$(-\sin\theta)\theta' = \langle P, T'\rangle + \langle P', T\rangle$$

여기서 P가 α를 따라 평행이므로 P'이 접평면에 수직이어서 $\langle P', T\rangle = 0$이다. 따라서

$$\begin{aligned}(-\sin\theta)\theta' &= \langle T', P\rangle \\ &= \langle T', (\cos\theta)T - (\sin\theta)\nu\times T\rangle \\ &= -(\sin\theta)\langle T', \nu\times T\rangle \\ &= -(\sin\theta)\kappa_g\end{aligned}$$

이므로

$$\theta' = \kappa_g$$

이다. □

주. 평면곡선의 부호가 붙은 곡률은 측지곡률과 같고 x 축의 양의 방향인 벡터 $(1,0)$은 평행한 벡터의 역할을 하므로 정리 3.2.1은 보조정리 8.1.3의 특별한 경우이다.

8.1.3 위상수학으로부터의 준비

정의 8.1.3 (단순 닫힌 조각적 정칙곡선)**.** $\alpha : [0,l] \to S$가 유한 개의 정칙곡선 $C_1, \cdots, C_n$들로 이루어진 연속인 곡선으로 다음 조건을 만족할 때 α를 단순 닫힌 조각적 정칙곡선(simple closed piecewise regular curve)이라고 한다.

(i) $\alpha(0) = \alpha(l)$

(ii) $s \neq t \in [0,l)$이면, $\alpha(s) \neq \alpha(t)$이다.

(iii) $[0,l]$의 분할 $0 = t_0 < \cdots < t_n = l$이 존재하고 α를 C_i로 국한시킨 $\alpha_i : [t_{i-1}, t_i] \to C_i$가 매끈하다.

이때 $\alpha(t_i)$를 α의 꼭지점(vertex)이라고 하고, $\alpha([t_{i-1}, t_i])$를 α의 변(edge)이라고 한다. 각 꼭지점 $\alpha(t_i)$에서 좌방접벡터 $\alpha'(t_i^-)$와 우방접벡터 $\alpha'(t_i^+)$ 사이의 각을 외각(exterior angle)이라고 한다. 여기서 외각은 곡면의 방향 ν에 의하여 정의된 부호가 있는 각으로 정의한다. 만약 꼭지점 $\alpha(t_i)$에서 $\alpha'(t_i^-) = -\alpha'(t_i^+)$ 일 때, $\alpha(t_i)$의 외각은

$$\lim_{\varepsilon\to 0} \sphericalangle(\alpha'(t_i - \varepsilon), \alpha'(t_i + \varepsilon))$$

으로 정의하며 π 이거나 $-\pi$ 의 값을 갖는다. 이때 꼭지점을 뾰족점(cusp)이라고 한다.

정의 8.1.4 (경계). 단순 닫힌 조각적 정칙곡선 α의 상이 $\partial\mathcal{R}$이고 $S = \nu \times T$가 $\mathcal{R}$을 가리킬 때, 곡선 α가 영역 $\mathcal{R}$을 양의 방향으로 경계짓는다고 한다.

주. (1) $S = \nu \times T$가 영역 R을 가리킨다는 의미는 다음과 같다. $\{\nu, T, S\}$가 양의 방향으로 오른손 법칙을 따르므로 ν 방향으로 서서 T를 바라봤을 때, 영역 R이 왼쪽에 있다는 의미이다.

(2) 선적분은 곡선의 방향에 따라 다른 부호의 값을 가지므로 곡선의 방향에 대한 약속이 필요하다. 항상 영역 R의 경계에서의 적분은 양의 방향을 따라 적분하는 것으로 약속한다.

정리 3.2.1에서 접벡터의 회전정리를 증명하였다. 이제 이 정리를 곡면의 단순 닫힌 조각적 정칙곡선으로 확장하고 이때 꼭지점에서의 외각도 고려한다.

정리 8.1.4 (회전지표 정리). $X(u, v)$가 유향곡면 (S, ν)의 방향과 양립하는 좌표조각이라고 하자. $X(U)$에 속하는 단순 닫힌 조각적 정칙곡선 α가 양의 방향을 갖는다고 하자. 각 꼭지점에서 외각을 $\theta_1, \theta_2, \cdots, \theta_n$라고 하고

$$\phi_i(t) = \sphericalangle(X_u, \alpha'(t)), \quad t_{i-1} \le t \le t_i, \quad i = 1, 2, \cdots, n$$

라고 하면

$$\sum_{i=1}^{n}[\phi_i(t_i) - \phi_i(t_{i-1})] + \sum_{i=1}^{n}\theta_i = 2\pi$$

이다.

정의 8.1.5 (영-호모토피). $\mathcal{R}$의 곡선 σ에 대하여 $X_0 \in \mathcal{R}$와 $\sigma_s(t) = \Gamma(t, s)$로 정의되는 σ_s가

$$\sigma_0(t) = \sigma(t), \quad 0 \le t \le L$$

$$\sigma_1(t) = X_0, \quad 0 \le t \le L$$

을 만족하는 연속인 사상 $\Gamma : [0, L] \times [0, 1] \to \mathcal{R}$가 존재할 때 $\mathcal{R} \subset S$의 곡선 σ가 영-호모토피(null-homotopy)하다고 한다.

정의 8.1.6 (단순연결). 영역 $\mathcal{R}$의 모든 닫힌 곡선이 영-호모토피할 때 $\mathcal{R}$이 단순연결(simply connected)이라고 한다.

주. 직관적으로 단순연결인 영역은 구멍이 없다.

정의 8.1.7 (삼각형). 곡면 위의 단순연결인 영역 T가 외각이 영이 아닌 꼭지점 3개를 가질 때 T를 삼각형(triangle)이라고 한다.

정의 8.1.8 (정칙영역). 곡면 위의 영역 R이 옹골찬 집합이고 경계 ∂R이 유한개의 단순 닫힌 조각적 정칙곡선일 때 R을 정칙영역(regular region)이라고 한다.

정의 8.1.9 (삼각화). 곡면 S 위의 정칙영역 R에 대하여, 삼각형의 집합 $\mathcal{T} = \{T_1, T_2, \cdots, T_n\}$가

(i) $R = \cup_{i=1}^{n} T_i$.

(ii) $i \neq j$이면 $T_i \cap T_j$는 공집합이거나 공통의 꼭지점이거나 공통의 변이다.

를 만족할 때 $\mathcal{T}$를 S의 삼각화(triangulation)라고 한다.

주. 정칙영역 R의 삼각화 $\mathcal{T} = \{T_1, T_2, \cdots, T_n\}$에 대하여 각 삼각형의 경계에 양의 방향을 준다면 두 이웃한 삼각형의 공통인 변에서 방향이 서로 반대이다.

곡면 위의 영역을 삼각화할 수 있다는 다음 정리는 1920년대에 라도(Radó)가 처음 증명하였다.

정리 8.1.5 (라도). 곡면 위의 정칙영역의 삼각화가 존재한다.

증명의 아이디어 기본적으로 곡면을 원판과 위상동형인 좌표조각으로 덮고 각 원판이 삼각화가 가능하다는 것을 이용한다. 이 정리의 증명에는 숀플라이스 정리[2]가 중요 열쇠가 된다. □

정의 8.1.10 (오일러 지표). 정칙영역 R의 삼각화 $\mathcal{T}$에 대해서

$$V = \text{꼭지점의 개수}, \quad E = \text{변의 개수}, \quad F = \text{변의 개수}$$

[2]원을 평면으로 보내는 위상동형은 원판 전체에서 정의되는 위상동형으로 확장할 수 있다.

라고 할 때 삼각화 $\mathcal{T}$의 오일러 지표(Euler index) $\chi(\mathcal{T})$를

$$\chi(\mathcal{T}) = V - E + F$$

로 정의한다.

주. 여기서 오일러 지표 χ는 이산적인 대상에 의해서 정의되므로 정수값을 갖는다.

정리 8.1.6. 주어진 정칙영역 R의 두 삼각화 $\mathcal{T}_1, \mathcal{T}_2$에 대해서

$$\chi(\mathcal{T}_1) = \chi(\mathcal{T}_2)$$

이다.

이 정리에 의해 곡면 S 위의 정칙영역 R의 오일러 지표 $\chi(R)$를 정의할 수 있다.

보기 8.1.2. 구면 $\mathbb{S}^2$를 x, y 평면, y, z 평면, x, z 평면과 만나는 3 개의 대원으로 나누자. 이때 8 개의 면(삼각형)과 12 개의 변과 6 개의 꼭지점이 생긴다. 따라서

$$\chi(\mathbb{S}^2) = 8 - 12 + 6 = 2$$

이다.

주. 곡면을 삼각형으로 분할하는 대신 서로 다른 다각형으로 분할하여 오일러 지표를 계산하여도 같은 값을 갖는다.

예를 들어, 구면 $\mathbb{S}^2$를 2 개의 대원으로 나누자. 이 2 개의 측지선은 2 점에서 만나므로 $V = 2$이고 곡면이 4 개의 면으로 나뉘므로 $F = 4$이고 곡선의 4 조각이 2 점에서 만나므로 $E = 4$이다. 따라서

$$\chi(\mathbb{S}^2) = 4 - 4 + 2 = 2$$

이다.

문제 8.1.2. 두 곡면 S_1와 S_2가 위상동형이면 $\chi(S_1) = \chi(S_2)$임을 보이시오.

이 사실을 이용하면 구면 $\mathbb{S}^2$는 정사면체 S와 위상동형이므로

$$\chi(\mathbb{S}^2) = \chi(S) = 4 - 6 + 4 = 2$$

이다.

문제 8.1.3. 원환면과 위상동형인 가장 간단한 삼각형들로 이루어진 다면체를 구하고 이를 이용하여 오일러 지표 $\chi(\mathbb{T}^2)$를 구하시오.

보기 8.1.3. 원환면 $\mathbb{T}^2$를 4 개의 원으로 나누자. 2 개의 원은 구멍을 지나고 2 개는 구멍을 지나지 않는다고 하자. 그러면 이 4 개의 원은 4 점에서 만나므로 $V = 4$이다. 또 각 원이 2 부분으로 나뉘므로 $E = 8$이고 4 개의 영역으로 나뉘므로 $F = 4$이다. 따라서 오일러 지표는

$$\chi(\mathbb{T}^2) = 4 - 8 + 4 = 0$$

이다.

다른 한편 구면 $\mathbb{S}^2$에 한 개의 손잡이를 달면 원환면 $\mathbb{T}^2$이 된다. 따라서

$$\chi(\mathbb{T}^2) = \chi(\mathbb{S}^2) - 2 + (3 - 3 + 0) = 0$$

이다.

정의 8.1.11 (손잡이, 종수)**.** 구면 $\mathbb{S}^2$에 g개의 손잡이를 단 곡면을 Σ_g로 표기한다. 이 손잡이(handle)의 수를 곡면의 종수(genus)라고 한다.

문제 8.1.4. 손잡이의 개수가 g인 곡면 Σ_g의 오일러 지표는 $\chi(\Sigma_g) = 2 - 2g$이다.[3]

정리 8.1.7. 종수가 g인 연결인 옹골찬 곡면 S의 오일러 지표는 $2 - 2g$이다. 이때 S는 Σ_g와 위상동형이다.

주. 정리 8.1.7에 의하여 연결인 옹골찬 곡면 S_1과 S_2의 오일러 지표가 같으면 S_1과 S_2는 위상동형이다. 그러나 원판의 오일러 지표는 0으로 원환면의 오일러 지표와 같지만 원판과 원환면은 위상동형이 아니다.

8.2 국소적 가우스-보네 정리

S가 정칙곡면이고 ν를 이 곡면 위의 법벡터장이라고 하자. S의 영역 $\mathcal{R}$의 경계를 α로 표기하자. 여기서 α는 조각적으로 연속이다.

[3] $\chi(\Sigma_g) = 2 - 2g$는 $g = \frac{2-\chi(\Sigma_g)}{2}$로도 쓸 수 있다.

정리 8.2.1 (국소적 가우스-보네 정리). 단순 닫힌 조각적 정칙곡선 α가 영역 $\mathcal{R}$을 양의 방향으로 경계짓고 단순연결인 측지좌표조각 하나에 포함된다고 하고 $\{\theta_i\}$을 곡선 α의 꼭지점에서의 외각이라고 하면

$$\iint_{\mathcal{R}} K\, d\sigma + \int_\alpha \kappa_g\, ds + \sum_{i=1}^{n} \theta_i = 2\pi$$

이다. 여기서 측지좌표조각 X는 곡면의 방향과 양립한다.

주. 이 정리는 하나의 측지좌표조각에 대해서만 성립하므로 용도가 거의 없을 것으로 보이지만 이미 측지좌표조각이 존재함을 보였고, 뒤에 여러 개의 측지좌표조각를 이어 붙여서 일반화된 결론을 유도하므로 꼭 필요한 정리이다.

증명 α를 C_i로 국한시킨 $\alpha_i : [s_{i-1}, s_i] \to C_i$에 대하여 두 벡터 X_u와 T가 이루는 부호가 붙은 각을 ϕ라고 하면

$$\cos\phi(s) = \langle X_u, T\rangle$$

이고

$$T = (\cos\phi)X_u + \varepsilon(\sin\phi)\frac{X_v}{h}, \quad \varepsilon = \pm 1$$

이다. 만약 $\phi \neq 0, \pi$라면

$$\begin{aligned}\operatorname{sgn}\phi &= \operatorname{sgn}\left[X_u, (\cos\phi)X_u + \varepsilon(\sin\phi)\frac{X_v}{h}, \nu\right] \\ &= \varepsilon\operatorname{sgn}\left\{(\sin\phi)\left[X_u, \frac{X_v}{h}, \nu\right]\right\} \\ &= \varepsilon\operatorname{sgn}(\sin\phi)\end{aligned}$$

여기서 $-\pi < \phi < \pi, \phi \neq 0$에 대하여 $\operatorname{sgn}\phi = \operatorname{sgn}\sin\phi$이므로 $\varepsilon = +1$이다. 즉

$$T = (\cos\phi)X_u + (\sin\phi)\frac{X_v}{h}$$

이다. 한편

$$\cos\phi(s) = \langle X_u(u(s), v(s)), T(s)\rangle$$

의 양변을 s로 미분하면

$$\begin{aligned}
-(\sin\phi)\phi'(s) &= \langle X_{uu}u' + X_{uv}v', T\rangle + \langle X_u, T'\rangle \\
&= \left\langle e\nu u' + \left(\frac{h_u}{h}X_v + f\nu\right)v', (\cos\phi)X_u + (\sin\phi)\frac{X_v}{h}\right\rangle \\
&\quad + \langle X_u, \kappa_g\nu \times T + \kappa_n\nu\rangle \\
&= \left\langle \frac{h_u}{h}v'X_v, (\sin\phi)\frac{X_v}{h}\right\rangle + \kappa_g\left\langle X_u, \nu \times \left((\sin\phi)\frac{X_v}{h}\right)\right\rangle \\
&= (\sin\phi)h_u v' - (\sin\phi)\kappa_g \\
&= -(\sin\phi)(\kappa_g - h_u v')
\end{aligned}$$

이다. 그러므로

$$\phi'(s) = \kappa_g - h_u v'$$

이다.

이제 정리 8.1.4 (회전지표 정리)에 의하여

$$\sum_{i=1}^{n}[\phi(s_i) - \phi(s_{i-1})] + \sum_{i=1}^{n}\theta_i = 2\pi,$$

이고

$$\sum_{i=1}^{n}\int_{s_{i-1}}^{s_i}\phi'(s)ds + \sum_{i=1}^{n}\theta_i = 2\pi$$

이다. 한편

$$\sum_{i=1}^{n}\int_{s_{i-1}}^{s_i}\phi'(s)ds = \sum_{i=1}^{n}\int_{C_i}(\kappa_g - h_u v')ds = \int_{\partial R}\kappa_g ds - \sum_{i=1}^{n}\int_{C_i}h_u v' ds$$

이다. 여기서 그린 정리[4] 를 사용하면

$$
\begin{aligned}
-\sum_{i=1}^{n}\int_{C_i} h_u v' ds &= -\int_{\partial R} h_u dv = -\iint\limits_R h_{uu} dudv \\
&= -\iint\limits_R \frac{h_{uu}}{h} h dudv = \iint\limits_R K\sqrt{EG-F^2} dudv \\
&= \iint\limits_R K d\sigma
\end{aligned}
$$

이므로

$$\iint\limits_R K d\sigma + \int_{\partial R} \kappa_g ds + \sum_{i=1}^{n} \theta_i = 2\pi$$

이다. □

주. 위 증명 과정을 따라가면 다음을 보일 수 있다. 단순 닫힌 정칙곡선 α를 따라 평행인 단위 벡터장 w에 대하여, $\psi(s) = \sphericalangle(X_u, w)$라고 하면

$$\iint\limits_R K d\sigma = \psi(l) - \psi(0) \tag{2.2}$$

임을 보일 수 있다.

8.3 대역적 가우스-보네 정리

국소적 가우스-보네 정리의 증명에 측지좌표조각를 사용하였는데 측지좌표조각이 아닌 경우에도 증명할 수 있는데 단지 계산이 복잡해질 뿐이다.

이 절에서 대역적 가우스-보네 정리를 얻기 위하여 영역 $\mathcal{R}$을 측지좌표조각으로 덮고 각 측지좌표조각에 §8.2에서 증명한 국소적 가우스-보네 정리를 적용하고 더해 나간다. 이때 각 삼각형의 변에서 측지곡률을 양의 방향으로 선적분할 때, 공통인 변의 경우 반대 방향으로 적분되므로 상쇄된다.

정리 8.3.1 (대역적 가우스-보네 정리)**.** 유향곡면 (S, ν)의 정칙영역 R과 R의 경계 ∂R은 단순 닫힌 조각 정칙곡선 $C_1, \cdots, C_n$으로 양의 방향을 갖고, 각 꼭지점의 외

---

[4] $\int_{\partial A}(Pdu + Qdv)ds = \iint_A \left(\frac{\partial Q}{\partial u} - \frac{\partial P}{\partial v}\right) dudv$

각을 $\theta_1, \cdots, \theta_m$라고 하면

$$\iint_R K d\sigma + \sum_{i=1}^{n} \int_{C_i} \kappa_g(s) ds + \sum_{i=1}^{m} \theta_i = 2\pi\chi(R)$$

이다.

증명 영역 R의 삼각화를 충분히 세분화하여 각 삼각형이 하나의 측지좌표조각에 들어가도록 한다. 그리고 각 삼각형의 변들에 양의 방향을 준다. 때 인접한 삼각형의 공통인 변은 서로 반대방향을 갖게 된다.

이제 각 삼각형 $T_j, j = 1, 2, \cdots, F$에 국소적 가우스-보네 정리를 적용하면

$$\iint_{T_j} K d\sigma + \int_{\partial T_j} \kappa_g(s) ds + \sum_{k=1}^{3} \theta_{jk} = 2\pi, j = 1, 2, \cdots, F \tag{3.3}$$

이고 이것을 모두 더하면,

$$\iint_R K d\sigma + \sum_{i=1}^{n} \int_{C_i} \kappa_g(s) ds + \sum_{j=1}^{F} \sum_{k=1}^{3} \theta_{jk} = 2\pi F \tag{3.4}$$

이다. 여기서 F는 삼각분할에서 삼각형의 개수이고, $\theta_{j1}, \theta_{j2}, \theta_{j3}$는 삼각형 T_j의 외각이다.

삼각형 T_j의 내각 $\phi_{jk} = \pi - \theta_{jk}$을 사용하여 외각의 합을 표현하면

$$\sum_{j=1}^{F} \sum_{k=1}^{3} \theta_{jk} = \sum_{j=1}^{F} \sum_{k=1}^{3} \pi - \sum_{j=1}^{F} \sum_{k=1}^{3} \phi_{jk} = 3\pi F - \sum_{j=1}^{F} \sum_{k=1}^{3} \phi_{jk}$$

이다.

이제 각 꼭지점에서의 내각을 합하자. 영역의 내부에 있는 꼭지점에서의 내각의 합은 2π이고, 경계에 있는 꼭지점 중 삼각분할에 의하여 만들어진 꼭지점에서는 π이고, 경계에 원래 있던 꼭지점에서는 $\pi - \theta_i$이다. 따라서

$$\sum_{j=1}^{F} \sum_{k=1}^{3} \phi_{jk} = 2\pi V_i + \pi V_{et} + \sum_{i=1}^{m} (\pi - \theta_i)$$

이다. 여기서 V_i는 영역의 내부에 있는 꼭지점의 개수고 V_{et}는 경계에 있는 꼭지점

중 삼각분할에 의하여 만들어진 꼭지점의 개수이다. 경계에 있는 꼭지점의 개수는 $V_e = V_{et} + m$이므로

$$\sum_{j=1}^{F}\sum_{k=1}^{3}\phi_{jk} = 2\pi V_i + \pi V_e - \sum_{i=1}^{m}\theta_i = 2\pi V - \pi V_e - \sum_{i=1}^{m}\theta_i$$

한편 영역의 내부에 있는 변의 개수를 E_i, 경계에 있는 변의 개수를 E_e라고 하면 $3F = 2E_i + E_e$이고, 경계 ∂R은 닫힌곡선들이므로 $E_e = V_e$ 이다. 따라서

$$\sum_{j=1}^{F}\sum_{k=1}^{3}\theta_{jk} = 2\pi E_i + \pi E_e - 2\pi V + \pi V_e + \sum_{i=1}^{m}\theta_i = 2\pi(E - V) + \sum_{i=1}^{m}\theta_i$$

이다. 그러므로 (3.3)은

$$\iint_R K d\sigma + \sum_{i=1}^{n}\int_{C_i} k_g(s)ds + \sum_{i=1}^{m}\theta_i = 2\pi(F - E + V) = 2\pi\chi(R)$$

이다. □

이제 옹골찬 곡면 (S, ν)의 정칙영역 R을 S 전체라고 하면 위 증명 과정이 그대로 유효하고 모든 삼각형의 변이 공통인 변이 되어 선적분은 모두 소거되고 외각도 없는 간단한 형태가 된다. 따라서

따름정리 8.3.2. 유향곡면 S가 옹골찬 곡면일 때

$$\iint_S K d\sigma = 2\pi\chi(S)$$

이다.

주. 회전지표정리에서 회전계수 $I = \frac{1}{2\pi}\int_0^l \kappa(s)ds$가 정수인 것과 마찬가지로 곡면에서 $\frac{1}{2\pi}\iint_S K d\sigma$도 정수이다.

주. 곡면 S와 위상동형인 모든 곡면들은 같은 오일러지표를 갖으므로 전곡률도 같다. 예를 들면, 풍선의 모양을 구면, 타원면, 아령 모양 등 여러 형태로 바꾸면 가우스 곡률이 각각 다른 값을 갖지만 전곡률(total curvature) $\iint_S K d\sigma$은 4π로 모두 같다.

8.4 가우스-보네 정리의 응용

가우스-보네 정리의 응용으로 다음 사실들을 증명할 수 있다.

명제 8.4.1. 음이 아닌 가우스 곡률을 가진 옹골찬 곡면은 구면과 위상동형이다.

증명 $K \geq 0$ 이므로 $\iint_S K d\sigma = 2\pi\chi(S) \geq 0$이고, S는 구면이거나 원환면과 위상동형이다.

만약 S가 원환면과 위상동형이라면, 가우스 곡률은 모든 점에서 $K = 0$다. 그러나 옹골찬 곡면은 가우스 곡률 K가 양인 점이 존재하므로 모순이다. □

특별히 정칙곡면 S의 정칙영역이 측지 삼각형 T인 경우, 외각을 $\theta_1, \theta_2, \theta_3$이라고 하면 가우스-보네 정리에 의해서

$$\iint_T K d\sigma + \sum_{i=1}^{3} \theta_i = 2\pi$$

이고, 내각을 $\phi_i = \pi - \theta_i$라면,

$$\iint_T K d\sigma = \sum_{i=1}^{3} \phi_i - \pi$$

이다. 따라서

보기 8.4.1. 가우스 곡률이 상수인 정칙곡면의 측지 삼각형의 세 내각의 합을 구해보자.

(a) 반지름이 r인 구면의 경우, 세 내각의 합은 π보다 크다. $\sum_{i=1}^{3} \phi_i - \pi$를 삼각형 T의 초과(excess)라고 한다. 이것은 $\frac{1}{r^2}\,\mathrm{Area}(T)$와 같고, 가우스는 이것을 $\nu(T)$의 넓이라고 하였다.

(b) 평면인 경우, 세 내각의 합은 π와 같다. 즉 $\sum_{i=1}^{3} \phi_i = \pi$이다.

(c) $K = -\frac{1}{r^2}$인 의구인 경우, 세 내각의 합은 π보다 작다. $\pi - \sum_{i=1}^{3} \phi_i$를 삼각형 T의 결손(defect)이라고 한다. 이것은 $\frac{1}{r^2}\,\mathrm{Area}(T)$와 같다.

문제 8.4.1. 반지름이 r인 구면에서 적도와 경도가 $10°$와 $100°$ 사이에 있는 경선으로 이루어진 북반구의 측지 삼각형의 넓이를 삼각형의 초과를 이용하여 구하시오.

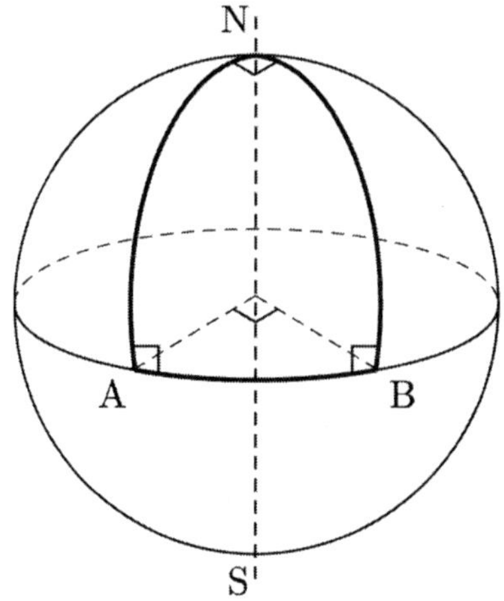

그림 8.1: 구면 위 세 내각의 합이 270°인 측지 삼각형

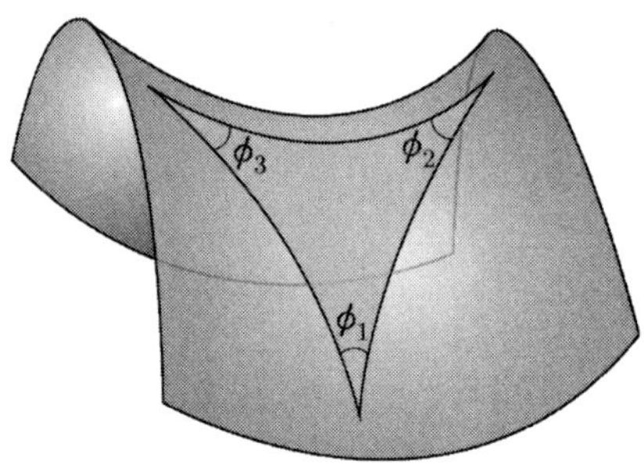

그림 8.2: 곡률이 $K < 0$인 곡면 위의 측지 삼각형

명제 8.4.2. 옹골찬 연결 곡면 S의 가우스 곡률이 양일 때, 단순 닫힌 측지선 Γ_1와 Γ_2는 반드시 만난다.

증명 $\Gamma_1 \cap \Gamma_2 = \varnothing$이라고 하자. 곡면 S는 구면과 위상동형이므로 Γ_1와 Γ_2가 경계인 영역 R은 $\chi(R) = 0$이다. 가우스-보네 정리에 의하여

$$\iint_R K d\sigma = 0$$

이다.

한편 $K > 0$이므로

$$\iint_R K d\sigma > 0$$

이어서 모순이다. □

옹골찬 유향곡면 S 위의 벡터장 V에 대하여 $V(p) = 0$이고, p의 열린 근방 O에서 p가 유일한 영점일 때 p를 고립된 영점이라고 한다. 이제 p 근방의 단순연결 영역 R과 R의 경계 ∂R을 양의 방향을 갖는 $\alpha : [0, l] \to \partial R$로 매개화하자.

정의 8.4.1 (벡터장의 지표)**.** 벡터장 V의 점 p에서의 지표를

$$i_p(V) = \frac{1}{2\pi} \int_0^l \frac{d\phi}{ds} ds$$

로 정의한다. 여기서 ϕ는 p 근방의 좌표조각 $X(u, v)$의 X_u와 V가 만드는 각이다.

명제 8.4.3. $i_p(V)$가 좌표조각의 선택에 무관하다.

증명 점 p 주위의 측지좌표조각 $X : U \to \mathbb{R}^3$에 대해서 R이 $X(U)$에 포함되고 $w(s)$를 α를 따라 평행인 벡터장이라고 하자. 이때 $\psi(s) = \sphericalangle(X_u, w(s))$라고 하면,

$$\iint_R K d\sigma = \psi(l) - \psi(0),$$

$$\iint_R K d\sigma - 2\pi i_p(V) = (\psi - \phi)(l) - (\psi - \phi)(0) \tag{4.5}$$

이다. 즉 $\psi - \phi$는 V와 w 사이의 각이므로 $i_p(V)$의 값은 X_u에 상관없이 일정한 값을 갖는다. 그러므로 $X(u, v)$의 선택에 무관하다. □

명제 8.4.4. $i_p(V)$는 α의 선택에 무관하다.

증명 p 를 포함하는 단순영역 R_0 와 R_1의 경계가 서로 만나지 않는다고 가정하자. ∂R_0와 ∂R_1으로 연속적으로 변하는 ∂R_t에 대하여 $i_{p,t}(V)$를 계산해 보자. $i_{p,t}(V)$는 t에 대하여 연속이고 정수값을 가지므로 모든 t에 대하여 같은 값을 가져야 한다. 즉 $i_{p_0}(V) = i_{p_1}(V)$이다.

다음으로 $\partial R_0 \cap \partial R_1 \neq \varnothing$라면, ∂R_0와 ∂R_1과 동시에 안 만나는 p의 단순영역 R_*을 작게 잡고 $i_{p_*}(V)$를 계산하면, 위의 논리에 의하여 $\partial R_0 \cap \partial R_* = \varnothing$이므로 $i_{p_0}(V) = i_{p_*}(V)$이고 $\partial R_1 \cap \partial R_* = \varnothing$이므로 $i_{p_1}(V) = i_{p_*}(V)$이다. 즉 $i_{p_0}(V) = i_{p_1}(V)$이다. □

이제 옹골찬 유향곡면 (S, ν) 위의 벡터장 V가 고립된 영점만을 갖고 $[X_u, X_v, \nu]$가 양수인 측지좌표조각의 모임 $\{X_\alpha\}$가 S를 모두 덮는다고 하자. S의 삼각분할 τ의 각 삼각형은 V의 영점을 많아야 한 개를 내부에서만 포함하고 하나의 측지좌표조각에 들어간다고 하자. 이때 각 변들은 서로 반대가 되는 방향을 갖는다. 각 삼각형마다 (4.5)을 적용하고 좌변과 우변을 각각 더한다. 이때 우변은 삼각형의 변에 의해 주어진 방향에 의하여 서로 상쇄되어 0이 된다. 따라서

$$\iint_S K d\sigma - 2\pi \sum_p i_p(V) = 0$$

이다. 마지막으로 따름정리 8.3.2를 사용하면

$$\sum_p i_p(V) = \frac{1}{2\pi} \iint_S K d\sigma = \chi(S)$$

이다. 따라서

정리 8.4.5 (푸앵카레 정리). 옹골찬 유향곡면 (S, ν)의 벡터장 V가 고립된 영점만을 가질 때,

$$\sum_p i_p(V) = \chi(S)$$

이다.

주. 곡면 위의 고립된 영점만을 갖는 벡터장 V와 W는

$$\sum_p i_p(V) = \sum_q i_q(W)$$

이다.

따름정리 8.4.6. 옹골찬 유향곡면 (S, ν)의 오일러 지표가 0이 아닐 때 모든 벡터장은 적어도 하나의 특이점을 갖는다.

따라서 구면 S^2 위의 모든 벡터장은 항상 영점이 존재한다. 이런 이유로 따름정리 8.4.6를 'hairy ball theorem'이라고 한다.[5]

---

[5]테니스 공의 털이 접벡터가 되도록 매끈하게 빗질을 하면 가마가 적어도 하나는 생긴다.

문제 8.4.2. 영점이 없는 벡터장이 존재하는 옹골찬 곡면은 원환면과 위상동형임을 보이시오.

8.5 연습 문제

문제 8.5.1. 포물면 $z = x^2 + y^2$의 좌표조각

$$X(v,\theta) = (v\cos\theta,\ v\sin\theta, v^2), \quad 1 < v < 3, 0 < \theta < 2\pi$$

의 v-곡선이 측지선임을 보이고 이를 이용하여 측지좌표조각을 구하여 포물면의 가우스 곡률을 계산하시오.

문제 8.5.2. 타원면의 전곡률을 구하시오.

문제 8.5.3. 단위 구면 $\mathbb{S}^2$의 구면좌표 $X(\phi,\theta)$와 영역 $R = \{X(\phi,\theta) : \frac{\pi}{4} \le \phi \le \frac{\pi}{2}, 0 \le \theta \le \frac{\pi}{2}\}$에 대하여 가우스-보네 정리의 각 항을 직접 구하여 가우스-보네 정리가 성립함을 보이시오.

문제 8.5.4. 가우스 곡률이 영이 아닌 상수인 곡면 위의 측지 다각형의 넓이는 내각에 의하여 결정됨을 보이시오.

문제 8.5.5. 점 p를 내부에 포함하는 측지 삼각형 T_n, $n = 1, 2, \cdots$이 p로 줄어든다고 하자. $\mathrm{Area}(T_n)$을 측지 삼각형 T_n의 넓이라고 하고 θ_{n_1}, θ_{n_2}, θ_{n_3}를 측지 삼각형 T_n의 내각이라고 할 때

$$K(p) = \lim_{n\to\infty} \frac{\sum_{i=1}^{3} \theta_{n_i} - \pi}{\mathrm{Area}(T_n)}$$

임을 보이시오.

문제 8.5.6. 구면과 위상동형이 아닌 옹골찬 유향곡면은 가우스 곡률이 양수인 점, 0인 점, 음수인 점들이 각각 존재함을 보이시오.

문제 8.5.7. 가우스 곡률이 양인 옹골찬 유향곡면 S 위에 단순 닫힌 측지선 Γ에 대하여 Γ를 공통 경계로 갖는 두 영역 A, B의 가우스 상 $\nu(A)$와 $\nu(B)$이 넓이가 같음을 보이시오.

문제 8.5.8. S를 가우스 곡률이 양이 아닌 유향곡면이라고 할 때 다음을 보이시오.

(a) γ_1과 γ_2가 $p \in S$에서 시작하는 측지선이라고 하면 γ_1과 γ_2는 S의 단순영역의 경계가 되도록 $q \in S$에서 만날 수 없다.

(b) 단순영역의 경계가 되는 닫힌 측지선은 존재하지 않는다.

문제 8.5.9. 가우스 곡률이 음인 곡면이 원주면과 위상동형이면 단순 닫힌 측지선이 많아야 한 개이다.

문제 8.5.10. $\kappa \neq 0$인 닫힌 단위 속력 곡선 $\alpha : I \to \mathbb{R}^3$의 법벡터장 $N : I \to \mathbb{S}^2$가 단순 닫힌 곡선일 때 $N(I)$가 $\mathbb{S}^2$를 넓이가 같은 두 개의 영역으로 나눔을 보이시오.

문제 8.5.11. 옹골찬 유향곡면 S가 영점이 없는 벡터장이 존재할 필요충분조건은 S가 원환면과 위상동형인 것임을 보이시오.

문제 8.5.12. 평면 $\mathbb{R}^2$ 위에 영점이 없는 벡터장이 존재함을 보이시오.

참고 문헌

[1] C. B. Allendoerfer and A. Weil. The Gauss-Bonnet theorem for Riemannian polyhedra. *Trans. Amer. Math. Soc.*, 53:101 – 129, 1943.

[2] M. A. Armstrong. *Basic Topology.* Undergraduate Texts in Mathematics. Springer-Verlag, New York, NY, 1983.

[3] W. M Boothby. *An Introduction to Differentiable Manifolds and Riemannian Geometry.* Academic Press, New York, NY, 1954.

[4] S. S. Chern. A simple intrinsic proof of the Gauss-Bonnet formula for closed Riemannian manifolds. *Ann. of Math. (2)*, 45:747–752, 1944.

[5] S. S. Chern. Lecture Notes on Differential Geometry. 출판되지 않은 시카고 대학 강의 노트, 1954.

[6] S. S. Chern. An elementary proof of the existence of isothermal parameters on a surface. *Proc. Amer. Math. Soc.*, 6:771–782, 1955.

[7] S. S. Chern. *Global Differential Geometry*, pages 99–139. MAA Studies in Mathematics. Math. Asso. Amer., 1989.

[8] M. do Carmo. *Differential Geometry of Curves and Surfaces.* Prentice Hall, Upper Saddle River, NJ, 1976.

[9] J. F. Frenet. *Sur les courbes à double courbure.* PhD thesis, Toulouse, 1847.

[10] J. F. Frenet. Sur les courbes à double courbure. *J. Math. Pure. et Appl.*, 17:437–447, 1852.

[11] K. F. Gauss. Disquisitiones generales circa superficies curvas. *Comm. Soc. Gottingen*, VI:99–146, 1827.

[12] K. F. Gauss. *General Investigations of Curved Surfaces.* Raven Press, New York, NY, 1965. [11]의 영어 번역, A. M. Hiltebeitel와 J. C. Morehead가 번역함.

[13] V. Guillemin and A. Pollack. *Differential Topology.* Amer. Math. Soc., Upper Saddle River, NJ, 2010.

[14] S. Kobayashi and K. Nomizu. *Foundations of Differential Geometry*, volume II. John Wiley and Sons, Inc., New York, NY, 1969.

[15] P. D. Lax. A short path to the shortest path. *Amer. Math. Monthly*, 102(2):158–159, 1995.

[16] R. S. Millman and G. D. Parker. *Elements of Differential Geometry.* Prentice Hall, Englewood Cliffs, NJ, 1977.

[17] B. O'Neil. *Elementary Differential Geometry.* Academic Press, New York, NY, 2nd edition, 1997.

[18] J. A. Serret. Sur quelques formules relatives à la théorie des courbes à double courbure. *J. Math. Pure. et Appl.*, 16:193–207, 1851.

[19] M. Spivak. *A Comprehensive Introduction to Differential Geometry*, volume 2. Publish or Perish, Inc., 3rd edition, 1999.

[20] J. Steiner. Einfacher Beweis der isoperimetrischen Hauptsätze. *J. Reine Angew Math.*, 18:281–296, 1838.

[21] D. J. Struik. *Lectures on Classical Differential Geometry.* Dover, Mineola, NY, 2nd edition, 1961.

[22] 쇼시치 고바야시. 곡선과 곡면의 미분기하학. 청문각, 서울, 1998.

[23] 김강태. 미분기하학. 교우사, 서울, 2000.

[24] 문명호, 박종일. 위상수학 입문. 경문사, 서울, 2nd edition, 2006.

찾아보기

원대연

덕성여자대학교 수학과 교수
서울대학교 자연과학대학 수학과 (학사, 석사)
University of California, Berkeley (Ph. D)

이난이

서울시립대학교 수학과 교수
서울대학교 자연과학대학 수학과 (학사, 석사)
University of California, Berkeley (Ph. D)

미분기하학 입문

지은이 원대연 · 이난이
펴낸이 조경희
펴낸곳 경문사
펴낸날 2014년 2월 20일 1판 1쇄
2021년 3월 2일 1판 4쇄
등 록 1979년 11월 9일 제1979-000023호
주 소 04057, 서울특별시 마포구 와우산로 174
전 화 (02)332-2004 팩스 (02)336-5193
이메일 kyungmoon@kyungmoon.com

값 19,000원

ISBN 978-89-6105-780-6